复杂环境下无人机控制理论与方法

林 达 刘永春 孙天凯 著

科学出版社

北京

内 容 简 介

　　本书是作者多年从事科研工作积累的成果,系统地介绍了无人机动力学的基本理论和控制方法。全书共分为 15 章,内容包括:绪论;预备知识;具有时变拓扑结构的多无人机姿态同步控制;紊流风场下基于虚拟结构的多无人机编队控制;基于 RBF 神经网络的多无人机编队控制;基于自适应滑模的多无人机编队控制;基于非奇异终端滑模的多无人机编队控制;具有集成不确定项的多固定翼无人机姿态同步控制;具有集成不确定项及状态时延的多无人机姿态同步控制;具有集成不确定项和控制器故障的多无人机姿态同步控制;基于 LMI 的混合 H_2/H_∞ 四旋翼飞行器控制;基于自适应积分反步的四旋翼飞行器控制;四旋翼飞行器自适应收缩反步控制;基于收缩理论的多无人机姿态自适应同步控制和具有通信时延及拓扑时变的多无人机姿态同步控制。

　　本书可作为从事自动控制工作的科研人员、工程技术人员,以及高等院校自动化及其相关专业教师、高年级本科生和研究生的参考用书。

图书在版编目(CIP)数据

复杂环境下无人机控制理论与方法 / 林达,刘永春,孙天凯著.
— 北京:科学出版社,2020.9
　　ISBN 978-7-03-065668-1

Ⅰ.①复… Ⅱ.①林… ②刘… ③孙… Ⅲ.①无人驾驶飞机-飞行控制系统 Ⅳ.①V279

中国版本图书馆 CIP 数据核字(2020)第 128130 号

责任编辑:阚 瑞 / 责任校对:杨 然
责任印制:吴兆东 / 封面设计:迷底书装

科 学 出 版 社 出版
北京东黄城根北街 16 号
邮政编码:100717
http://www.sciencep.com

北京中石油彩色印刷有限责任公司 印刷
科学出版社发行　各地新华书店经销
*

2020 年 9 月第 一 版　开本:720×1 000　B5
2021 年 4 月第二次印刷　印张:17
字数:340 000
定价:169.00 元
(如有印装质量问题,我社负责调换)

作 者 简 介

　　林达，男，博士，1974 年 6 月生，山东日照人，九三学社社员，徐州工程学院信息工程学院教授，硕士生导师。分别于 2007 年和 2011 年获得吉林大学软件工程专业和大连理工大学生物医学工程专业硕士和博士学位；2014 年 1 月至 2014 年 11 月，获国家留学基金委资助在加州大学洛杉矶分校电子工程系做访问学者。第十二批四川省学术和技术带头人后备人选；江苏省"青蓝工程"中青年学术带头人。现任中国自动化学会"自适应动态规划与强化学习"专委会委员。主要从事智能控制与信息处理、复杂网络、多智能体协同控制、多无人机协同控制与决策等方面的研究。主持国家自然科学基金项目 1 项、四川省科技厅重点项目 1 项、复杂系统管理与控制国家重点实验室开放课题 1 项、人工智能四川省重点实验室项目 2 项、四川省省属高校科研创新团队项目 1 项。获教育部自然科学奖二等奖 1 项。出版《混沌系统自适应控制理论与方法》专著 1 部，在国际重要期刊公开发表学术论文 20 余篇，SCI 收录 20 余篇。

　　刘永春，女，硕士，1973 年 1 月生，重庆人，四川轻化工大学物理与电子工程学院教授，硕士生导师。2004 年获得电子科技大学模式识别与智能系统专业硕士学位；2010 年 10 月至 2011 年 4 月，获国家留学基金委资助在新西兰奥克兰理工大学做访问学者。主要研究方向：智能信息处理、现代电子系统应用研究等。

　　孙天凯，男，硕士，1982 年生，山东聊城人，徐州工程学院信息工程学院副教授。2007 年获得大连理工大学计算机应用技术专业硕士学位。主持江苏省大型工程装备检测与控制重点建设实验室开放课题、江苏省智慧工业控制技术重点建设实验室开放课题、徐州市科技计划项目各 1 项，徐州工程学院校级青年课题 4 项，徐州工程学院校级教研课题 2 项。作为主要完成人参与省、市级科研、教研课题多项；指导本科生申请并获批江苏省高等学校大学生实践创新训练计划项目，徐州创新创业学院大学生创新创业训练计划项目多项。主要研究方向：信息隐藏、数字水印、隐写术、密码学等。

前　　言

　　无人驾驶飞行器(unmanned aerial vehicles，UAVs)或无人驾驶飞机系统(unmanned aircraft systems，UAS)，统称无人机。美国航空航天研究所(American Institute of Aeronautics and Astronautics，AIAA)将无人机定义为设计或改进的飞机，不携带人类飞行员，并通过电子输入操作，由飞行控制人员或者不需要飞行控制人员干预的机载自主飞行控制管理系统操控。无人机过去主要用于军事应用，现在人们对其在民用领域的应用具有极大的兴趣。据推测，未来无人机将广泛应用于环境监控，森林保护，野外火灾探测，交通监测，建筑物、输电线路和桥梁检查，紧急情况响应，犯罪预防，搜索与救援，导航，监控，侦查，边境巡逻等领域。

　　面对日益复杂的任务环境以及多样化的任务需求，单架无人机的任务执行能力显示出了一定的局限性，而多无人机系统(multi-UAV systems)由于其高鲁棒性、强自适应性、灵活的可扩展性等优势引起了人们越来越多的关注。未来无人机的使用将体现出明显的多平台协同作战特点，即指派多架无人机共同执行指定的任务，通过相互的能力互补和行动协调，实现单架无人机的任务能力扩展以及多无人机系统的整体作战效能提升。随着大量不同性能、不同类型的无人机被投放到战场执行各种作战任务，必然需要合理高效的协同控制手段，以增强其任务执行能力，提高作战效能。反之，将导致多无人机系统整体效能的下降，难以体现出协同作战的优势，更甚者会由于多无人机间在时间、空间、任务层面上存在的相互矛盾，出现无人机之间冲突、碰撞的危险，并导致既定任务无法完成。同时，由于这类系统往往是欠驱动的，其受到复杂非线性动力学模型的支配，而线性多智能体系统的协调控制方案不能直接应用到该类型的系统中。因此，多无人机的协同控制问题必将受到越来越广泛的关注。

　　除了无人机自身的复杂性外，通信环境和空间环境的复杂性也给多无人机协同控制方法的设计带来严峻挑战：通信时滞、动态拓扑结构和通信干扰造成的不确定性都可能对系统的稳定性产生严重影响；任务空间形状的限制、未知外部扰动以及无人机间的防撞需求等因素都可能要求设计者必须采用非线性控制输入，从而导致系统的分析难度增大。这些因素都可能在实际工程应用中出现，因此研究复杂环境下多无人机系统的协同控制对缩短理论与现实之间的差距有着重要意义。

　　作者撰写本专著的目的就是总结最近已取得的与协同控制问题相关的研究成

果，为姿态同步问题和编队问题提出不同的控制设计方法。另外，将自适应控制、协同控制和容错控制等理论与多智能体系统(multi-agent systems，MAS)的一些概念相结合，为 UAV 的运动协调搭建了一个新的理论框架。

本书的研究工作和撰写得到了江苏省"青蓝工程"中青年学术带头人项目(2018)、徐州工程学院人才引进项目和徐州工程学院培育项目(XKY2018126)的资助，在此表示衷心的感谢。感谢硕士研究生石川、任斌、余亮、唐余、张果等同学的贡献和帮助。

限于作者的水平，书中不妥之处在所难免，恳请广大读者批评指正。

林　达

2020 年 3 月于徐州工程学院

目　　录

第 1 章 绪 论

1.1 研究背景及意义

近年来,无人机(unmanned aerial vehicles, UAVs)的研究和应用呈现出迅猛发展的势头[1]。无人机的性能正在迅速提升,所具备的功能正在不断丰富,其类型和应用领域都在迅速拓宽[2,3]。与有人机相比,无人机具有机动性高、零人员伤亡、持续作战能力强、制造和维护成本低等优点,能够替代有人机执行枯燥、恶劣、危险、纵深(dull, dirty, dangerous and deep, 4D)等任务,其中,枯燥任务主要指重复性的任务或持久性的任务;恶劣任务主要指环境涉及核、生物、化学武器威胁的任务;危险任务主要是指对飞机和机组成员具有高危险的任务;纵深任务是指超越当前有人机作战半径的任务[4]。

面对日益复杂的任务环境以及多样化的任务需求,单架无人机的任务执行能力显示出了一定的局限性,而多无人机系统(multi-UAV systems)由于其高鲁棒性、强自适应性、灵活的可扩展性等优势引起了人们越来越多的关注[5,6]。未来无人机的使用将体现出明显的多平台协同作战特点,即指派多架无人机共同执行指定的任务,通过相互的能力互补和行动协调,实现单架无人机的任务能力扩展以及多无人机系统的整体作战效能提升[4]。随着大量不同性能、不同类型的无人机被投放到战场执行各种作战任务,必然需要合理高效的协同控制手段,以增强其任务执行能力,提高作战效能。反之,将导致多无人机系统整体效能的下降,难以体现出协同作战的优势,更甚者会由于多无人机间在时间、空间、任务层面上存在的相互矛盾,出现无人机之间冲突、碰撞的危险,并导致既定任务无法完成。同时,由于这类系统往往是欠驱动的,受到复杂非线性动力学模型的支配,而线性多智能体系统的协调控制方案不能直接应用到该类型的系统中。因此,多无人机的协同控制问题必将受到越来越广泛的关注。

除了无人机自身的复杂性外,通信环境和空间环境的复杂性也给多无人机协同控制方法的设计带来严峻挑战:通信时滞、动态拓扑结构和通信干扰造成的不确定性都可能对系统的稳定性产生严重影响;任务空间形状的限制、未知外部扰动以及无人机间的防撞需求等因素都可能要求设计者必须采用非线性控制输入,从而导致系统的分析难度增大。这些因素都可能在实际工程应用中出现,因此研究复杂环境下多无人机系统的协同控制对缩短理论与现实之间的差距有着重要意义。

综上所述，鉴于多无人机系统协同控制的巨大优势及其局限性，研究并设计出一整套多无人机协同控制方案，旨在解决其面向复杂环境时无法精确控制的难题，实现多无人机的协同控制，具有重要的研究价值和良好的应用前景。

1.2　多无人机协同控制研究现状

1.2.1　协同控制策略研究现状

针对多无人机协同控制，国内外已经进行了大量的研究，其协同控制策略大致上可分为以下几种[7]：主从式策略(leader-follower)、基于行为的策略(behavior-based)和虚拟结构策略(virtual structure)。

在主从式控制策略中，一架无人机扮演领航者角色，其他无人机作为跟随者，在飞行过程中，领航者按预先设定的轨迹飞行，而跟随者则跟踪领航者的运动轨迹并在其周围按给定相对位置排列形成编队队形。该问题可以演变出多种不同的情形，包括有多个领航者、形成跟踪链路和其他树状拓扑形式的跟踪问题等[8]。关于主从式控制策略的早期研究成果见文献[9]，研究了基于近邻跟踪条件下的多航天器的姿态保持和相对姿态校准等问题。Sorensen 等基于一致性算法提出了一种主从式控制方法，该方案仅需要相邻无人机间进行信息交换，讨论了通信拓扑中具有单个或多个领航者对编队控制的影响[10]。当采用链式进行编队飞行时，跟随者的位置误差会迭代增加。Wu 等针对具有执行器故障和外部扰动的主从式多智能体系统，研究了容错一致性跟踪控制问题[11]。

虚拟结构控制策略是将期望的多 UAVs 编队队形视为一个单一的刚体(即虚拟结构)，期望编队的质心作为虚拟结构的虚拟中心，每架 UAV 是这个虚拟结构上相对位置固定的一点，当编队移动时，UAV 跟踪虚拟结构对应固定点的运动即可。Qin 等基于虚拟结构的控制策略来设计滑模控制器，解决多艘船的编队问题[12]。王品等利用具有虚拟领航者的二阶动态一致性协议讨论了三维空间内分布式无人机编队控制问题[13]。吕永申等提出一种人工势场与虚拟结构相结合的无人机集群编队控制方法，克服了人工势场法经常出现的不收敛问题，提高了无人机集群编队的控制精度[14]。虚拟结构法的优点是简化了任务的描述和分配，并且具有较高的编队控制精度；缺点是难以进行容错处理，且需要进行大量通信，是一种集中控制的方法，可靠性较差。为了解决这个问题，Ren 等在采用虚拟结构和分散协调控制结构的基础上，引入了分散编队控制策略，适用于大量航天器控制和航天器间有通信限制的情况[15]。Pan 等提出了一种结合人工势场及虚拟结构的多水下机器人编队控制算法来解决避碰和避障问题[16]。当每架无人机受动态变化的态势感知或不可靠/有限的信息交换等因素影响而导致对虚拟结构坐标系的理解不一致时，就无法维持所需的编队几何形状。针对上述问题，Ren 等将虚拟结构进行实例化，为编队中每个机器人定义局部实例化虚拟结构，并提出了一种分布式编队控制体系结构[17]。

基于行为的控制策略是为每架无人机限制若干行为，并把各无人机控制输入的加权平均作为每架无人机控制行为[8]。Lawton 等基于行为控制策略对航天器编队相对姿态控制问题提出了一种控制规律，保证了多航天器在机动过程中保持相对姿态同时保持编队队形不变[18]。Liang 等提出了一种基于行为的航天器编队滑模控制律，它由位置保持控制项和编队保持控制项组成，以保证跟踪者能够渐近地跟踪所期望的轨迹[19]。

以上多无人机协同控制策略中，信息共享是多无人机运动协调的关键[7]。无人机之间共享信息的主要内容包括共同的目标、控制协议、相对位置、相对姿态或者全局信息等，并可能采用不同的方式在系统中传达[20]。按照多无人机之间的通信方式，其协同控制设计一般可分为集中式与分布式。集中式控制结构是由控制中心(即中心节点)收集所有无人机的状态信息，做出控制决策，并向每架无人机发送相应的控制命令(即编队中所有无人机均可获得全部的编队信息)，以保证多无人机完成指定任务。然而，由于通信约束和/或传感器的限制，如无线传感器的传感范围有限，控制中心通常无法观测到完整的状态信息。集中控制方法的另一个缺点是，随着无人机数量和无人机之间耦合的增加，繁重的通信和计算任务都集中在控制中心完成，这会降低整个系统的性能，此外，中心节点的单点失效可能导致整个系统的失控。网络拓扑结构的任何变化，如添加或减少无人机或通信链路，都可能需要重新设计控制器。

分布式控制结构则不需要控制中心，每架无人机仅需要其自身以及相邻无人机的状态信息，通过无人机合作来实现全局控制目标。与集中式控制结构相比，分布式控制结构中每架无人机都平行运行，具有更好的柔性、可靠性与鲁棒性，可以更好地适应动态、不确定的外部环境。

1.2.2　协同控制算法研究现状

多无人机协同控制的主要困难在于支配这些系统的复杂非线性动力学模型。同时，由于多无人机系统是欠驱动的，没有一种通用方法来控制该系统。人们针对上述问题进行了大量的研究，设计了各种控制算法来驱动无人机达到协同要求。常用的多无人机协同控制算法有：一致性算法、滑模控制算法、Backstepping 法、自适应控制算法、神经网络控制算法等。

一致性算法(consensus algorithms，CA)为各无人机之间通过信息交互对所关心的变量达成一致的算法，其基本思想是对每架无人机的信息状态赋予相似的动力特性[8]。基于一致性算法的编队控制方法只需要局部紧邻无人机间的信息感知/通信，在无集中协调的方式下可实现大规模、分布式的编队控制与协调，具有较好的灵活性和适应性，也不会因为少量成员的退出/损伤而降低多无人机系统的鲁棒性。

　　Ren 等介绍了多智能体信息一致性理论，研究了单积分和双积分动力系统的一致性算法，并将其引入到多刚体动力系统，研究了基于一致性算法的多刚体姿态同步和编队控制[8]。Moreau 采用非线性分析方法来证明多智能体系统的稳定性，并得出具有固定拓扑结构的连通网络中，连续系统能实现一致性；在网络为切换拓扑结构的情况下，若有限的时间内存在的网络拓扑图序列组成的并图为连通图，则连续系统的一致性算法最终也能使系统收敛[21]。Popov 等研究了具有随机时变拓扑结构和时滞的多智能体系统的鲁棒稳定性，并最终给出了一致性的充分条件[22]。朱旭等提出了基于信息一致性的分段式无人机紧密编队集结控制策略，将集结过程分为 3 步：参考集结点选取和目标集结点分配、形成松散编队以及形成紧密编队[23]。秦文静等以四旋翼无人机为研究对象，将图论法与主从式控制策略相结合，在所有跟随者能够获得领航者状态信息的通信拓扑结构下，提出了基于信息一致性的无人机编队形成时避免碰撞的控制策略[24]。张佳龙等提出了一种双向网络连接结构的多无人机一致性避障控制算法，该算法能够有效避免无人机之间以及无人机与障碍物之间发生碰撞，实现协同编队飞行[25]。

　　滑模控制(sliding mode control，SMC)算法由于其对不确定性的鲁棒性[26-31]、对有界扰动及参数变化的不敏感性和良好的瞬态性能[32-35]，成为一种很有吸引力的飞行控制器设计方法。例如，Wu 等设计了一种分布式滑模控制算法，利用无向通信拓扑实现每个跟随者航天器的姿态跟踪[36]。He 等基于非奇异终端滑模控制方法研究了多航天器在无向通信拓扑结构下的有限时间协同姿态跟踪控制问题[37]。

　　在滑模控制器的设计过程中，需要考虑参数不确定性、抖振问题、稳定性分析和有限时间跟踪性能等问题。针对这些问题，人们进行了大量的研究。Mobayen 等设计了一种自适应全局非线性滑模控制方案，实现具有真实外部扰动和参数不确定性的 n 连杆机械手跟踪控制[26]。刘凯悦等考虑到位置和姿态子系统分别受到干扰力和干扰力矩的影响，设计了鲁棒反演滑模控制器，保证了对目标轨迹的稳定跟踪[38]。Mofid 等针对具有参数不确定性的无人机系统，提出了一种自适应滑模控制的设计方法，保证了四旋翼无人机状态以有限时间收敛到原点，同时提出了一种自适应调谐方案，可对四旋翼无人机的未知参数进行估计[39]。Lee 等提出了在参数不确定情况下实现四旋翼无人机姿态跟踪控制的鲁棒自适应控制方案[40]。SMC 算法还被广泛应用于具有外部扰动以及未知的空气动力学特性的四旋翼无人机的轨迹跟踪控制[41, 42]，但这些控制算法在不能准确获取不确定性上界信息时非常保守。事实上，不确定性和外部干扰的界限是很难获得的。

　　针对未知且不可建模的扰动，自抗扰控制中的扩张状态观测器(extended state observer，ESO)方法是一种很好的解决方案。ESO 能够实时估计无人机系统的内部不确定性和外部扰动的总作用量，并在控制信号中补偿掉，实现非线性不确定扰动的动态补偿线性化。杨杰等设计分布式滑模控制器以实现有界干扰下多无人机系统的编队控制,当存在未知且不可建模扰动时,利用 ESO 对扰动进行估计并加以补偿,以提高系统的抗干扰能力[43]。

自适应控制(adaptive control,AC)也为克服无上界扰动提供了一种可能的解决方案。Zhang 等提出了一种分布式自适应方案来处理不确定性和无上界的外部扰动[44]。Babaei 等针对六自由度无人机,采用自适应超扭转滑模控制方法设计控制器,并分析了该控制器在存在组合不确定性情况下的性能,包括空气动力学、质量、惯性矩、传感器和执行器扰动以及参数不确定性[45]。Xiang 等针对多架无人机在系统不确定性条件下的鲁棒同步编队运动,提出了一种新的分散自适应全阶滑模控制框架,将鲁棒自适应技术集成到分散抖振自适应滑模控制设计中,以处理未知的有界不确定性,不需要预先假定系统不确定性的界[46]。

滑模控制的另一个主要缺点是抖振问题。这个问题可能会激发未建模的高频动力学,进而导致控制器性能下降。为了解决这个问题,Rong 等提出了一种利用滑模控制来稳定四旋翼无人机的新方法,通过将符号函数替换为连续函数,避免了滑模控制在控制输入中的抖振效应[47]。另一种解决方案为基于信息的控制理论和方法,与基于模型的控制方法相比,基于信息的控制方法对系统模型结构没有任何特殊的要求,因此受到了广泛的关注。它们非常适合于无法建立数学模型的复杂控制系统,或系统模型过于复杂而无法有效使用的情况。一般来说,基于信息的控制方法包括智能控制方法,如模糊逻辑(fuzzy logic,FL)控制方法和神经网络(neural network,NN)控制方法[48-51]。NN 控制为 SMC 中的抖振现象提供了一种有效的修正方法。Cibiraj 等针对具有外部干扰的四旋翼无人机姿态控制问题,提出了一种自适应神经增益调度滑模控制技术,采用前馈神经网络对滑模控制增益进行调整,以减弱 SMC 的抖振问题[52]。

神经网络可以在一个紧凑集上以任意精度近似任何光滑函数[53],由于其具有较强的学习能力和逼近未知函数的能力,因此被用来逼近或补偿模型的不确定性。Zou 等提出了一种基于切比雪夫神经网络和鲁棒控制技术的分布式姿态协调控制方案,其中每个跟随者都需要相邻航天器的角加速度[54]。对于具有一般非线性动力学的多智能体系统,在存在未知非线性和外部扰动的情况下,已有了一些研究结果。Hu 采用径向基函数神经网络来估计航天器的未知动力学,实现了航天器的姿态跟踪控制[55]。Zou 等针对存在结构和非结构不确定性的航天器编队飞行输出反馈控制,提出了自适应神经网络控制器,利用切比雪夫神经网络逼近系统动力学中的未知非线性[56]。李华东等设计一种基于自适应神经网络反步法的飞行控制器,使用自适应神经网络补偿外界的干扰和系统模型误差,神经网络权值矩阵通过自适应律在线更新,解决了无人机自主空中加油过程加油机和受油机编队飞行控制的问题[57]。Zou 研究了具有不确定惯性参数和外部扰动的刚性航天器姿态跟踪问题,以经典滑模控制为主要控制框架,采用鲁棒自适应径向基函数神经网络对滑模控制进行增强,逼近由惯性参数和外部扰动组成的不确定动力学,实现航天器姿态的最终收敛跟踪[58]。Lu等提出了一种新的神经网络自适应滑模控制方法来设计在各种不确定性和未知的外部干扰情况下全向车辆的动态控制系统,基于神经网络设计自适应律对各种不确定性扰动进行建模和估计[59]。

1.2.3 复杂环境下多无人机协同控制研究现状

随着无人机应用途径及应用范围的扩展,所面对的环境及任务要求也越来越复杂,不仅有自身的建模不确定、参数不确定等,还要受到外部复杂环境的干扰,如阵风、通信干扰等造成的通信拓扑结构不确定或时变、大气紊流对无人机飞行控制造成的扰动。这些不确定性会对无人机的控制造成很大的影响,针对这些不确定性,人们进行了大量的研究,来对这些不确定性进行补偿或抑制,以期望达到良好的控制效果。

针对多无人机之间拓扑结构不确定的情况,Thunberg 等研究具有有向通信拓扑和时变通信拓扑的多无人机系统的姿态同步问题[60]。Wang 等研究了一类复杂动态网络在受到攻击后分成一组独立集群,同时又可以在一段时间后恢复的网络的同步问题[61]。Dong 等研究了具有切换通信拓扑结构的多无人机系统的时变编队控制问题,导出了具有切换通信拓扑的无人机群系统实现预定时变编队的充分条件[62]。

针对多无人机飞行过程中遇到的紊流等情况,何勇灵等建立了四旋翼无人机在紊流风场作用下的动力学模型,并设计了基于积分反步算法的内环姿态控制器和常规 PID 控制算法的外环位置控制器[63]。Cui 等采用四种形式的风场模型对大气合成风场进行了建模和仿真,这些模型可用于飞行仿真和飞行模拟器的设计[64]。王鹤等根据大气紊流的特点,并在传统六自由度飞行器动力学模型基础上,构建可信度高的风场扰动下的飞艇动力学模型,最后依据建立的动力学模型,设计姿态控制系统,对飞艇受到的紊流扰动进行抑制[65]。Shi 等针对四旋翼无人机存在阵风和执行机构故障时的高精度姿态控制问题,提出了一种基于在线扰动不确定性估计和衰减方法的控制策略[66]。

针对无人机的建模不确定、参数不确定以及外部扰动不确定等情况,Shao 等利用扩展状态观测器对误差反馈控制的符号进行有效的鲁棒积分,提出了一种考虑参数不确定性和外部干扰的四旋翼无人机无速度测量鲁棒轨迹跟踪控制方法[67]。王丹丹等针对多无人机编队生成和保持问题,基于自适应滑模控制方法和有限时间理论,设计完全分布式编队控制器,且该控制器具有很强的抗干扰性,并能抑制模型不确定[68]。Kuo 等提出了一种基于四元数的自适应反步控制方法,利用递归模糊小波神经网络对受模型不确定性和扰动的四轴飞行器进行调节和轨迹跟踪[69]。

无人机系统中存在的时延大致可以分为输入/输出时延和状态时延[70]。Obuz 等针对一类具有未知时变输入时延和加性扰动的不确定非线性系统,设计了一种新的滤波误差信号,该信号在一个恒定的估计延迟间隔内,利用有限积分的过去状态,确定未知的时变时延和时延的恒定估计之间的最大容许误差,控制器的设计正是基于该信号,最后,使用 Lyapunov-Krasovskii 泛函来分析未知的足够长的时变输入延迟的影响,并通过稳定性分析证明了跟踪误差信号的最终有界[71]。Zhang 等针对具有状态时滞的未知多智能体系统的有限时域最优一致控制问题,即求耦合时变 HJB(Hamilton-Jacobi-Bellman,HJB)方程的解,提出了一种非策略强化学习算法,用可测状态数据代替状态时滞系统动力学知识来学习耦合时变 HJB 方程的解[72]。

针对控制器故障问题,Li 等针对一类具有执行器故障和外部干扰的不确定非线性系统的自适应滑模控制问题,提出使用强化学习算法来设计标称控制系统的最优控制器,并设计一种积分型滑模控制方法来解决执行器故障和扰动带来的相关问题,最后通过选择合适的参数得到闭环系统所有信号半全局有界[73]。刘晓东等基于扩展卡尔曼滤波器的残差产生器,并应用 χ_2 检验对残差进行评价,实现对无人机闭环控制系统内的控制器故障检测[74]。周扬等使用控制分配方法重构无人机健康控制器以补偿由故障控制器造成的不期望飞行姿态[75]。唐余等设计出能结合自适应控制器的可重构控制系统,该系统包括基于扩展卡尔曼滤波器的故障检测系统和基于控制分配方法的控制器重构系统,能在检测出无人机控制器故障的同时,重新构造控制器,以实现无人机的稳定飞行[76]。

1.3 四旋翼飞行器的历史与发展状况

目前,有三种类型的无人机,旋翼类无人机、固定翼式无人机以及扑翼类无人机。固定翼式的无人机需要通过在固定的机翼上向前推进以获得升力,见图 1.1。它们需要一个相对较高的前进速度,以便产生该升力,因此不适于在有限的或危险的环境中执行任务。扑翼类无人机是一种形似鸟、蝙蝠和昆虫的扑翼飞行器,通过机翼运动来提供升力和推力,如图 1.2 所示。

图 1.1 固定翼式无人机——美国全球鹰

图 1.2　扑翼式无人机——Cybird

　　旋翼式无人飞行器可以进一步分为两大类：单旋翼类和多旋翼类。单旋翼类即为直升无人机，见图 1.3。它们通常是使用一个较大直径的螺旋桨旋转来产生升力，并需要尾部旋翼来控制飞行方向。多旋翼式无人飞行器使用多个旋翼转子提供向上的升力和推力，从而控制所有形式的飞行运动，见图 1.4。

图 1.3　直升无人机——Camcopter　　　　　图 1.4　四旋翼无人机——大疆悟 2

　　旋翼类无人飞行器具有垂直起降等许多有用特征，拥有一个相对比较简单的机械结构，在旋翼机臂尾部由固定螺距的螺旋桨叶以及电动机所组成。早在 1907 年，法国的 Louis Breguet 便在 Charles Richet 教授的指导下，设计出了世界上第一台四旋翼飞行器，即 Breguet-Richet Gyroplane No.1，见图 1.5。因为设计不符合实际，只能飞行 1.5 米，以失败告终。

　　四旋翼无人机的第一次成功飞行是在 20 世纪 20 年代，使用了十字形布局的重型钢铁框架，四个机臂均具有 2 个螺旋桨转子，结构以及装置较为复杂，但是在当时已经表现出了相当程度的稳定性和可控性，而且进行了 1000 多次的试验，能够在空中飞行数分钟，还于 1924 年 4 月 14 日创下了飞行路程长达 360 米的国际航空协

会 (Federation Aeronautique Internationale，FAI) 首例距离记录，这就是非常著名的
Oemichen No.2，如图 1.6 所示。

图 1.5　Breguet-Richet Gyroplane No.1

图 1.6　Oemichen No.2

1.3.1　国内外研究现状

　　国外的部分大学实验室等研究机构先于国内科研机构在四旋翼飞行器方面的研究，但是由于 20 世纪的相关技术限制，没能走进大家的视野。直到 21 世纪初期，微型电子机械系统的快速发展，使得国内外研究机构针对四旋翼飞行器的研究取得较大的进展，这也促使一些商业机构争相进入无人飞行器行业，再一次推动了四旋翼无人飞行器的发展。目前来看，小型或微型无人机逐步替代了 20 世纪的大型且笨重的无人机，四旋翼乃至多旋翼无人机也逐步代替了单旋翼直升机，成为当今世界民用与航空电子相结合领域的新宠。随着近几年人工智能技术的发展与革新，智能无人机代替了遥控航模，越来越受到大众的喜爱。无人机行业的兴起，给越来越多的行业带来了实质性的变革，无人机让人们的生活更加丰富多彩，生动有趣。

2000 年，康奈尔大学的 Raffaello D'Andrea 团队搭建了一台小型四旋翼飞行器原型机，并安装了 LED 灯，使用三台摄像机来确定它的位置和姿态，如图 1.7 所示。学生 Andy 开发了系统的第一个版本，作为他的工程硕士学位的一部分，随后由 Matt Earl 进行了改进和使用，作为自己博士论文的一部分。2002 年，硕士生 Eryk Nice 和 Sean Breheny 搭建了一个高性能的四旋翼飞行器，见图 1.8，然后被 Oliver Purwin 用于他的博士研究。由于飞行器的螺旋桨直径约 45cm，所以比第一架原型机大得多，推力最大时可消耗超过 4000W 的功率，其高性能惯性测量单元重量也超过 1kg。

图 1.7　四旋翼原型机

图 1.8　高性能四旋翼

我国高校针对四旋翼无人飞行器研究稍晚于外国，但是也都相继做出了较多成果。通过吸引国内高校科研人才，国内涌现了一批国内外知名的无人机科技公司，诸如大疆、零度、亿航等。与大多数四旋翼飞行器相似，大疆精灵 3（图 1.9）于 2013 年面市。类似于 AR Drone，也拥有自主软件，但是不同的是，大疆精灵 3 不仅仅面向苹果系统的用户，也面向安卓系统的用户，而且价格更贵一些。

图 1.9　大疆精灵 3

　　Dobby 于 2016 年面市，是由零度智控公司开发的一款体型小巧，重 199 克，机翼和桨叶可以折叠，折叠后同市面上的智能手机大小相似，可以轻松放入口袋，方便随身携带的微小型无人飞行器，号称"口袋无人机"。采用高通骁龙处理器芯片，通过摄像头视觉识别拍摄目标，做到自主跟随飞行。与其他无人机相比，不仅体积小，重量轻，而且价格也更加亲民，见图 1.10。EHang184（图 1.11）是由亿航公司生产的全球第一款可以载人的且安全、环保又智能的无人驾驶飞行器，提供给人类一种新颖的中短途日常交通运输解决方案。目前已经获得迪拜交通局的首肯，于 2017年 7 月正式运营"无人机的士"服务。

图 1.10　Dobby 口袋无人机

图 1.11　EHang184

1.3.2　相关热点问题研究

（1）针对飞行器的姿态估计问题

1960 年，美籍匈牙利科学家 R. E. Kalman 公开发表了针对线性滤波以及预测问题的新方法，人们称之为卡尔曼滤波[77]。卡尔曼滤波是一种线性的最小方差估计方法，最早应用于美国航空航天局（National Aeronautics and Space Administration，NASA）的阿波罗载人登月飞船以及 C-5A 飞机导航系统的设计[78]。Yun 等[79]提出一种改进的四元数卡尔曼滤波算法，应用到了实时跟踪刚体方向。Xiong 等[80]对四轴无人机进行较精确建模后，提出一种最优卡尔曼滤波用于估计无人机的飞行姿态。然而现实生活的线性系统少之又少，故有人提出了针对非线性系统的扩展卡尔曼滤波（extended Kalman filter，EKF）。Bellantoni 等[81]将 EKF 应用于非线性的航天器导航系统中。Zhang[82]提出了一种针对六轴飞行器姿态估计的扩展卡尔曼滤波，在 STM32 处理器上予以实现，且效果良好。Li[83]采用低成本的微机电系统，对无人飞行器姿态进行测量估计。Simon 等[84]共同提出一种卡尔曼滤波拓展方式即无迹卡尔曼滤波（unscented Kalman filter，UKF），同扩展卡尔曼滤波一样，专门应对自身系统或外界环境为非线性系统。Norbert Winener[85]提出了应用贝叶斯状态估计的粒子滤波（particle filter，PF）。2008 年，Mahony[86]提出了一种互补滤波（complementary filter，CF）算法，计算量小，滤波性能待进一步精确。2011 年，Magwick 等[87]提出了一种基于梯度下降法（gradient descent，GD）的滤波算法，同互补滤波一样，计算量较小，应用广泛。文献[88]、[89]运用基于方向余弦矩阵的扩展卡尔曼滤波算法对姿态进行估计，虽然方法较为直接，容易理解，对姿态估计也较为精确，但是由于方向余弦矩阵中有 9 个数值需要计算，计算量较大，对于实时跟踪估计姿态不利。文献[90]、[91]将扩展卡尔曼滤波应用到了实时定位与三维重建（simultaneous localization and mapping，SLAM）领域。文献[92]提出一种鲁棒的且运用以往不常用到的上一时刻步长的后验测量残差双增益无迹卡尔曼滤波算法，将其应用到估计小卫星姿态上。文献[93]采用一种鲁棒强跟踪非线性滤波法来解决存在模型不确定、模型不匹配以及未知干扰等情况下航天器的姿态估计上。文献[94]提出了一种面对多模型的参数自适应互补滤波用于姿态估计，相比扩展卡尔曼滤波，精确度有所提高。

（2）针对无人飞行器的飞行控制方法研究问题

近年来，有越来越多的控制算法应用于飞行器上，大体可以分为线性控制和非线性控制两类。线性控制算法主要有比例积分微分（proportional integral derivative，PID）控制和线性二次型调节器（linear quadratic regulator，LQR）控制，分别在文献[95]中介绍并实验。文献[96]中提出的 LQR 控制器用于控制飞行器姿态和位移跟踪，经过实验表明控制效果优秀，但是面对非线性问题表现不足。由于飞行器飞行环境的现实复杂性，往往线性控制器并不能完成较好的控制任务，所以越来越多的非线性控制算法应用到了飞行器上。文献[97]、[98]均采用滑模控制策略，考虑到外界的干扰，实验结果展现了较好的鲁棒性能，但是也无法根本改变抖震现象。单纯的反步控制法只能实现稳定飞行的目的，与自适应控制相结合，便可以使飞行器在面对未知外界干扰时，能够实现稳定飞行[99]。在自适应反步控制的基础上，结合模糊系统，用于无人飞行器的轨迹跟踪上，鲁棒性能更强[100]。文献[101]将 Glover-McFarlane 回路成型[102]与 H_∞ 控制相结合，用于控制四旋翼飞行器。文献[103]提出一种非线性鲁棒 H_∞ PID 控制器，用于存在模型和参数等不确定情况下的飞行器实时飞行。文献[104]应用非线性 H_∞ 控制器很好地解决了存在外界干扰、模型和参数不确定时的飞行器路径跟踪问题。

反步法(Backstepping)[105-108]是以 Lyapunov 控制理论为基础，要求系统方程为严反馈形式，一种由前向后递推的设计方法。其主要优点是可以与自适应技术结合使用。自适应控制一般以不同程度的不确定性为研究对象，通过量测信号对被控对象的未知参数进行在线估计，从而实时改变控制器的输入。将自适应控制与反步法相结合，应用于飞行器的飞行控制上，比传统的反步法有了明显的抗干扰性，飞行更稳定，鲁棒性更强[109, 110]。积分反步法[111, 112]是在传统的反步法基础上添加了跟踪误差的积分项，以此来弥补稳态误差，用于控制飞行器稳定飞行，但在飞行器受到外界扰动时，表现稍差。文献[113]将积分反步与滑模控制相结合，用于稳定存在外部不确定干扰的四旋翼飞行器。

1.4 本书概要

本书主要研究四旋翼无人机和固定翼无人机的姿态同步与编队控制问题。全书在控制策略中考虑了几个富有挑战性的实际问题，例如，模型参数不确定、控制器故障以及通信时延等。第 2 章概述数学背景和预备知识，这些数学工具将用于后面的控制系统设计与分析中，给出了紊流风场下的多四旋翼无人机系统运动学与动力学模型和具有集成不确定性多固定翼无人机的运动学与动力学模型。

第 3 章基于一致性算法，研究了多无人机在无向、时变通信拓扑条件下的姿态同步控制，同时考虑了通信拓扑切换频率以及拓扑结构中存在孤立点对多无人机姿态同步的影响，设计控制扭矩，实现了多无人机的姿态同步。

第 4 章针对紊流风场环境下多无人机编队控制问题，利用滑模控制算法，为每架无人机设计控制律，以跟踪虚拟结构所定义的理想状态，同时设计实例化虚拟结构控制器，使实例化虚拟结构向期望状态运动的同时，与邻近无人机的实例化虚拟结构状态协调同步，最终使多无人机系统以预设编队模式沿期望轨迹飞行。

第 5 章研究了多无人机系统在模型不确定和未知外部干扰情况下的编队控制问

题。基于 Lyapunov 稳定性理论和代数图论，采用分布式自适应控制方法，为每架无人机设计基于神经网络的分布式滑模自适应控制律，实现了编队控制。

第 6 章针对具有不确定惯性参数和受外界扰动的多无人机编队跟踪控制问题，利用自适应控制设计了一种在线估计惯性参数的自适应律，并将其估计值用于协同姿态控制器的设计当中，该姿态协同控制器保障了多无人机姿态子系统是全局渐近稳定的。利用滑模变结构控制为每架无人机设计了平移子系统的控制器以驱动各架无人机按照预期的编队模式进行飞行。

第 7 章针对多无人机编队控制中因受外界扰动与建模不确定等因素的影响而导致收敛速度慢的问题，提出了一种基于非奇异终端滑模的协同控制律，在保持多无人机系统稳定性的前提下极大程度地提高了系统的收敛速度并削弱了抖振现象。

第 8 章研究了干扰、测量误差、模型或参数不确定及控制器微小故障下多固定翼无人机姿态同步控制问题。基于 Lyapunov 稳定性理论分别设计基于神经网络的直接自适应分布式姿态同步控制器和基于观测器和神经网络的间接自适应分布式姿态同步控制器，实现了多固定翼无人机姿态同步控制。

第 9 章研究了干扰、测量误差、模型或参数不确定、控制器微小故障及状态时延下多固定翼无人机姿态同步控制问题。在第 8 章设计的基于神经网络的直接自适应分布式姿态同步控制器的基础上，结合 Lyapunov-Krasovskii 函数，以补偿姿态同步过程中状态时延造成的剧烈波动，实现了姿态同步控制。

第 10 章考虑各无人机在具有集成不确定项（干扰、测量误差、模型或参数不确定、控制器微小故障）的同时，还伴随控制器卡死故障的情形下多无人机姿态同步问题。将基于扩展卡尔曼滤波器的故障检测和基于观测器的不确定项估计相结合，克服模型中的集成不确定项会对故障检测的准确性造成的不利影响，提高故障检测的准确性。最后，在检测出控制器故障位置的同时，结合基于控制分配方法设计的控制器重构模块，重构除故障控制器的所有健康控制器，使无人机控制力矩能够恢复到无控制器故障时的附近，最终使无人机的姿态稳定到预定姿态附近。

第 11 章设计出一种基于线性矩阵不等式（linear matrix inequality，LMI）的 H_2/H_∞ 混合鲁棒控制器，来应对四旋翼飞行器在模型参数不确定情况下的稳定飞行问题。仿真结果表明，该控制器不仅可以解决外界阵风和传感器测量噪声对飞行器的不确定性干扰，而且能够解决飞行器本身模型参数不精确带来的控制发散等问题，具有良好的稳定性和鲁棒性。

第 12 章考虑到四旋翼飞行器在执行任务期间，有可能会受到外界阵风等的干扰，重新对模型进行修改，加入阵风等因素，通过运用自适应积分反步的控制方法控制四旋翼飞行器，实现四旋翼飞行器的轨迹跟踪控制。

第 13 章将收缩理论应用于复杂四旋翼飞行器系统，提出了一种自适应收缩反步控制算法，分析了模型参数不确定情况下的跟踪误差收敛条件，仿真结果验证了所提方法的有效性。

第 14 章将收缩理论应用于垂直起降无人机，考虑模型参数不确定与外部干扰情况，设计了基于收缩理论的姿态同步控制器。在收缩域内，外部干扰不会对稳定特性产生影响，自适应控制律将不确定参数误差保持有界，从而实现分散式姿态同步与轨迹跟踪控制。

第 15 章基于一致性算法，研究了在无向通信拓扑结构下的多无人机姿态同步控制问题；考虑了编队成员间存在时变通信时延与随机切换通信拓扑的影响，并设计了相应的分布式姿态控制器，通过数值仿真验证了该控制算法的有效性和鲁棒性。

第 2 章 预 备 知 识

本章对复杂环境下多无人机协同控制需要用到的基本理论做了简要的阐述介绍，首先介绍了与通信拓扑相关的图论知识，然后引入紊流风场下的四旋翼多无人机系统运动学与动力学模型，最后介绍了具有集成不确定项、状态时延、控制器故障影响的多固定翼无人机运动模型。

2.1 图 论 基 础

为了实现多无人机系统的协同控制，利用局部信息交换来设计控制方案。因此，无人机需要发送彼此间的一些状态。在本书中，用加权图来描述成员间的信息交换。下面将对本书中要用的一些图论定义和特性做出概述[114]。

在图表示法中，有向边 (i,j) 用一个由节点 j 指向节点 i 的有向连接线来表示。在无向图中，使用没有箭头的连接线。定义有向图 G 由 $(\mathcal{N},\varepsilon)$ 组成，其中 $\mathcal{N}=\{1,2,\cdots,n\}$ 为有限非空节点集，$\varepsilon \subseteq \mathcal{N} \times \mathcal{N}$ 为有序成对节点的集合，称为边集。边 $(i,j)\in\varepsilon$ 表示第 i 架无人机接收到来自第 j 架无人机的信息，且 j 与 i 相邻。节点 i 的邻居集合表示为 $N_i=\{j\in\mathcal{N}:(i,j)\in\varepsilon, i\neq j\}$。有向路径是有向图中的有向边序列，其形式是 $(i_1,i_2),(i_2,i_3),\cdots$，其中 $i_l\in\mathcal{N}$。无向图是一种特殊的有向图，在无向图中节点对是无序的，无向路径是无向图中的无向边序列，其中 $(i,j)\in\varepsilon \Leftrightarrow (j,i)\in\varepsilon$。

如果有向图中任意两个完全不同的节点之间存在一条有向路径，则此有向图是强连通的。如果无向图中任意两个完全不同的节点之间存在一条路径，则称此无向图是连通的。如果用无向边替代有向边而获得的无向图是连通的，则称该有向图是弱连通的。环是每个节点恰好有两个邻节点的连通图，无环图是一个没有环的图，连通且无环的无向图被称为树。除根节点，每个节点只有一个父节点的有向图称为有向树。如果有向图至少存在一个节点，它具有一条通往所有其他节点的有向路径，则称该图包含一个有向生成树。上述几种典型的图如图 2.1 和图 2.2 所示。

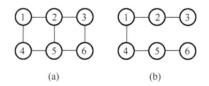

(a)   (b)

图 2.1　具有 6 个节点的无向连通图

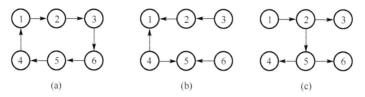

图 2.2　具有 6 个节点的有向图

有向图 G 的加权邻接矩阵 $A = [a_{ij}] \in \mathbf{R}^{n \times n}$ 可定义为：当 $(i, j) \in \varepsilon$ 时，a_{ij} 是一个正权值；当 $(i, j) \notin \varepsilon$ 时，$a_{ij} = 0$。除非特别说明，否则不允许有自身边存在，即 $a_{ii} = 0$。无向图的加权邻接矩阵具有相似的定义，并且有 $a_{ij} = a_{ji}$，即无向图的加权邻接矩阵是对称的。

有向图 G 中，节点 i 的入度矩阵为 $D = \mathrm{diag}(d_i) \in \mathbf{R}^{n \times n}$，其中 $d_i = \sum_{j \in N_i} a_{ij}$。有向图 G 的拉普拉斯矩阵可表示为 $L = [l_{ij}] \in \mathbf{R}^{n \times n}$，并定义

$$l_{ij} = \begin{cases} -a_{ij}, & i \neq j \\ \sum_{j=1}^{n} a_{ij}, & i = j \end{cases} \tag{2-1}$$

写为矩阵形式则有 $L = D - A$，且其行和为零。

如果有向图有 $\sum_{j=1}^{n} a_{ij} = \sum_{j=1}^{n} a_{ji}, i \in \mathcal{N}$，则称该有向图是平衡的。换言之，当且仅当进入节点和离开同一节点的边的总权值相等时，有向图是平衡的。有向图平衡的一个重要标识是 $\mathbf{1} = (1, 1, \cdots, 1)^T \in \mathbf{R}^n$ 是拉普拉斯算子的左特征向量，即 $\mathbf{1}^T L = 0$。

连通图所对应的拉普拉斯矩阵反映了节点间的连接方式和通信拓扑的连通性。图的拉普拉斯矩阵具有以下重要性质：

引理 2.1[115]　若图 G 为无向图，则其拉普拉斯矩阵 $L \in \mathbf{R}^{n \times n}$ 是一个对称矩阵，其特征值 $(\lambda_1, \lambda_2, \cdots, \lambda_n)$ 均为实数且有如下性质：

$$0 = \lambda_{\min} = \lambda_1 \leqslant \lambda_2 \leqslant \cdots \leqslant \lambda_n = \lambda_{\max}$$

同时，对应于特征值 0 的特征向量为单位向量 $\mathbf{1}_n$。此外，

$$\lambda_2 = \min_{x \neq 0, (\mathbf{1}_n)^T x = 0} \frac{x^T L x}{\|x\|^2}$$

其中，$x \in \mathbf{R}^n$，λ_2 称为图 G 的代数连通度。若图 G 是联通的，则 $\lambda_2 > 0$。

引理 2.2[116]　有向图的拉普拉斯矩阵有一个简单的零特征值和一个相关特征向量 $\mathbf{1}_n$，当且仅当有向图具有一个有向生成树时，所有其他特征值都有正实部。

设 $A = (a_{ij})_{m \times n}$，$B = (b_{ij})_{p \times q}$，则矩阵 A 与 B 的克罗内克 (Kronecker) 积记为 $A \otimes B$，且有如下定义：

$$A \otimes B = \begin{bmatrix} a_{11}B & \cdots & a_{1n}B \\ \vdots & & \vdots \\ a_{m1}B & \cdots & a_{mn}B \end{bmatrix} \tag{2-2}$$

引理 2.3[117, 118] 矩阵的 Kronecker 积具有如下性质：

(1) $k(A \otimes B) = (kA) \otimes B$；

(2) $A \otimes (B+C) = A \otimes B + A \otimes C, (A+C) \otimes B = A \otimes B + C \otimes B$；

(3) $(A+B) \otimes (C+D) = A \otimes C + A \otimes D + B \otimes C + B \otimes D$；

(4) $A \otimes (B \otimes C) = (A \otimes B) \otimes C = A \otimes B \otimes C$；

(5) $(A \otimes B)^{\mathrm{T}} = A^{\mathrm{T}} \otimes B^{\mathrm{T}}$；

(6) 如果矩阵 A,B 可逆，则 $(A \otimes B)^{-1} = A^{-1} \otimes B^{-1}$；

若矩阵 $A \in \mathbf{R}^{p \times p}, B \in \mathbf{R}^{q \times q}, C \in \mathbf{R}^{p \times p}, D \in \mathbf{R}^{q \times q}$，则 $(A \otimes B)(C \otimes D) = AC \otimes BD$。

2.2 紊流风场下多旋翼无人机数学模型

2.2.1 坐标系的建立

为了表示 n 架无人机的位置和方向，本节引入了几个坐标系。惯性坐标系，用 $\mathcal{F}_O$ 表示，严格依附于假设平坦的地球表面上的一点。与 $\mathcal{F}_O$ 相关的标准正交基用轴系 $\{\hat{e}_1, \hat{e}_2, \hat{e}_3\}$ 给出，其中 $\hat{e}_1$ 指向北，$\hat{e}_2$ 指向东，$\hat{e}_3$ 指向地心。依附于无人机重心的坐标系是机体坐标系，用 $\mathcal{F}_{bi}$ 表示，其中 $i \in \mathcal{N} := \{1, 2, \cdots, n\}$。与 $\mathcal{F}_{bi}$ 相关的基用 $\{\hat{e}_{b1i}, \hat{e}_{b2i}, \hat{e}_{b3i}\}$ 给出，其中 $\hat{e}_{b1i}$ 指向第 i 架无人机的前方，$\hat{e}_{b2i}$ 指向第 i 架无人机的右方，$\hat{e}_{b3i}$ 指向第 i 架无人机的下方。惯性坐标系与机体坐标系的对比图如图 2.3 所示。

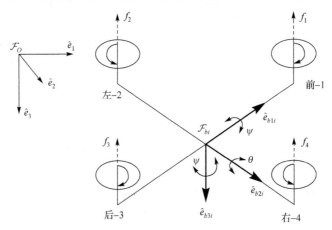

图 2.3 无人机惯性坐标系与机体坐标系示意图

2.2.2 旋翼的空气动力学分析

为了精确描述风场对无人机飞行的影响，本节对风场环境下无人机的受力情况进行分析。在本节中，假设机身与紊流风的接触面很小，并且风在这个表面所产生的力也很小，将被忽略，只考虑作用在旋翼上的风力。

针对风场作用下无人机 $i(i \in \mathcal{N})$ 的第 $j(j=1,\cdots,4)$ 个旋翼进行空气动力分析，如图 2.4 所示。图中，v_1 为旋翼 j 的诱导速度，v_w是风速，$\hat{v}$ 为总诱导速度，且有

$$\hat{v} = v_1 + v_w \tag{2-3}$$

在风场作用时，旋翼 j 的总升力表示为

$$\mathcal{T}_R = \mathcal{T} + \mathcal{T}_w = 2\rho A v_1 \hat{v} \tag{2-4}$$

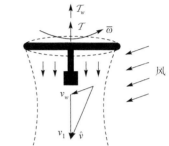

图 2.4 风场环境下旋翼空气动力分析

式中，ρ 为空气密度，A 为桨盘的面积。不难看出，在无风条件（$v_w=0$）下，有 $\hat{v}=v_1, \mathcal{T}_w=0$，因此，无风条件下旋翼 j 的升力为 $\mathcal{T}=2\rho A v_1^2$，故可知旋翼 j 的诱导速度 v_1 为

$$\|v_1\| = \sqrt{\mathcal{T}/2\rho A} \tag{2-5}$$

所受风力为

$$\mathcal{T}_w = 2\rho A v_1 v_w \tag{2-6}$$

每个旋翼的气动阻力记为

$$\tau_{\text{drag}} = k_{\text{drag}} \hat{v}^2 \tag{2-7}$$

式中，$k_{\text{drag}} > 0$ 是一个与空气密度、旋翼半径和旋翼形状有关的系数。

2.2.3 多无人机运动学模型

无人机运动学建模时，不考虑无人机所受力与加速度、力矩与角加速度之间的关系，只考虑姿态角和飞行速度与相关状态量之间的关系。

本书采用单位四元数描述无人机的姿态[119]。针对无人机 i，定义其在惯性坐标系 $\mathcal{F}_O$ 中的位置和速度分别为 $p_i \in \mathbf{R}^3, v_i \in \mathbf{R}^3$，在机体坐标系 $\mathcal{F}_{bi}$ 下的姿态和角速度分别为 $Q_i = [q_i^T, \eta_i]^T \in \mathbf{R}^4, \omega_i \in \mathbf{R}^3$。其中 $q_i \in \mathbf{R}^3$ 和 $\eta_i \in \mathbf{R}$ 分别为单位四元数的向量部分和标量部分，并且满足 $\|Q_i\|=1$ 的约束条件。定义单位四元数 Q_i 的逆为 $Q_i^{-1} = [-q_i^T, \eta_i]^T \in \mathbf{R}^4$。定义两个单位四元数 Q_1 和 Q_2 的乘积为 Q_3，表示如下：

$$Q_3 = Q_1 \odot Q_2 = \begin{pmatrix} \eta_1 q_2 + \eta_2 q_1 + S(q_1)q_2 \\ \eta_1 \eta_2 - q_1^T q_2 \end{pmatrix} \tag{2-8}$$

该四元数乘法满足分配律和结合律，但不满足交换律。则 $Q \odot Q^{-1} =$ $Q^{-1} \odot Q = Q_I$，其中 $Q_I := \begin{bmatrix} 0 & 0 & 0 & 1 \end{bmatrix}^T$。

无人机的位置和姿态运动学方程如下：

$$\begin{cases} \dot{p}_i = v_i \\ \dot{Q}_i = \dfrac{1}{2} T(Q_i) \omega_i \end{cases} \quad (2\text{-}9)$$

其中 $i \in \mathcal{N}$，$T(Q_i)$ 定义如下：

$$T(Q_i) = \begin{pmatrix} \eta_i I_3 + S(q_i) \\ -q_i^T \end{pmatrix} \quad (2\text{-}10)$$

并且满足 $T(Q_i)^T T(Q_i) = I_3$。$S(q)$ 为与 $q = (q_1, q_2, q_3)^T$ 相关的斜对称矩阵，表示如下：

$$S(q) = \begin{pmatrix} 0 & -q_3 & q_2 \\ q_3 & 0 & -q_1 \\ -q_2 & q_1 & 0 \end{pmatrix} \quad (2\text{-}11)$$

并且满足 $S(x)y := x \times y$，其中 $x, y \in \mathbf{R}^3$，"×"代表向量叉乘。

2.2.4　无人机动力学模型

为了简化建模过程，做如下假设：①无人机是刚性对称的；②忽略地球自转和公转对无人机飞行的影响，即将地面坐标系视为惯性坐标系；③无人机旋翼是刚体；④旋翼产生的推力及阻力与旋翼转速的平方成正比。

基于上述假设，无人机 i 在具有外部扰动情况下的动力学方程表示如下：

$$\begin{cases} m_i \dot{v}_i = m_i g \hat{e}_3 - \mathcal{T}_i R(Q_i)^T \hat{e}_3 + d_{fi} \\ J_i \dot{\omega}_i = \tau_i - S(\omega_i) J_i \omega_i + d_{\tau i} \end{cases} \quad (2\text{-}12)$$

其中，$i \in \mathcal{N}$，以重力方向为正方向，m_i 为无人机 i 的质量，g 代表重力加速度，$J_i = \text{diag}(J_{xi}, J_{yi}, J_{zi}) \in \mathbf{R}^{3 \times 3}$ 表示机体相对坐标系 $\mathcal{F}_{bi}$ 的对称正定常数惯性矩阵。$R(Q_i)$ 为由惯性坐标系到机体坐标系的旋转矩阵，可表示如下：

$$R(Q_i) = (\eta_i^2 - q_i^T q_i) I_3 + 2 q_i q_i^T - 2 \eta_i S(q_i) \quad (2\text{-}13)$$

且其时间导数为

$$\dot{R}(Q_i) = -S(\omega_i) R(Q_i) \quad (2\text{-}14)$$

无人机 i 四个旋翼所产生的总升力 $\mathcal{T}_i$：

$$\mathcal{T}_i = \sum_{j=1}^{4} \mathcal{T}_{ij} = \sum_{j=1}^{4} \lambda \bar{\omega}_{ij}^2, \quad i \in \mathcal{N}, j = 1, 2, 3, 4 \quad (2\text{-}15)$$

式中，λ 为升力系数，$\bar{\omega}_{ij}$ 为无人机 i 第 j 个旋翼的转速。

无人机 i 所受的合外气动力矩 τ_i 为

$$\tau_i = \begin{pmatrix} l(\mathcal{T}_{i4} - \mathcal{T}_{i2}) \\ l(\mathcal{T}_{i3} - \mathcal{T}_{i1}) \\ \mu(\bar{\omega}_{i1}^2 - \bar{\omega}_{i2}^2 + \bar{\omega}_{i3}^2 - \bar{\omega}_{i4}^2) \end{pmatrix}, \quad i \in \mathcal{N} \tag{2-16}$$

式中，l 为旋翼中心与无人机重心之间的距离，μ 为阻力系数。

$d_{fi}, d_{\tau i}$ 分别为第 i 架无人机所受外部扰动力及力矩。基于上述无人机的旋翼受力分析，可得

$$d_{fi} = -\mathcal{T}_{wi} R(Q_i)^{\mathrm{T}} \hat{e}_3 \tag{2-17}$$

$$d_{\tau i} = \begin{pmatrix} l(\mathcal{T}_{wi4} - \mathcal{T}_{wi2}) \\ l(\mathcal{T}_{wi3} - \mathcal{T}_{wi1}) \\ \sum_{j=1}^{4} \tau_{\mathrm{drag},j} \end{pmatrix} \tag{2-18}$$

其中，$i \in \mathcal{N}$，"$-$"代表无人机所受风力方向与重力方向相反，$\mathcal{T}_{wi}$ 为机体坐标系下无人机 i 四个旋翼所受的总风力，表示为

$$\mathcal{T}_{wi} = \sum_{j=1}^{4} \mathcal{T}_{wij} = \sum_{j=1}^{4} (2\rho A v_{1j} v_w), \quad j = 1, 2, 3, 4 \tag{2-19}$$

综上，多无人机系统在紊流风场环境下的运动学及动力学模型可表示为

平移子系统模型：

$$(\Sigma_{1_i}): \begin{cases} \dot{p}_i = v_i \\ \dot{v}_i = g\hat{e}_3 - \dfrac{\mathcal{T}_i}{m_i} R(Q_i)^{\mathrm{T}} \hat{e}_3 + \dfrac{d_{fi}}{m_i} \end{cases} \tag{2-20}$$

旋转子系统模型：

$$(\Sigma_{2_i}): \begin{cases} \dot{Q}_i = \dfrac{1}{2} T(Q_i) \omega_i \\ J_i \dot{\omega}_i = \tau_i + d_{\tau i} - S(\omega_i) J_i \omega_i \end{cases} \tag{2-21}$$

其中，$i \in \mathcal{N}$，d_{fi} 由式 (2-17) 及式 (2-19) 给出，$d_{\tau i}$ 由式 (2-18) 给出，且 $(\mathcal{T}_i, \tau_i^{\mathrm{T}})^{\mathrm{T}}$ 和旋翼转速的关系可以表示如下：

$$\begin{pmatrix} \mathcal{T}_i \\ \tau_i \end{pmatrix} = \begin{pmatrix} \lambda & \lambda & \lambda & \lambda \\ 0 & \lambda l & 0 & -\lambda l \\ -\lambda l & 0 & \lambda l & 0 \\ \mu & -\mu & \mu & -\mu \end{pmatrix} \begin{pmatrix} \bar{\omega}_{i1}^2 \\ \bar{\omega}_{i2}^2 \\ \bar{\omega}_{i3}^2 \\ \bar{\omega}_{i4}^2 \end{pmatrix}, \quad i \in \mathcal{N} \tag{2-22}$$

注：在忽略外部干扰的情况下，$d_{fi}=[0,0,0]^{\mathrm{T}}(\mathrm{N})$，$d_{\tau i}=[0,0,0]^{\mathrm{T}}(\mathrm{N}\cdot\mathrm{m})$。因此，无人机 i 的标称运动学及动力学模型为

平移子系统模型：

$$(\Sigma_{1_i}):\begin{cases}\dot{p}_i=v_i\\\dot{v}_i=g\hat{e}_3-\dfrac{\mathcal{T}_i}{m_i}R(Q_i)^{\mathrm{T}}\hat{e}_3\end{cases}\tag{2-23}$$

旋转子系统模型：

$$(\Sigma_{2_i}):\begin{cases}\dot{Q}_i=\dfrac{1}{2}T(Q_i)\omega_i\\J_i\dot{\omega}_i=\tau_i-S(\omega_i)J_i\omega_i\end{cases}\tag{2-24}$$

2.3 复杂情况下的多固定翼无人机姿态运动数学模型

2.3.1 常用坐标系及转换

在建立固定翼无人机姿态运动的数学模型时，为了确定无人机的姿态及其速度、加速度和外力矩矢量的分量，必须引入多种坐标轴系[120]。这些常用坐标轴系包括惯性坐标系、机体坐标系和气流坐标系，均为右手直角坐标系，且它们之间与无人机的关系如图 2.5 所示。

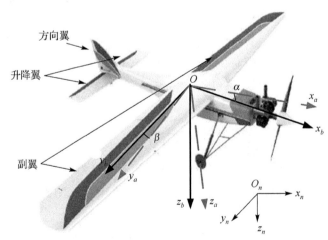

图 2.5 常用坐标系与固定翼无人机之间的关系

1) 惯性坐标系

在忽略地球自转和地球质心曲线运动的情况下，惯性坐标系为固定在地球表面

的一种坐标系,在图 2.5 中用 $O_n x_n y_n z_n$ 表示。其原点 O_n 位于地面任意选定的某固定点(如无人机起飞点);$O_n x_n$ 轴指向地平面某任意选定方向;$O_n z_n$ 轴铅垂向下;$O_n y_n$ 轴垂直 $O_n x_n z_n$ 平面,按右手定则确定。无人机的姿态或欧拉角及其速度、加速度等都是相对于此坐标系来衡量的。

2)机体坐标系

机体坐标系是固联于无人机并随无人机运动的一种动坐标系,在图 2.5 中用 $O x_b y_b z_b$ 表示。其原点 O 位于无人机的质心;$O x_b$ 轴在无人机对称平面内,平行于机身轴线或机翼的平均气动弦线,指向前;$O z_b$ 轴亦在对称平面内,垂直于 $O x_b$ 轴,指向下;$O y_b$ 轴垂直于对称平面,指向右。

3)气流坐标系

气流坐标系又称速度坐标系或风轴系,在图 2.5 中用 $O x_a y_a z_a$ 表示。其原点 O 与机体坐标系的原点重合,位于无人机质心;$O x_a$ 轴始终指向无人机的空速方向;$O z_a$ 轴位于对称平面内,垂直于 $O x_a$ 轴,指向下;$O y_a$ 轴垂直于 $O x_a z_a$ 平面,指向右。

4)惯性坐标系与机体坐标系之间的转换

机体坐标系 $O x_b y_b z_b$ 相对于地面坐标系 $O_n x_n y_n z_n$ 的方向,或者说无人机在空中的姿态,常用三个欧拉角表示[120],即 ψ, θ, ϕ。其中,偏航角 ψ 为机体轴 $O x_b$ 在水平面 $O_n x_n y_n$ 上的投影与 $O_n x_n$ 轴之间的夹角。无人机右偏航时,规定 ψ 为正。俯仰角 θ 为机体轴 $O x_b$ 与水平面 $O_n x_n y_n$ 之间的夹角。当无人机头部上仰时,规定 θ 为正。滚转角 ϕ 为飞机对称平面与包含 $O x_b$ 轴的铅垂平面之间的夹角。无人机向右滚转时形成的角度,规定为正。如图 2.6 所示,首先将惯性坐标系平移,使其原点与机体坐标系重合;然后 $O_n x_n y_n z_n$ 先绕 O_z 轴(即图中的 $O z_n$ 轴)转动角度 ψ;接着按 $O y$ 轴(即图中的 $O y_2$ 轴)转动角度 θ;最后,绕 $O x$ 轴(即图中的 $O x_b$ 轴)转动角度 ϕ,就可以与坐标系 $O x_b y_b z_b$ 重合。

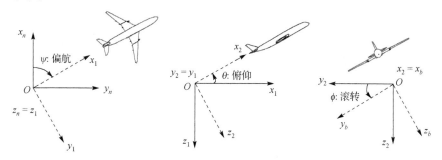

图 2.6 地面坐标系到机体坐标系的转换

因此,按照坐标转换的一般法则,可得出由惯性坐标系到机体坐标系的转换矩阵为

$$L_{bn} = L_x(\phi)L_y(\theta)L_z(\psi)$$

$$= \begin{bmatrix} 1 & 0 & 0 \\ 0 & \cos\phi & \sin\phi \\ 0 & -\sin\phi & \cos\phi \end{bmatrix} \begin{bmatrix} \cos\theta & 0 & -\sin\theta \\ 0 & 1 & 0 \\ \sin\theta & 0 & \cos\theta \end{bmatrix} \begin{bmatrix} \cos\psi & \sin\psi & 0 \\ -\sin\psi & \cos\psi & 0 \\ 0 & 0 & 1 \end{bmatrix}$$

$$= \begin{bmatrix} \cos\theta\cos\psi & \cos\theta\sin\psi & -\sin\theta \\ \sin\theta\cos\psi\sin\phi - \sin\psi\cos\phi & \sin\theta\sin\psi\sin\phi + \cos\psi\cos\phi & \cos\theta\sin\phi \\ \sin\theta\cos\psi\cos\phi + \sin\psi\sin\phi - \sin\phi\cos\psi & \sin\theta\sin\psi\cos\phi - \cos\psi\cos\phi & \cos\theta\cos\phi \end{bmatrix}$$

$$(2\text{-}25)$$

5) 气流坐标系与机体坐标系之间的转换

气流坐标系中的 $O_a z_a$ 轴和机体坐标系中的 Oz_b 轴同在无人机的纵向对称面内，使用迎角和攻角两个角度即可确定无人机气流坐标系与机体坐标系之间的关系。其中，迎角 α 为飞行速度矢量 V 在无人机对称平面上的投影与机体轴 Ox_b 之间的夹角。投影线在 Ox_b 轴的上方时，定义 α 为正。侧滑角 β 为飞行速度矢量 V 与无人机对称平面之间的夹角。速度矢量 V 在对称平面右方时，定义 β 为正。

如图 2.7 所示，坐标系 $Ox_by_bz_b$ 先绕 Oy_1 轴转动角度 $-\alpha$，再绕 Oz_1 转动角度 β，就可以与坐标系 $Ox_ay_az_a$ 重合。

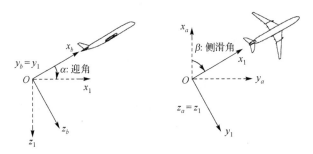

图 2.7　机体坐标系到气流坐标系的转换

于是，按照坐标转换的一般法则，可得由机体坐标系到气流坐标系的转换矩阵：

$$L_{ab} = L_z(\beta)L_y(-\alpha)$$

$$= \begin{bmatrix} \cos\beta & \sin\beta & 0 \\ -\sin\beta & \cos\beta & 0 \\ 0 & 0 & 1 \end{bmatrix} \begin{bmatrix} \cos\alpha & 0 & \sin\alpha \\ 0 & 1 & 0 \\ -\sin\alpha & 0 & \cos\alpha \end{bmatrix}$$

$$= \begin{bmatrix} \cos\alpha\cos\beta & \sin\beta & \sin\alpha\cos\beta \\ -\cos\alpha\sin\beta & \cos\beta & -\sin\alpha\sin\beta \\ -\sin\alpha & 0 & \cos\alpha \end{bmatrix}$$

$$(2\text{-}26)$$

2.3.2 复杂情况下的多固定翼无人机姿态运动模型

无人机在空间的姿态运动具有三个绕质心旋转的自由度，分别为偏航、俯仰和滚转运动，与 2.3.1 节介绍的坐标系息息相关，无人机在空间中的姿态为其机体坐标系相对于地面坐标系的欧拉角（ψ, θ, ϕ），其变化规律与无人机机体坐标系上的旋转角速度（p, q, r）密切相关。考虑到无人机在实际运行过程中可能面临的实际情况，在理想情况下的多固定翼无人机姿态运动模型的基础上构造伴随各种复杂情况的多固定翼无人机姿态运动模型。

1）理想情况下多固定翼无人机姿态运动建模

无人机飞行过程中其机体坐标系相对地面坐标系的欧拉角随时间变化的变化规律与其机体坐标系上的旋转角速度密切相关。根据文献[121]可得，欧拉角速度在机体坐标系上的投影为

$$\begin{bmatrix} p \\ q \\ r \end{bmatrix} = \begin{bmatrix} \dot{\phi} \\ 0 \\ 0 \end{bmatrix} + \begin{bmatrix} 0 \\ \dot{\theta}\cos\psi \\ -\dot{\theta}\sin\phi \end{bmatrix} + L_{bn}\begin{bmatrix} 0 \\ 0 \\ \dot{\psi} \end{bmatrix} \tag{2-27}$$

可得：

$$\begin{cases} \begin{bmatrix} p \\ q \\ r \end{bmatrix} = C_{bn}\begin{bmatrix} \dot{\phi} \\ \dot{\theta} \\ \dot{\psi} \end{bmatrix}, \quad C_{bn} = \begin{bmatrix} 1 & 0 & -\sin\theta \\ 0 & \cos\phi & \sin\phi\cos\theta \\ 0 & -\sin\phi & \cos\phi\cos\theta \end{bmatrix} \\ \begin{bmatrix} \dot{\phi} \\ \dot{\theta} \\ \dot{\psi} \end{bmatrix} = C_{nb}\begin{bmatrix} p \\ q \\ r \end{bmatrix}, \quad C_{nb} = \begin{bmatrix} 1 & \tan\theta\sin\phi & \tan\theta\cos\phi \\ 0 & \cos\phi & -\sin\phi \\ 0 & \sin\phi/\cos\theta & \cos\phi/\cos\theta \end{bmatrix} \end{cases} \tag{2-28}$$

角速度 p, q, r 受滚转力矩 L、俯仰力矩 M 和偏航力矩 N 控制。而滚转、俯仰和偏航主要产生于无人机副翼、升降翼、方向翼、无人机空速、侧滑角和迎角的相互作用。根据文献[122]，可得无人机相对于机体坐标系所受力矩为

$$T^b = \begin{bmatrix} L \\ M \\ N \end{bmatrix} = \bar{q}S\begin{bmatrix} bC_L \\ \bar{c}C_M \\ bC_N \end{bmatrix} \tag{2-29}$$

式中，$\bar{q} = \rho V_T^2/2$ 为空气动压，其中，V_T 为无人机空速，ρ 为空气密度；S 为机翼总面积；b 为翼展；$\bar{c}$ 为平均弦长；且

$$\begin{cases} C_L = C_{L\alpha1}\delta_1 + C_{L\alpha2}\delta_2 + C_{Le1}\delta_3 + C_{Le2}\delta_4 + C_{L\beta}\beta + C_{L\tilde{p}}\tilde{p} + C_{L\tilde{r}}\tilde{r} \\ C_M = C_{M1} + C_{Me1}\delta_3 + C_{Me2}\delta_4 + C_{Ma1}\delta_1 + C_{Ma2}\delta_2 + C_{M\tilde{q}}\tilde{q} + C_{M\alpha}\alpha \\ C_N = C_{N\delta_r}\delta_5 + C_{N\text{drag}}(\delta_1 + \delta_2) + C_{N\tilde{r}}\tilde{r} + C_{N\beta}\beta \end{cases} \tag{2-30}$$

其中，δ_1，δ_2 分别为无人机左右副翼控制器；δ_3，δ_4 分别为无人机左右升降翼控制器；δ_5 为无人机方向翼控制器，并且 $\tilde{p} = bp/2V_T$，$\tilde{q} = \bar{c}q/2V_T$，$\tilde{r} = br/2V_T$。类似于 C_Δ 结构的系数为无人机相应力矩系数，其值见表 2.1。且根据文献[122]，攻角和迎角的动态方程分别为

$$\dot{\alpha} = q + \frac{\rho V_T S C_{Z\alpha}}{2m}\alpha, \quad \dot{\beta} = -r + \frac{\rho V_T S C_{Y_1}}{2m}\beta \tag{2-31}$$

其中，m 为无人机质量，类似于 C_Δ 结构的系数，见表 2.1。

表 2.1　无人机姿态运动模型相关参数

参数	取值	单位	参数	取值	单位
I_x	2.56	kg·m²	$C_{L\beta}$	0.087	/
I_y	10.9	kg·m²	m	28	kg
I_z	11.3	kg·m²	b	3.1	m
I_{xz}	0.5	kg·m²	$\bar{c}$	0.58	m
I_{zx}	I_{xz}	kg·m²	$C_{N\beta}$	0.087	/
$C_{N\delta}$	0.053	/	ρ	1.29	kg/m³
S	1.8	m²	V_T	10	m/s
$C_{M\alpha}$	−0.09	/	$C_{L\tilde{r}}$	0.036	/
$C_{L\tilde{p}}$	−0.19	/	$C_{N\tilde{r}}$	−0.21	/
C_{Y1}	−0.38	/	$C_{L\alpha1}$	−0.03	/
$C_{M\tilde{q}}$	−9.83	/	$C_{L\alpha2}$	$-C_{L\alpha1}$	/
$C_{Z\alpha}$	−3.25	/	C_{Le1}	−0.05	/
C_{Me1}	0.272	/	C_{Le2}	$-C_{Le1}$	/
C_{Me2}	C_{Me1}	/	C_{Ma1}	0.038	/
C_{Ma2}	C_{Ma1}	/			

定义相对于机体坐标系的角速度向量为 $\Omega^b = [p,q,r]^T$，相对于地面轴系的姿态角向量为 $h = [\varphi,\theta,\psi]^T$；结合式 (2-28) 和式 (2-29)，根据牛顿力学可推导出无人机姿态系统的动力学方程[122]：

$$\begin{cases} \dot{h} = C_{nb}(h)\Omega^b \\ \dot{\Omega}^b = (I^b)^{-1}(T^b - \Omega^b \times (I^b \times \Omega^b)) \end{cases} \tag{2-32}$$

其中，符号"×"代表向量叉乘；I^b 是无人机的转动惯量矩阵，其具体形式为

$$I^b = \begin{bmatrix} I_x & 0 & I_{xz} \\ 0 & I_y & 0 \\ I_{zx} & 0 & I_z \end{bmatrix} \tag{2-33}$$

其中，I_x、I_y、I_z 分别为无人机相对于机体坐标系 x、y、z 轴的转动惯量，I_{xz} 和 I_{zx} 为无人机相对于机体坐标系 x-y 平面的转动惯量，其值由表 2.1 给出。

考虑到建立无人机姿态运动方程的状态方程模型，可以令其状态向量 x 和控制输入向量 u 分别为

$$x = [p,q,r]^{\mathrm{T}}, \quad u = [\delta_1,\delta_2,\delta_3,\delta_4,\delta_5]^{\mathrm{T}} \tag{2-34}$$

则式 (2-32) 可以重写为

$$\begin{cases} \dot{h} = C_{nb}(h)x \\ \dot{x} = F(x)x + Gu + Q \end{cases} \tag{2-35}$$

其中，矩阵 F、G 和向量 Q 分别为

$$F(x) = \begin{bmatrix} \dfrac{I_z Sb^2 C_{L\tilde{p}}}{2D_1 V_T} - \dfrac{N_1}{D_1}q & \dfrac{-N_1 p_i + N_2 r}{D_1} & \dfrac{(I_z C_{L\tilde{r}} - I_{xz}C_{N\tilde{r}})sb^2\overline{q}}{2D_1 V_T} + \dfrac{N_2}{D_1}q \\[3mm] \dfrac{(I_x - I_z)r - 2I_{zx}p}{I_y} & \dfrac{S\overline{c}^2 C_{M\overline{q}}\,\overline{q}}{2V_T I_y} & \dfrac{-(I_x - I_z)p - 2I_{xz}r}{I_y} \\[3mm] -\dfrac{Sb^2 C_{L\tilde{p}} I_{xz}\overline{q}}{2D_1 V_T} + \dfrac{N_3 q}{D_1} & \dfrac{N_3 p_i + N_1 r}{D_1} & \dfrac{Sb^2(-I_{xz}C_{L\tilde{r}} + I_x C_{N\tilde{r}})\overline{q}}{2D_1 V_T} + \dfrac{N_1 q}{D_1} \end{bmatrix} \tag{2-36}$$

$$G = \overline{q} \begin{bmatrix} \dfrac{SbI_{zz}C_{La1}}{D_1} & \dfrac{SbI_{zz}C_{La2}}{D_1} & \dfrac{SbI_{zz}C_{Le1}}{D_1} & \dfrac{SbI_{zz}C_{Le2}}{D_1} & \dfrac{-SbI_{xz}C_{N\delta r}}{D_1} \\[3mm] \dfrac{S\overline{c}C_{Ma1}}{D_1} & \dfrac{S\overline{c}C_{Ma2}}{D_1} & \dfrac{S\overline{c}C_{Me1}}{D_1} & \dfrac{S\overline{c}C_{Me2}}{I_{yy}} & 0 \\[3mm] \dfrac{-SbI_{xz}C_{La1}}{D_1} & \dfrac{-SbI_{xz}C_{La2}}{D_1} & \dfrac{-SbI_{xz}C_{Le1}}{D_1} & \dfrac{-SbI_{xz}C_{Le2}}{D_1} & \dfrac{-SbI_{xx}C_{N\delta r}}{D_1} \end{bmatrix} \tag{2-37}$$

$$Q = \begin{bmatrix} \dfrac{Sb\beta\overline{q}(I_{zz}C_{L\beta}\beta - I_{xz}C_{N\beta})}{I_{xx}I_{zz} - I_{xz}^2} & \dfrac{S\overline{c}\,\alpha\overline{q}C_{M\alpha}}{I_{yy}} & \dfrac{Sb\beta\overline{q}(I_{xx}C_{N\beta}\beta - I_{xz}C_{L\beta})}{I_{xx}I_{zz} - I_{xz}^2} \end{bmatrix}^{\mathrm{T}} \tag{2-38}$$

式中，

$$N_1 = I_{xz}(I_x - I_y + I_{zz}), \quad N_2 = I_y I_z - I_{xz}^2 - I_z^2, \quad N_3 = I_{xz}^2 - I_x I_y + I_x^2, \quad D_1 = I_x I_z - I_{xz}^2$$

以上模型所需参数均由表 2.1 给出。

基于上述建模过程，理想情况下，多固定翼无人机姿态运动的模型为

$$\begin{cases} \dot{h}_i(t) = C_{nb}(h_i(t))x_i(t) \\ \dot{x}_i(t) = F_i(x_i(t))x_i(t) + G_i(t)u_i(t) + Q_i(t) \end{cases} \quad i = 1,2,\cdots,N \tag{2-39}$$

2）集成不确定项的多无人机姿态运动模型

考虑到无人机实际运行过程中面临的干扰、测量误差、模型或参数不确定及控制器微小故障，即集成不确定项，结合式(2-39)，可得集成不确定项时多固定翼无人机姿态运动的模型为

$$
\begin{cases}
\dot{h}_i(t) = C_{nb}(h_i(t))x_i(t) \\
\dot{x}_i(t) = (F_i(x_i(t)) + \delta F_i(x_i(t)))(x_i(t) + \delta x_i(t)) \\
\qquad + (G_i(t) + \delta G_i(t))(u_i(t) + \delta u_i(t)) + (Q_i(t) + \delta Q_i(t)) + f_i(t) \\
\qquad i = 1, 2, \cdots, N
\end{cases}
\tag{2-40}
$$

其中，$\delta F_i(x_i(t))$、$\delta G_i(t)$ 和 $\delta Q_i(t)$ 为模型或参数不确定项，即无人机实际模型或参数与理想模型或参数之间的偏移；$f_i(t)$ 为外部干扰；$\delta x_i(t)$ 为测量误差；$\delta u_i(t)$ 为控制器微小故障。

理论上，式(2-39)可等价为

$$
\begin{cases}
\dot{h}_i(t) = C_{nb}(h_i(t))x_i(t) \\
\dot{x}_i(t) = F_i(x_i(t))x_i(t) + G_i(t)u_i(t) + Q_i(t) + D_i(t) \\
\qquad i = 1, 2, \cdots, N
\end{cases}
\tag{2-41}
$$

式(2-41)中 $D_i(t)$ 为集成不确定项，其具体形式为

$$
\begin{cases}
D_i(t) = f_i(t) + \delta F_i(x_i(t))(x_i(t) + \delta x_i(t)) + F_i(x_i(t))\delta x_i(t) \\
\qquad + \delta G_i(t)(u_i(t) + \delta u_i(t)) + G_i(t)\delta u_i(t) + \delta Q_i(t) \\
\qquad i = 1, 2, \cdots, N
\end{cases}
\tag{2-42}
$$

为方便起见，干扰、测量误差、模型或参数不确定及控制器微小故障在后面统一被称为集成不确定项。

3）集成不确定项及状态时延的多无人机姿态运动数学模型

考虑到无人机实际运行过程中面临的集成不确定项及状态时延，结合式(2-39)，可得集成不确定项及状态时延的多无人机姿态运动模型为

$$
\begin{cases}
\dot{h}_i(t) = C_{nb}(h_i(t))x_i(t) \\
\dot{x}_i(t) = (F_i(x_i(t-\tau_i)) + \delta F_i(x_i(t-\tau_i)))(x_i(t-\tau_i) + \delta x_i(t-\tau_i)) \\
\qquad + (G_i(t) + \delta G_i(t))(u_i(t) + \delta u_i(t)) + (Q_i(t) + \delta Q_i(t)) + f_i(t) \\
\qquad i = 1, 2, \cdots, N
\end{cases}
\tag{2-43}
$$

其中，$\delta F_i(x_i(t-\tau_i))$、$\delta G_i(t)$ 和 $\delta Q_i(t)$ 为模型或参数不确定项，即无人机实际模型或参数与理想模型或参数之间的偏移，$f_i(x_i)$ 为外部干扰，$\delta x_i(t)$ 为测量误差，$\delta u_i(t)$ 为控制器微小故障，τ_i 为未知的时延量，且 $\tau_i \leq \tau_{\max}$。与式(2-41)类似，式(2-43)可等价为

$$\begin{cases} \dot{h}_i(t) = C_{nb}(h_i(t))x_i(t) \\ \dot{x}_i(t) = F_i(x_i(t-\tau_i))x_i(t-\tau_i) + G_i(t)u_i(t) + Q_i(t) + D_i(t) \\ \qquad i = 1,2,\cdots,N \end{cases} \tag{2-44}$$

式 (2-44) 中集成不确定项 $D_i(t)$ 的具体形式为

$$\begin{cases} D_i(t) = f_i(t) + \delta F_i(x_i(t-\tau_i))(x_i(t-\tau_i) + \delta x_i(t-\tau_i)) \\ \qquad + F_i(x_i(t-\tau_i))\delta x_i(t-\tau_i) + \delta G_i(t)\big(u_i(t)+\delta u_i(t)\big) \\ \qquad + G_i(t)\delta u_i(t) + \delta Q_i(t) \\ \qquad i = 1,2,\cdots,N \end{cases} \tag{2-45}$$

值得注意的是，式 (2-45) 与式 (2-42) 中的集成不确定项并不一样，式 (2-45) 中的集成不确定项还包含部分状态时延。

4) 集成不确定项以及控制器卡死故障的多无人机姿态运动模型

在多无人机姿态同步控制过程中，考虑到控制器卡死故障情形，对于集成不确定项的多固定翼无人机姿态运动模型 (2-41) 中控制器 $u_i(t)$ 而言，有：

$$\begin{cases} u_i(t) = g_i(t) + \hbar_i(t)(\overline{u}_i(t) - g_i(t)) \\ \qquad i = 1,2,\cdots,N \end{cases} \tag{2-46}$$

式中

$$\begin{cases} g_i(t) = \left[\delta_i^1, \delta_i^2, \delta_i^3, \delta_i^4, \delta_i^5\right]^{\mathrm{T}} \\ \overline{u}_i(t) = \left[\overline{\delta}_i^1, \overline{\delta}_i^2, \overline{\delta}_i^3, \overline{\delta}_i^4, \overline{\delta}_i^5\right]^{\mathrm{T}} \\ u_i(t) = \left[\breve{\delta}_i^1, \breve{\delta}_i^2, \breve{\delta}_i^3, \breve{\delta}_i^4, \breve{\delta}_i^5\right]^{\mathrm{T}} \\ \hbar_i(t) = \mathrm{diag}\left(\left[\sigma_i^1, \sigma_i^2, \sigma_i^3, \sigma_i^4, \sigma_i^5\right]\right) \end{cases} \tag{2-47}$$

其中，$g_i(t)$ 为控制器无卡死故障情形下无人机 i 的控制输入向量；$\overline{u}_i(t)$ 为无人机 i 发生控制器卡死故障时的控制器卡死量；$u_i(t)$ 为造成无人机 i 姿态运动的实际控制信号；$\hbar_i(t)$ 为控制器故障状态选择矩阵；σ_i^j，$j \in [1,5]$ 只有 0 和 1 两种状态，当 $\sigma_i^j = 1$ 时，$\breve{\delta}_i^j = \overline{\delta}_i^j$，即发生卡死故障，反之，$\breve{\delta}_i^j = \delta_i^j$，即不发生卡死故障。

集成不确定项及控制器卡死故障的多固定翼无人机姿态运动模型为

$$\begin{cases} \dot{h}_i(t) = C_{nb}(h_i(t))x_i(t) \\ \dot{x}_i(t) = F_i(x_i(t))x_i(t) + G_i(t)u_i(t) + Q_i(t) + D_i(t) \\ u_i(t) = g_i(t) + \hbar_i(\overline{u}_i(t) - g_i(t)) \\ \qquad i = 1,2,\cdots,N \end{cases} \tag{2-48}$$

其中，$D_i(t)$ 由式 (2-42) 给出。

2.4　本　章　小　结

本章为全书的理论基础，首先利用加权图描述多无人机系统间的信息交换，介绍了图论的一些标准定义和特性。然后介绍了紊流风场下的四旋翼无人机运动学和动力学模型，同时引出了无人机标称数学模型。最后介绍具有集成不确定项、状态时延及控制器卡死故障的多固定翼无人机姿态运动模型。

第3章　具有时变拓扑结构的多无人机姿态同步控制

随着环境的改变，无人机需要不断更新自己的环境信息，环境信息的扰动会造成无人机行为的动态变化，甚至失稳[123-126]。多无人机的通信方式不同，构建的网络联系不同，传递信息量也各不相同。多无人机系统的网络联系对构建其控制体系结构具有至关重要的影响[127]。而这种网络因为各种因素的影响，会产生结构的变化或信息的错位或缺失，从而导致网络动态问题。

本章基于一致性算法，研究了多无人机在无向、时变通信拓扑条件下的姿态同步控制，同时考虑了通信拓扑切换频率以及拓扑结构中存在孤立点对多无人机姿态同步的影响，设计控制扭矩，实现了多无人机的姿态同步，并通过仿真验证了该控制算法的有效性及鲁棒性。

3.1　问　题　描　述

基于前面所定义的 n 架无人机的姿态运动学与动力学模型，本节将定义一些误差信号并介绍时变无人机通信拓扑模型。

3.1.1　相对姿态误差

第 i 和第 j 架无人机间的相对姿态误差用 $Q_{ij} := (q_{ij}^{\mathrm{T}}, \eta_{ij})^{\mathrm{T}}$ 表示，并定义为

$$Q_{ij} = Q_j^{-1} \odot Q_i \tag{3-1}$$

则相对姿态运动学方程可以描述如下：

$$\dot{Q}_{ij} = \frac{1}{2} T(Q_{ij}) \omega_{ij}, \quad T(Q_{ij}) = \begin{pmatrix} \eta_{ij} I_3 + S(q_{ij}) \\ -q_{ij}^{\mathrm{T}} \end{pmatrix} \tag{3-2}$$

其中，ω_{ij} 为第 i 架无人机机体坐标系 $\mathcal{F}_{bi}$ 相对于第 j 架无人机机体坐标系 $\mathcal{F}_{bj}$ 的角速度。在 $\mathcal{F}_{bi}$ 中定义为

$$\omega_{ij} = \omega_i - R(Q_{ij}) \omega_j \tag{3-3}$$

其中，Q_{ij} 的旋转矩阵 $R(Q_{ij})$ 表示从机体坐标系 $\mathcal{F}_{bj}$ 到 $\mathcal{F}_{bi}$ 的旋转。

定义 3.1　如果对于任意初始状态 $Q_i(0)$、$\omega_i(0)$ 和所有的 $i, j \in \mathcal{N}$，当 $t \to \infty$ 时，有 $\omega_{ij} \to 0$ 且 $Q_{ij} \to \pm Q_I$，则称 n 架网络化的无人机达到或达成姿态一致或姿态校准。因此 $q_{ij} \to 0$ 足以说明所有的无人机将它们的姿态调整到同一个姿态。

3.1.2 姿态跟踪误差

在为无人机系统中每架无人机指定参考轨迹的情况下，定义姿态跟踪误差来描述机体坐标系和指定目标坐标系间的方向失配。定义目标姿态用单位四元数 $Q_d := (q_d^{\mathrm{T}}, \eta_d)^{\mathrm{T}}$ 表示，且 Q_d 满足如下关系：

$$\dot{Q}_d = \frac{1}{2}T(Q_d)\omega_d \tag{3-4}$$

其中，$T(Q_d)$ 与式 (2-10) 的定义一致，利用 Q_d 的分量得到；ω_d 为目标角速度。

定义第 i 架无人机的姿态跟踪误差为 $\tilde{Q}_i := (\tilde{q}_i^{\mathrm{T}}, \tilde{\eta}_i)^{\mathrm{T}}$；且有

$$\tilde{Q}_i = Q_d^{-1} \odot Q_i \tag{3-5}$$

因此姿态误差动力学方程可描述为

$$\dot{\tilde{Q}}_i = \frac{1}{2}T(\tilde{Q}_i)\tilde{\omega}_i, \quad T(\tilde{Q}_i) = \begin{pmatrix} \tilde{\eta}_i I_3 + S(\tilde{q}_i) \\ -\tilde{q}_i^{\mathrm{T}} \end{pmatrix} \tag{3-6}$$

其中

$$\tilde{\omega}_i = \omega_i - R(\tilde{Q}_i)\omega_d \tag{3-7}$$

为角速度跟踪误差向量；矩阵 $R(\tilde{Q}_i)$ 是与 $\tilde{Q}_i$ 相关的旋转矩阵。

定义 3.2 如果对于任意初始状态 $Q_i(0)$、$\omega_i(0)$ 和所有的 $i, j \in \mathcal{N}$，当 $t \to \infty$ 时，有 $\tilde{\omega}_i \to 0$ 且 $\tilde{Q}_i \to \pm Q_I$，则称第 i 架无人机实现姿态跟踪。

3.1.3 时变通信拓扑

多无人机之间的信息交换是通过有向图或者无向图进行描述的，在不同环境下 n 架无人机关于姿态变量 Q_i 和角速度变量 ω_i 的通信拓扑是动态变化的。定义两个无向图 $G_n^A(t) \triangleq (v_n, \varepsilon_n^A)$ 和 $G_n^B(t) \triangleq (v_n, \varepsilon_n^B)$ 分别表示 t 时刻 n 架无人机间关于 Q_i 和 ω_i 的通信拓扑模型。令 $G' = \{G_1, G_2, \cdots, G_p\}, p \geq 1$ 表示多无人机系统间可能建立的所有通信拓扑图的合集，显然，G' 是有限集合。

考虑到多无人机系统间通信网络随时间变化的情况，引入驻留时间（dwell time）的概念，其含义是邻接矩阵可在一个有限且有下界的时间内多次切换变化，并且在相邻两个切换时刻之间，邻接矩阵不变。故可以假设通信拓扑结构在一段有限的时间 $[t_m, t_{m+1})(m=0,1,2,\cdots)$ 内不变，t_0 为初始时间，在时刻 $t_1, t_2, \cdots$ 通信拓扑在图集 G' 中随机切换。

本章的主要目标是设计一个控制扭矩 τ_i，使多无人机在无向、时变通信拓扑条件下实现姿态同步并且最终角速度收敛于零。

3.2　姿态同步控制器

设计第 i 架无人机的控制扭矩为

$$\tau_i = -k_G \tilde{q}_i - D_{Gi}\omega_i - \sum_{j=1}^{n} \left[a_{ij}(t)q_{ij} + b_{ij}(t)(\omega_i - \omega_j) \right] \tag{3-8}$$

式中，$i \in \mathcal{N}$ ，$t \in [t_m, t_{m+1}), m = 0,1,\cdots$ ，k_G 为非负数；$D_{Gi} \in \mathbf{R}^{3\times3}$ 为对称正定矩阵；$\tilde{q}_i, q_{ij} \in \mathbf{R}^3$ 分别为无人机姿态跟踪误差 $\tilde{Q}_i$ 和无人机相对姿态误差 Q_{ij} 的向量部分；$a_{ij}(t)$ 和 $b_{ij}(t)$ 分别是邻接矩阵 $A_n(t) \in \mathbf{R}^{n\times n}$ 和 $B_n(t) \in \mathbf{R}^{n\times n}$ 在时间 t 的第 (i,j) 项。

定理 3.1　假设 $i \in \mathcal{N}$ ，每架无人机的控制扭矩由式(3-8)给定，并且图 $G_n^A(t)$ 和 $G_n^B(t)$ 是无向、时变的，令 t_0 为初始时间，通信拓扑图在时刻 $t_1, t_2, \cdots$ 随机切换，邻接矩阵 $A_n(t)$ 和 $B_n(t)$ 分段连续。如果在每个时间段 $[t_m, t_{m+1}](m = 0,1,2,\cdots)$ 内有 $k_G > 2\sum_{j=1}^{n} a_{ij}(t)$ ，则当 $t \to \infty$ 时，有 $Q_i(t) \to Q_j(t) \to Q_d$ 且 $\omega_i(t) \to \omega_j(t) \to 0$ 。

证明： 考虑候选 Lyapunov 函数

$$V = k_G \sum_{i=1}^{n} \left\| \tilde{Q}_i - Q_I \right\|^2 + \frac{1}{2} \sum_{i=1}^{n} \sum_{j=1}^{n} a_{ij}(t) \left\| \tilde{Q}_i - \tilde{Q}_j \right\|^2 + \frac{1}{2} \sum_{i=1}^{n} (\omega_i^{\mathrm{T}} J_i \omega_i)$$

其中，$Q_I = [0,0,0,1]^{\mathrm{T}}$ 。

显然，V 关于 $\tilde{Q}_i - Q_I$ 和 $\omega_i(i \in \mathcal{N})$ 是正定的。集合 $\{\tilde{Q}_i - Q_I, \omega_i | V \leqslant c\}$ 是关于 $\tilde{Q}_i - Q_I$ 和 $\omega_i(i \in \mathcal{N})$ 的紧集，其中 $c > 0$ 。可求得候选 Lyapunov 函数 V 的时间导数为

$$\dot{V} = k_G \sum_{i=1}^{n} \omega_i^{\mathrm{T}} \tilde{q}_i + \frac{1}{2} \sum_{i=1}^{n} \sum_{j=1}^{n} a_{ij}(t)(\omega_i - \omega_j)^{\mathrm{T}} q_{ij} + \sum_{i=1}^{n} \omega_i^{\mathrm{T}} (\tau_i - S(\omega_i)J_i\omega_i) \tag{3-9}$$

由于 $\omega_i^{\mathrm{T}}(S(\omega_i)J_i\omega_i) = 0$ ，并且

$$\frac{1}{2} \sum_{i=1}^{n} \sum_{j=1}^{n} a_{ij}(t)(\omega_i - \omega_j)^{\mathrm{T}} q_{ij} = \sum_{i=1}^{n} \omega_i^{\mathrm{T}} \sum_{j=1}^{n} a_{ij}(t) q_{ij} \tag{3-10}$$

其中 $a_{ij}(t) = a_{ji}(t)$ ，$q_{ij} = -q_{ji}$ 。因此，式(3-9)可写为

$$\dot{V} = \sum_{i=1}^{n} \omega_i^{\mathrm{T}} \left(k_G \tilde{q}_i + \sum_{j=1}^{n} a_{ij}(t)q_{ij} + \tau_i \right) \tag{3-11}$$

由控制律(3-8)可得

$$\dot{V} = -\sum_{i=1}^{n} (\omega_i^{\mathrm{T}} D_{Gi}\omega_i) - \frac{1}{2} \sum_{i=1}^{n} \sum_{j=1}^{n} b_{ij}(t) \left\| \omega_i - \omega_j \right\|^2 \leqslant 0 \tag{3-12}$$

其中

$$\sum_{i=1}^{n} \omega_i^{\mathrm{T}} \sum_{j=1}^{n} b_{ij}(t)(\omega_i - \omega_j) = \frac{1}{2} \sum_{i=1}^{n} \sum_{j=1}^{n} b_{ij}(t) \left\| \omega_i - \omega_j \right\|^2$$

令 $\Omega = \left\{ \tilde{Q}_i - Q_I \,|\, \dot{V} = 0 \right\}$。由 $\dot{V} \equiv 0$ 可知对于 $i \in \mathcal{N}$，有 $\omega_i \equiv 0$。故由式 (2-24) 和式 (3-8) 可得

$$k_G \tilde{q}_i + \sum_{j=1}^{n} a_{ij}(t) q_{ij} = 0, \quad i \in \mathcal{N} \tag{3-13}$$

由式 (3-1) 和式 (3-5) 可得

$$Q_{ij} = Q_j^{-1} \odot Q_d \odot Q_d^{-1} \odot Q_i = \tilde{Q}_j^{-1} \odot \tilde{Q}_i$$

利用四元数乘法的定义式 (2-8)、式 (3-13) 可重写为

$$k_G \tilde{q}_i + \sum_{j=1}^{n} a_{ij}(t)(\tilde{\eta}_j \tilde{q}_i - \tilde{\eta}_i \tilde{q}_j - S(\tilde{q}_j) \tilde{q}_i) = 0, \quad i \in \mathcal{N} \tag{3-14}$$

式 (3-14) 等价于

$$\left(k_G + \sum_{j=1}^{n} a_{ij}(t) \tilde{\eta}_j \right) \tilde{q}_i - \tilde{\eta}_i \sum_{j=1}^{n} a_{ij}(t) \tilde{q}_j = -S(\tilde{q}_i) \sum_{j=1}^{n} a_{ij}(t) \tilde{q}_j \tag{3-15}$$

将 式 (3-15) 两 边 乘 以 $\left(S(\tilde{q}_i) \sum_{j=1}^{n} a_{ij}(t) \tilde{q}_j \right)^{\mathrm{T}}$，由 于 $\left(S(\tilde{q}_i) \sum_{j=1}^{n} a_{ij}(t) \tilde{q}_j \right)^{\mathrm{T}} \times$

$\left(S(\tilde{q}_i) \sum_{j=1}^{n} a_{ij}(t) \tilde{q}_j \right) = 0$，故式 (3-15) 等价于

$$\left(k_G + \sum_{j=1}^{n} a_{ij}(t) \tilde{\eta}_j \right) \tilde{q}_i - \tilde{\eta}_i \sum_{j=1}^{n} a_{ij}(t) \tilde{q}_j = 0, \quad i \in \mathcal{N} \tag{3-16}$$

式 (3-16) 可以使用克罗内克积 $\otimes$ 重写为如下的矩阵形式：

$$[M(t) \otimes I_3] Q_r = 0 \tag{3-17}$$

其中，$Q_r \in \mathbf{R}^{3n}$ 为由所有向量 $\tilde{q}_i (i \in \mathcal{N})$ 组成的列向量，矩阵 $M(t) = \left[m_{ij}(t) \right] \in \mathbf{R}^{n \times n}$ 由式 (3-18) 给出：

$$m_{ii}(t) = k_G + \sum_{j=1}^{n} a_{ij}(t) \tilde{\eta}_j, \quad m_{ij}(t) = -a_{ij}(t) \tilde{\eta}_i \tag{3-18}$$

式 (3-17) 有唯一解的充分必要条件是矩阵 $M(t)$ 在每个时间段 $[t_m, t_{m+1}]$ $(m = 0,1,2,\cdots)$ 中满秩。根据式 (3-18)，在每个时间段 $[t_m, t_{m+1}](m = 0,1,2,\cdots)$ 中，如果

$\left| m_{ii}(t) \right| > \sum_{j=1, j \neq i}^{n} \left| m_{ij}(t) \right|$，那么矩阵 $M(t)$ 严格对角占优，因此有

$$\left| k_G + \sum_{j=1}^{n} a_{ij}(t)\tilde{\eta}_j \right| > \sum_{j=1, j \neq i}^{n} \left| a_{ij}(t)\tilde{\eta}_i \right|$$

取 $\tilde{\eta}_i = 1$，$\tilde{\eta}_j = -1$，可得

$$\left| k_G - \sum_{j=1}^{n} a_{ij}(t) \right| > \sum_{j=1, j \neq i}^{n} a_{ij}(t)$$

因此，在每个时间段 $[t_m, t_{m+1}](m=0,1,2,\cdots)$ 内，如果满足条件 $k_G > 2\sum_{j=1}^{n} a_{ij}(t)$，那么矩阵 $M(t)$ 是严格对角占优的，这意味着式 (3-17) 的唯一解为 $Q_r = \mathbf{0}$，即 $\tilde{q}_i = \mathbf{0}_3 (i \in \mathcal{N})$。如果在每个时间段 $[t_m, t_{m+1}](m=0,1,2,\cdots)$ 内有 $k_G > 2\sum_{j=1}^{n} a_{ij}(t)$，则当 $t \to \infty$ 时，有 $Q_i(t) \to Q_d$ 且 $\omega_i(t) \to 0 (i \in \mathcal{N})$。 □

3.3　仿　真　结　果

本节采用 6 架无人机在无向、时变通信拓扑条件下通过局域信息交换实现姿态同步，其中仿真步长设定为 $0.001s$。针对拓扑结构切换周期固定、快速时变、较慢时变以及切换拓扑结构中存在孤立点等情况分别进行了计算机仿真研究，并对计算机仿真结果进行了比较，进一步验证了基于一致性算法的多无人机姿态同步控制算法的收敛性和鲁棒性。

本章对仿真中需要用到的参数做出如下规定：假设无向图 $G_n^A(t)$ 与 $G_n^B(t)$ 是相同的 $(\varepsilon_n^A = \varepsilon_n^B)$。如果在时刻 t，$(i,j) \in \varepsilon_n^A = \varepsilon_n^B$，那么取 $a_{ij}(t)=5, b_{ij}(t)=10$，否则取 $a_{ij}(t)=b_{ij}(t)=0$。控制律 (3-8) 中的控制参数取 $k_G=20, D_{Gi}=2\mathbf{I}_3$。无人机惯性矩阵参数为 $J_i = \mathrm{diag}[20,20,30](\mathrm{kg}\cdot\mathrm{m}^2)(i \in \mathcal{N})$，目标姿态 $Q_d = [0,0,0,1]^T$，随机选择无人机初始状态 $Q_i(0) \in \mathbf{R}^4$ 和 $\omega_i(0) \in \mathbf{R}^3$。

3.3.1　切换周期固定

假设图 $G_n(t)$ 随机的在图 3.1 所示的通信拓扑集 $\{G_1,G_2,G_3,G_4\}$ 中切换，令 $\sigma(t) \in \{1,2,3,4\}$ 表示 t 时刻多无人机通信拓扑结构的类型（即 $\sigma(t)$=1 代表通信拓扑为 G_1，以此类推），切换周期固定为 $0.5s$。采用控制扭矩式 (3-8) 进行数值仿真，图 3.2 和图 3.3 分别为第 1、3、5 架无人机在控制扭矩式 (3-8) 下的姿态和角速度变化情况，其中无人机的绝对姿态和角速度分别用 ω_i^k 和 q_i^k 表示，上标 k 用于表示向量的第 k 个分量。为了使仿真图更清晰直观，以便于分析，本节仅给出了第 1、3、5 架无人机

的状态信息，从这些图中可以清楚地看出使用式(3-8)表示的姿态同步方案，所有无人机保持一致并收敛到相同的最终姿态和角速度。

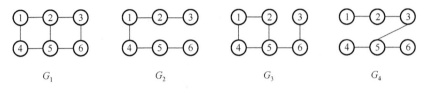

图 3.1 多无人机拓扑结构随机切换图

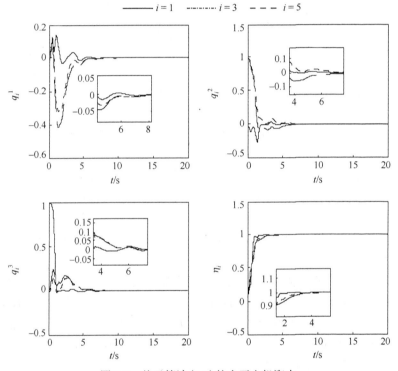

图 3.2 基于算法(3-8)的多无人机姿态

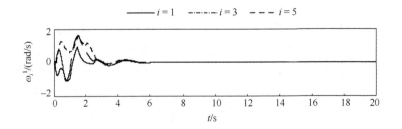

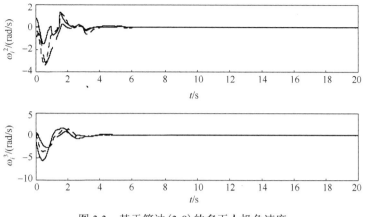

图 3.3　基于算法(3-8)的多无人机角速度

3.3.2　切换周期时变

在实际情况中，多无人机的拓扑结构是时变的，但其拓扑结构的切换周期并不一定是固定的，因此对切换周期时变的情况进行计算机仿真，并进一步研究切换周期快速时变和较慢时变对姿态同步的影响。通过计算机仿真，可以得出在切换周期时变的情况下，多无人机仍然可以达到姿态同步。为简便起见，本节仅给出切换周期快速时变和较慢时变对姿态同步影响的比较。

为了更好地比较两种情况对姿态同步的影响，本节引入了平均绝对误差(mean absolute error，MAE)

$$\mathrm{MAE} = \frac{\sum_{i=1}^{n}|e_i|}{n}$$

其中，e_i 表示实际测量值与期望值之差，n 为无人机的数量。

假设通信拓扑在如图 3.1 所示的拓扑结构集中随机切换，切换周期在 0.03～0.09s 之间快速随机切换，在 0.3～0.9s 之间较慢随机切换，其他参数不变。图 3.4 和图 3.5 分别显示了切换周期快速时变与较慢时变两种情况下，多无人机姿态和角速度与期望姿态和角速度之间的偏差。

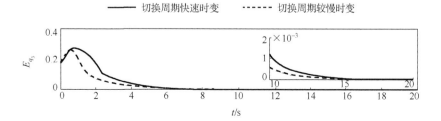

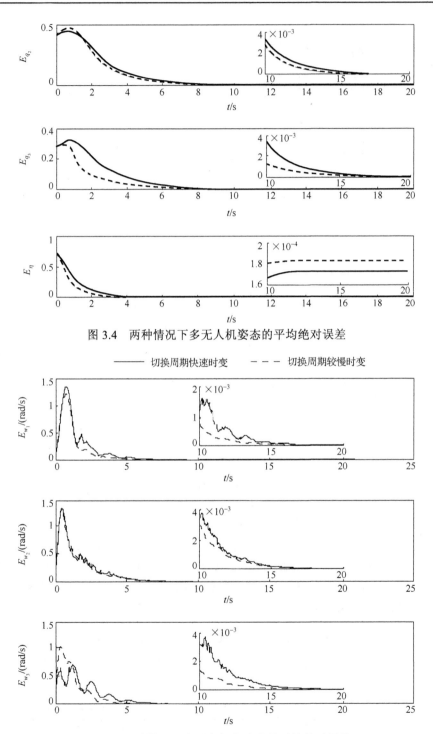

图 3.4　两种情况下多无人机姿态的平均绝对误差

——切换周期快速时变　　- - -切换周期较慢时变

图 3.5　两种情况下多无人机角速度的平均绝对误差

通过图 3.4 和图 3.5 可以看出多无人机的姿态误差和角速度误差均在 5s 左右收敛于 0，达到稳态以后，在切换周期快速时变情况下，其姿态和角速度的平均绝对误差相比切换周期较慢时变情况下的误差稍大，但其误差均在 10^{-3} 这一量级上。

3.3.3　切换拓扑结构中存在孤立点

由于本章研究多无人机的拓扑结构是时变的，因此拓扑结构中存在孤立点这种情况是存在的。考虑一种极端情况：假设多无人机在同步后受到攻击，导致各无人机之间均不存在通信，即无人机拓扑结构中全为孤立点，那么此时多无人机的姿态同步是否受到影响？

本节假设仿真时间为 50s，在 20～40s 的时间里，通信拓扑为图 3.6 中的 (b)，其余时间均为 (a)，其他参数不变。图 3.7 和图 3.8 分别显示了多无人机在上述情况下的姿态和角速度。

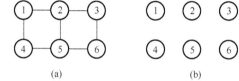

图 3.6　存在孤立点的多无人机拓扑结构切换图

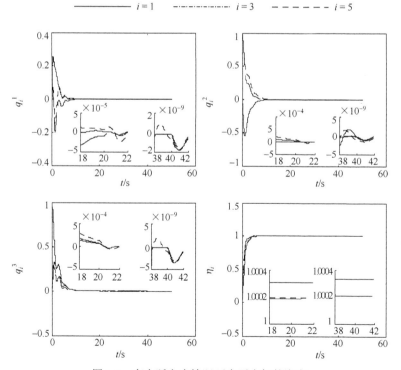

图 3.7　存在孤立点情况下多无人机的姿态

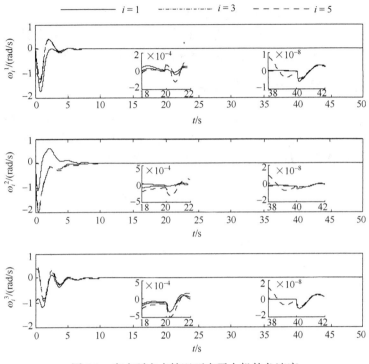

图 3.8 存在孤立点情况下多无人机的角速度

上述几种情况的仿真结果显示：在多无人机通信拓扑结构时变的前提下，无论拓扑结构的切换周期固定还是时变，快时变还是慢时变，通信拓扑结构中是否存在孤立点，多无人机均可在较短的时间内达到同步，并且其同步误差均在 10^{-3} 这一量级上。在多无人机达到同步后，不论通信拓扑结构怎样变化，是否存在孤立点，均不影响多无人机的同步效果。上述仿真结果进一步验证了该控制算法的有效性及鲁棒性。

3.4 本章小结

基于代数图论和一致性算法，本章研究了基于单位四元数的多无人机系统在无向、时变通信拓扑条件下的姿态同步控制问题。设计控制扭矩，理论证明多无人机在无向、时变通信拓扑条件下，通过该控制扭矩可以达到姿态同步。与其他控制算法相比，该控制算法仅需要相邻的两架无人机进行通信，增强了隐蔽性，避免了无人机群的单点失效问题。数值仿真结果表明：当系统已经达到同步后，攻击对系统的同步没有影响；切换周期快速时变时多无人机仍可达到同步，但其偏差会比切换周期较慢时变情况下的偏差要大一些，但总体仍在 10^{-3} 这一量级上，从而进一步表明了该控制算法的鲁棒性。

第4章 紊流风场下基于虚拟结构的多无人机编队控制

针对紊流风场环境下多无人机编队控制问题，本章首先建立紊流风场作用下多无人机系统的运动学及动力学模型，基于文献[17]提出的分布式控制体系结构，利用滑模控制算法，为每架无人机设计控制律，以跟踪虚拟结构所定义的理想状态，同时设计实例化虚拟结构控制器，使实例化虚拟结构向期望状态运动的同时，与邻近无人机的实例化虚拟结构状态协调同步，最终使多无人机系统以预设编队模式沿期望轨迹飞行。

4.1 问题描述

4.1.1 紊流风场建模

大气紊流可以看作在均值风模型中加入连续的随机脉冲，在工程试验中，常见的紊流风场模型有 Dryden 模型和 Von Karman 模型[63]。由于 Von Karman 大气紊流模型的频谱函数不能共轭分解，无法适应成形滤波器法则，设计仿真实验时非常复杂，因此本章使用 Dryden 大气紊流模型。Dryden 大气紊流模型的原理是将白色噪声通过成形滤波器转化成有色噪声信号，从而完成对紊流风场模型的仿真模拟。其原理如图 4.1 所示，其中，$G(s)$ 表示成型滤波器的传递函数，$m(r)$ 表示符合 Gauss 分布的白噪声信号，w_u、w_v、w_w 指大气紊流的三个速度分量。

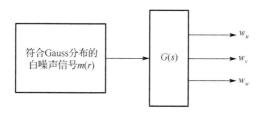

图 4.1 紊流风场生成原理

根据文献[128]、[129]，Dryden 紊流模型的时间频谱函数为

$$
\begin{cases}
\Phi_{w_u}(\omega) = 2\sigma_u^2 \dfrac{L_u}{\pi V} \dfrac{1}{1+\left(L_u\dfrac{\omega}{V}\right)^2} \\[4mm]
\Phi_{w_v}(\omega) = 2\sigma_v^2 \dfrac{L_v}{\pi V} \dfrac{1+12\left(L_v\dfrac{\omega}{V}\right)^2}{\left[1+4\left(L_v\dfrac{\omega}{V}\right)^2\right]^2} \\[4mm]
\Phi_{w_w}(\omega) = 2\sigma_w^2 \dfrac{L_w}{\pi V} \dfrac{1+12\left(L_w\dfrac{\omega}{V}\right)^2}{\left[1+4\left(L_w\dfrac{\omega}{V}\right)^2\right]^2}
\end{cases} \tag{4-1}
$$

其中，L_u、L_v、L_w 表示紊流尺度，σ_u、σ_v、σ_w 表示紊流强度，ω 为时间频率，V 为无人机相对于空气的速度。由于四旋翼无人机飞行高度较低，根据文献[129]，在低空条件下（$h \leqslant 304.8\text{m}$），紊流尺度与紊流强度满足：

$$2L_w = h$$
$$L_u = 2L_v = \frac{h}{(0.177 + 0.000823h)^{1.2}} \tag{4-2}$$

$$\sigma_w = 0.1u_{20}$$
$$\frac{\sigma_u}{\sigma_w} = \frac{\sigma_v}{\sigma_u} = \frac{1}{(0.177 + 0.000823h)^{0.4}} \tag{4-3}$$

其中，u_{20} 为 6.096m 高度的风速，h 为无人机飞行高度。

将白噪声信号 $m(r)$ 输入到以 $G(s)$ 为传递函数的滤波器，输出序列 $x(t)$ 的频谱函数表示为

$$\Phi(\omega) = |G(\text{i}\omega)|^2 = G^*(\text{i}\omega)G(\text{i}\omega) \tag{4-4}$$

将紊流的各个频谱函数按式(4-4)进行分解，则可得到产生给定频率所需的滤波器的传递函数。对于三个紊流速度，传递函数为

$$G_u(s) = \frac{K_u}{T_u s + 1}$$
$$K_u = \sigma_u\sqrt{\frac{2L_u}{\pi V}}, \quad T_u = \frac{L_u}{V} \tag{4-5}$$

$$G_v(s) = \frac{K_v}{T_v s + 1}$$
$$K_v = \sigma_v\sqrt{\frac{L_v}{\pi V}}, \quad T_v = \frac{2L_v}{\sqrt{3}V} \tag{4-6}$$

$$G_w(s) = \frac{K_w}{T_w s + 1}$$

$$K_w = \sigma_w \sqrt{\frac{L_w}{\pi V}}, \quad T_w = \frac{2L_w}{\sqrt{3}V} \tag{4-7}$$

以 t 为步长（即时间间隔），把方程离散化，生成 $x(t)$ 的离散序列为

$$x_{i+1} = P_w x_i + Q_w r_{i+1} \tag{4-8}$$

式中，r_{i+1} 是均值为 0 标准差为 1 的 Gauss 白噪声序列；因数 P_{wj}，Q_{wj} 分别为

$$P_{wj} = e^{-t/T_j}, \quad Q_{wj} = \sigma_j \sqrt{1 - P_{wj}^{\,2}}, \quad j = u, v, w \tag{4-9}$$

利用差分方程(4-8)产生大气紊流随机信号 x。

4.1.2　无人机的期望状态

在虚拟结构方法中，整个无人机编队被视为一个单独的结构或刚体。通常选择编队的质心为虚拟结构的虚拟中心，以虚拟中心的运动来描述整个编队的运动。本节将讨论如何将虚拟结构的运动转化为每架无人机的期望运动。

如图 4.2 所示，以三架无人机为例来介绍虚拟结构的参考坐标系。其中，$\mathcal{F}_O$ 表示惯性坐标系，$\mathcal{F}_{bi}$ 为嵌入在每架无人机的质心并随其旋转的机体坐标系，$\mathcal{F}_F$ 表示固定于编队虚拟中心的虚拟结构坐标系。因此，所期望的编队队形结构可以由单架无人机和虚拟结构坐标系 $\mathcal{F}_F$ 来共同表示，且该虚拟结构在惯性坐标系 $\mathcal{F}_O$ 中的位置为 $p_F \in \mathbf{R}^3$，速度为 $v_F \in \mathbf{R}^3$，姿态为 $Q_F \in \mathbf{R}^4$，角速度为 $\omega_F \in \mathbf{R}^3$。

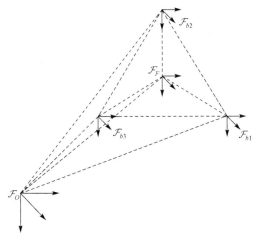

图 4.2　虚拟结构模型示意图

令 p_i, v_i, Q_i, ω_i 分别表示无人机 i 在惯性坐标系 $\mathcal{F}_O$ 中的位置、速度、四元数姿态

以及角速度。类似地，令 $p_{iF}^d, v_{iF}^d, Q_{iF}^d, \omega_{iF}^d$ 表示无人机 i 在虚拟结构坐标系 $\mathscr{F}_F$ 中的期望位置、速度、姿态以及角速度。

定义虚拟结构的状态信息为 $\xi = [p_F^T, v_F^T, Q_F^T, \omega_F^T]^T$，由于向量 ξ 为每架无人机实现协同运动所需的最小信息量，故可将 ξ 作为编队的协作变量。因此，每架无人机的期望状态可表示为[130]

$$
\begin{cases}
p_i^d = p_F + R_{OF} p_{iF}^d \\
v_i^d = v_F + R_{OF} v_{iF}^d + S(\omega_F) R_{OF} p_{iF}^d \\
Q_i^d = Q_F \odot Q_{iF}^d \\
\omega_i^d = \omega_F + R_{OF} \omega_{iF}^d
\end{cases} \tag{4-10}
$$

其中，$i \in \mathcal{N}$，上标 d 表示每架无人机在 $\mathscr{F}_O$ 或 $\mathscr{F}_F$ 中的相应期望状态，R_{OF} 为惯性坐标系 $\mathscr{F}_O$ 相对于虚拟结构坐标系 $\mathscr{F}_F$ 的旋转矩阵，表示为

$$
R_{OF} = (2\eta_F^2 - 1)I_3 + 2q_F q_F^T + 2\eta_F S(q_F) \tag{4-11}
$$

其中，$Q_F = (q_F^T, \eta_F)^T$ 为虚拟结构的四元数姿态，$S(\cdot)$ 在式(2-11)中定义，I_3 为三阶单位矩阵。

注：一般来说，无人机期望编队队形是时变的，即 $p_{iF}^d, v_{iF}^d, Q_{iF}^d, \omega_{iF}^d$ 是时变的，但是如果无人机编队保持固定的队形进行机动，那么 p_{iF}^d, Q_{iF}^d 应为常量，v_{iF}^d, ω_{iF}^d 应为 0。

4.1.3 分布式协同控制结构

显然，上述求各无人机期望状态的方法依赖于这样的假设，即每架无人机都必须知道虚拟结构坐标系的状态信息。当每架无人机受动态变化的态势感知或不可靠/有限的信息交换等因素影响而导致对虚拟结构坐标系的理解不一致时，就无法维持所需的编队队形。为了解决上述问题，本章为编队中每架无人机定义一个本地实例化协作变量(无人机 i 对虚拟结构坐标系状态的理解)，即 $\xi_i = [p_{Fi}^T, v_{Fi}^T, Q_{Fi}^T, \omega_{Fi}^T]^T$，编队控制算法通过无人机间的通信协调，使所有的实例化协作变量逐渐趋于一致。

基于虚拟结构的控制方法，本章提出了一种分布式协同控制体系结构，如图 4.3 所示。该体系结构由三部分组成：跟踪模块、协同模块、实物无人机模块。在图 4.3 中，只有部分无人机可以接收到虚拟结构的状

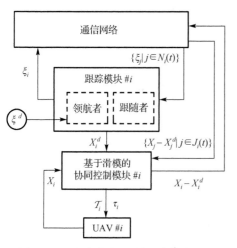

图 4.3 分布式编队队形控制体系结构

态信息，且为每架无人机实例化一个本地协作变量 ξ_i，则跟踪模块的目的是使实例化协作变量 ξ_i 趋于基准协作变量 ξ^d（即各无人机对虚拟结构状态的理解达成一致），其中 $N_i(t)$ 表示在时间 t 可以被无人机 i 获知其实例化协作变量无人机集合。基于 ξ_i 可求得无人机 i 的期望状态及导数，协同控制模块则驱动各无人机跟踪各自的目标状态，其中 $J_i(t)$ 表示在时间 t 可以被无人机 i 获知其实例化状态跟踪误差的无人机集合。

4.1.4　控制目标

假定只有部分无人机可以接收虚拟结构的状态信息，本章的控制目标为：在大气紊流的扰动下，基于滑模控制算法，设计适用于每架无人机的控制律，以跟踪虚拟结构所定义的理想状态 $p_i^d, v_i^d, Q_i^d, \omega_i^d$，同时将每架无人机跟踪期望状态的性能反馈到实例化虚拟结构控制器中，实现队形反馈；设计实例化虚拟结构控制器，使实例化虚拟结构向期望状态 $p_{iF}^d, v_{iF}^d, Q_{iF}^d, \omega_{iF}^d$ 运动的同时与邻近无人机的实例化虚拟结构状态协调同步，最终使无人机系统以预设编队模式沿期望轨迹飞行。

4.2　分布式滑模控制器

4.2.1　实例化虚拟结构控制器

根据设计的分布式控制体系结构，本节的主要任务是设计分布式实例化虚拟结构控制器以驱动各实例化协作变量在机动过程中达成一致。每架无人机的实例化协作变量都要达到两个目标：一是达到虚拟结构所定义的期望目标，即 $\lim_{t\to\infty}\|\xi_i-\xi^d\|=0$；二是驱动每个实例化协作变量达成一致，即 $\lim_{t\to\infty}\|\xi_i-\xi_j\|=0$。其中，$\xi^d=\left[(p_F^d)^{\mathrm{T}},(v_F^d)^{\mathrm{T}},(Q_F^d)^{\mathrm{T}},(\omega_F^d)^{\mathrm{T}}\right]^{\mathrm{T}}$ 表示实例化协作变量的期望目标，即当前编队模式。

假设虚拟无人机为编队的虚拟领航者，其状态为 $\xi_0=\xi^d$。本章采用有向图 $G_n^v=(\mathcal{N}_n^v,\varepsilon_n^v)$ 表示 n 架跟随无人机之间的通信拓扑结构，其加权邻接矩阵为 $A_n^v=[a_{ij}^v]\in\mathbf{R}^{n\times n}$，对应的拉普拉斯矩阵为 L^v，以 $B^v=\mathrm{diag}[b_1^v,\cdots,b_n^v],b_i^v\geqslant 0,i\in\mathcal{N}$ 表示 n 架跟随无人机与虚拟领航者之间的通信关系，当且仅当跟随无人机可以接收到虚拟领航者的状态信息时，$b_i^v\neq 0$。

定义第 i 个实例化协作变量的跟踪误差为

$$\tilde{\xi}_i=\xi_i-\xi^d=\left[\tilde{p}_{Fi}^{\mathrm{T}},\tilde{v}_{Fi}^{\mathrm{T}},\tilde{Q}_{Fi}^{\mathrm{T}},\tilde{\omega}_{Fi}^{\mathrm{T}}\right]^{\mathrm{T}}=\begin{bmatrix}p_{Fi}-p_F^d\\v_{Fi}-v_F^d\\Q_F^{d-1}\odot Q_{Fi}\\\omega_{Fi}-R(\tilde{Q}_{Fi})\omega_F^d\end{bmatrix} \tag{4-12}$$

其中，$\tilde{q}_{Fi}$ 为姿态跟踪误差 $\tilde{Q}_{Fi}$ 的向量部分，且满足如下的误差动力学模型：

$$\begin{cases} \dot{\tilde{p}}_{Fi} = \tilde{v}_{Fi} \\ \dot{\tilde{v}}_{Fi} = g\hat{e}_3 - \dfrac{\mathcal{T}_{Fi}}{m_F} R(Q_{Fi})^{\mathrm{T}} \hat{e}_3 - \dot{v}_F^d \end{cases} \tag{4-13}$$

$$\begin{cases} \dot{\tilde{q}}_{Fi} = \dfrac{1}{2} S(\tilde{q}_{Fi})\tilde{\omega}_{Fi} + \dfrac{1}{2}\tilde{\eta}_{Fi}\tilde{\omega}_{Fi} \\ \dot{\tilde{\eta}}_{Fi} = -\dfrac{1}{2}\tilde{q}_{Fi}^{\mathrm{T}}\tilde{\omega}_{Fi} \\ \dot{\tilde{\omega}}_{Fi} = J_F^{-1}\left[\tau_{Fi} - S(\omega_{Fi})J_F\omega_{Fi}\right] + S(\tilde{\omega}_{Fi})R(\tilde{Q}_{Fi})\omega_F^d - R(\tilde{Q}_{Fi})\dot{\omega}_F^d \end{cases} \tag{4-14}$$

基于上述定义，定义实例化协作变量 i 的一致性误差(consensus errors)为

$$E_{fi} = \begin{bmatrix} e_{pfi} \\ e_{vfi} \\ e_{qfi} \\ e_{\omega fi} \end{bmatrix} = \begin{bmatrix} \displaystyle\sum_{j=1}^{n} a_{ij}^v(\tilde{p}_{Fi} - \tilde{p}_{Fj}) + b_i^v \tilde{p}_{Fi} \\ \displaystyle\sum_{j=1}^{n} a_{ij}^v(\tilde{v}_{Fi} - \tilde{v}_{Fj}) + b_i^v \tilde{v}_{Fi} \\ \displaystyle\sum_{j=1}^{n} a_{ij}^v(\tilde{q}_{Fi} - \tilde{q}_{Fj}) + b_i^v \tilde{q}_{Fi} \\ \displaystyle\sum_{j=1}^{n} a_{ij}^v(\tilde{\omega}_{Fi} - \tilde{\omega}_{Fj}) + b_i^v \tilde{\omega}_{Fi} \end{bmatrix} \tag{4-15}$$

其中，a_{ij}^v 为加权邻接矩阵 $A_n^v = [a_{ij}^v] \in \mathbf{R}^{n\times n}$ 的第 (i, j) 项，$b_i^v \geqslant 0$。

因此，实例化虚拟结构 i 的平移和旋转滑模面分别为

$$\begin{aligned} s_{pfi} &= C_{pfi}e_{pfi} + e_{vfi} = 0 \\ s_{qfi} &= C_{qfi}e_{qfi} + e_{\omega fi} = 0 \end{aligned} \tag{4-16}$$

其中，$i \in \mathcal{N}$，C_{pfi}, C_{qfi} 为对角矩阵。

上述滑模面利用克罗内克积可重新写为矩阵形式：

$$\begin{aligned} S_{pf} &= [(L^v + B^v) \otimes I_3](C_{pf}\tilde{p}_F + \tilde{v}_F) = 0 \\ S_{qf} &= [(L^v + B^v) \otimes I_3](C_{qf}\tilde{q}_F + \tilde{\omega}_F) = 0 \end{aligned} \tag{4-17}$$

其中，$S_{lf} = [s_{lf1}^{\mathrm{T}}, s_{lf2}^{\mathrm{T}}, \cdots, s_{lfn}^{\mathrm{T}}]^{\mathrm{T}}$，$C_{lf} = \mathrm{diag}[C_{lf1}, \cdots, C_{lfn}]$，$l = p, q$；$\tilde{p}_F = [\tilde{p}_{F1}^{\mathrm{T}}, \tilde{p}_{F2}^{\mathrm{T}}, \cdots, \tilde{p}_{Fn}^{\mathrm{T}}]^{\mathrm{T}}$，$\tilde{v}_F = [\tilde{v}_{F1}^{\mathrm{T}}, \tilde{v}_{F2}^{\mathrm{T}}, \cdots, \tilde{v}_{Fn}^{\mathrm{T}}]^{\mathrm{T}}$，$\tilde{q}_F = [\tilde{q}_{F1}^{\mathrm{T}}, \tilde{q}_{F2}^{\mathrm{T}}, \cdots, \tilde{q}_{Fn}^{\mathrm{T}}]^{\mathrm{T}}$，$\tilde{\omega}_F = [\tilde{\omega}_{F1}^{\mathrm{T}}, \tilde{\omega}_{F2}^{\mathrm{T}}, \cdots, \tilde{\omega}_{Fn}^{\mathrm{T}}]^{\mathrm{T}}$，$B^v = \mathrm{diag}[b_1^v, \cdots, b_n^v]$。

由引理 2.2、引理 2.3 及矩阵 B^v 的定义可知 $(L^v + B^v) \otimes I_3$ 是满秩的，故由 $S_{pf} = 0, S_{qf} = 0$ 可得

$$(C_{pf}\tilde{p}_F + \tilde{v}_F) = 0, \quad (C_{qf}\tilde{q}_F + \tilde{\omega}_F) = 0 \tag{4-18}$$

即

$$(C_{pfi}\tilde{p}_{Fi} + \tilde{v}_{Fi}) = 0, \quad (C_{qfi}\tilde{q}_{Fi} + \tilde{\omega}_{Fi}) = 0, \quad i = 1, 2, \cdots, n \tag{4-19}$$

对式 (4-19) 求导，有

$$(C_{pfi}\dot{\tilde{p}}_{Fi} + \dot{\tilde{v}}_{Fi}) = h_{pfi} + u_{pfi}, \quad (C_{qfi}\dot{\tilde{q}}_{Fi} + \dot{\tilde{\omega}}_{Fi}) = h_{qfi} + u_{qfi} \tag{4-20}$$

其中

$$h_{pfi} = C_{pfi}\tilde{v}_{Fi} + g\hat{e}_3 - \dot{v}_F^d \tag{4-21}$$

$$u_{pfi} = -\frac{\mathcal{T}_{Fi}}{m_F} R(Q_{Fi})^{\mathrm{T}} \hat{e}_3 \tag{4-22}$$

$$h_{qfi} = \frac{C_{qfi}}{2}(S(\tilde{q}_{Fi}) + \tilde{\eta}_{Fi}I_3)\tilde{\omega}_{Fi} - J_F^{-1}S(\omega_{Fi})J_F\omega_{Fi} + S(\tilde{\omega}_{Fi})R(\tilde{Q}_{Fi})\omega_F^d - R(\tilde{Q}_{Fi})\dot{\omega}_F^d \tag{4-23}$$

$$u_{qfi} = J_F^{-1}\tau_{Fi} \tag{4-24}$$

根据滑模运动的到达条件，只有在 $S_{lf}\dot{S}_{lf} < 0, l = p, q$ 时，滑模才能达到稳定。选取指数趋近率 $\dot{S} = -\varepsilon\,\mathrm{sgn}(S) - kS$ 来保证滑模运动过程的正常进行，其中，$\varepsilon > 0, k > 0$ 为对角矩阵。由滑模控制理论可得，实例化虚拟结构 i 的虚拟升力为

$$u_{pfi} = -h_{pfi} + \left(\sum_{j=1}^{n} a_{ij}^v + b_i^v\right)^{-1}\left[-\varepsilon_{pfi}\,\mathrm{sgn}(s_{pfi}) - k_{pfi}s_{pfi} + \sum_{j=1}^{n} a_{ij}^v(u_{pfj} + h_{pfj})\right] \tag{4-25}$$

$$\mathcal{T}_{Fi} = -\frac{\{m_F u_{pfi}\}_3}{\{R(Q_{Fi})^{\mathrm{T}}\hat{e}_3\}_3} \tag{4-26}$$

其中，h_{pfi} 由式 (4-21) 给出；$\{f(x)\}_1$ 表示向量 $f(x)$ 的第一个元素；$\varepsilon_{pfi}, k_{pfi}$ 为正定矩阵；$\mathrm{sgn}(s_{pfi}) = [\mathrm{sgn}(s_{pfi,1}), \mathrm{sgn}(s_{pfi,2}), \mathrm{sgn}(s_{pfi,3})]^{\mathrm{T}}$，其中 $s_{pfi,j}, j = 1, 2, 3$ 表示 s_{pfi} 的第 j 个元素，$\mathrm{sgn}(\cdot)$ 为符号函数。

实例化虚拟结构 i 的虚拟控制扭矩为

$$\tau_{Fi} = J_F u_{qfi} \tag{4-27}$$

$$u_{qfi} = -h_{qfi} + \left(\sum_{j=1}^{n} a_{ij}^v + b_i^v\right)^{-1}\left[-\varepsilon_{qfi}\,\mathrm{sgn}(s_{qfi}) - k_{qfi}s_{qfi} + \sum_{j=1}^{n} a_{ij}^v(u_{qfj} + h_{qfj})\right] \tag{4-28}$$

其中，$\varepsilon_{qfi}, k_{qfi}$ 为正定矩阵，h_{qfi} 由式 (4-23) 给出。

定理 4.1　为每架无人机定义一个实例化协作变量，且满足误差动力学模型 (4-13) 及式 (4-14)，假设其通信拓扑是有向的，每架无人机的升力由式 (4-25) 及

式 (4-26) 给出，控制扭矩由式(4-27)及式(4-28)给出，那么式(4-16)定义的滑模面将渐近到达，即从任何初始条件开始，对于所有的 $i,j \in \mathcal{N}$，$\lim_{t\to\infty}\|\xi_i - \xi^d\| = 0$。

证明：对于 n 个实例化虚拟结构，考虑如下候选 Lyapunov 函数：

$$V = \frac{1}{2}S_{pf}^{\mathrm{T}}S_{pf} + \frac{1}{2}S_{qf}^{\mathrm{T}}S_{qf} \tag{4-29}$$

利用 Kronecker 的定义将式(4-25)及式(4-28)写为矩阵形式，有

$$U_{lf} = -H_{lf} + [(D^v + B^v)\otimes I_3]^{-1}[(A^v \otimes I_3)(U_{lf} + H_{lf}) - k_{lf}S_{lf} - \varepsilon_{lf}\,\mathrm{sgn}(S_{lf})], \quad l = p,q$$

其中，$U_{lf} = [u_{lf1}^{\mathrm{T}}, u_{lf2}^{\mathrm{T}}, \cdots, u_{lfn}^{\mathrm{T}}]^{\mathrm{T}}$，$H_{lf} = [h_{lf1}^{\mathrm{T}}, h_{lf2}^{\mathrm{T}}, \cdots, h_{lfn}^{\mathrm{T}}]^{\mathrm{T}}$，$k_{lf} = \mathrm{diag}[k_{lf1}, k_{lf2}, \cdots, k_{lfn}]$，$\varepsilon_{lf} = \mathrm{diag}[\varepsilon_{lf1}, \varepsilon_{lf2}, \cdots, \varepsilon_{lfn}]$，$S_{lf} = [s_{lf1}^{\mathrm{T}}, s_{lf2}^{\mathrm{T}}, \cdots, s_{lfn}^{\mathrm{T}}]^{\mathrm{T}}$，$l = p,q$。

整理可得

$$U_{lf} = -H_{lf} - [(L^v + B^v)\otimes I_3]^{-1}[k_{lf}S_{lf} + \varepsilon_{lf}\,\mathrm{sgn}(S_{lf})], \quad l = p,q \tag{4-30}$$

求 Lyapunov 函数 V 的一阶导数，并将式(4-20)代入，得

$$\begin{aligned}
\dot{V} &= S_{pf}^{\mathrm{T}}\dot{S}_{pf} + S_{qf}^{\mathrm{T}}\dot{S}_{qf} \\
&= S_{pf}^{\mathrm{T}}[(L^v + B^v)\otimes I_3](C_{pf}\dot{\tilde{p}}_F + \dot{\tilde{v}}_F) + S_{qf}^{\mathrm{T}}[(L^v + B^v)\otimes I_3](C_{qf}\dot{\tilde{q}}_F + \dot{\tilde{\omega}}_F) \\
&= S_{pf}^{\mathrm{T}}[(L^v + B^v)\otimes I_3](H_{pf} + U_{pf}) + S_{qf}^{\mathrm{T}}[(L^v + B^v)\otimes I_3](H_{qf} + U_{qf})
\end{aligned}$$

将式(4-30)代入上式，得

$$\begin{aligned}
\dot{V} &= S_{pf}^{\mathrm{T}}[-k_{pf}S_{pf} - \varepsilon_{pf}\,\mathrm{sgn}(S_{pf})] + S_{qf}^{\mathrm{T}}[-k_{qf}S_{qf} - \varepsilon_{qf}\,\mathrm{sgn}(S_{qf})] \\
&= \sum_{i=1}^{n}(-s_{pfi}^{\mathrm{T}}k_{pfi}s_{pfi} - \varepsilon_{pfi}\|s_{pfi}^{\mathrm{T}}\|_1 - s_{qfi}^{\mathrm{T}}k_{qfi}s_{qfi} - \varepsilon_{qfi}\|s_{qfi}^{\mathrm{T}}\|_1) \\
&\leqslant 0
\end{aligned}$$

因此，有 $s_{pfi}, s_{qfi} \in \mathcal{L}^{\infty}$，由式 (4-25) 及式 (4-28) 可得 $u_{qfi}, u_{pfi} \in \mathcal{L}^{\infty}$，于是可知 $\tilde{p}_{Fi}, \tilde{v}_{Fi}, \tilde{q}_{Fi}, \tilde{\omega}_{Fi}$ 是有界的，根据 Barbalat 引理可知 $\lim_{t\to\infty}s_{pfi} = 0, \lim_{t\to\infty}s_{qfi} = 0$，$i = 1, \cdots, n$。显然，该式意味着

$$\lim_{t\to\infty}\|\tilde{p}_{Fi}\| = \lim_{t\to\infty}\|\tilde{v}_{Fi}\| = \lim_{t\to\infty}\|\tilde{q}_{Fi}\| = \lim_{t\to\infty}\|\tilde{\omega}_{Fi}\| = 0, \quad i = 1, \cdots, n \tag{4-31}$$

即在给定的虚拟升力和虚拟控制扭矩作用下，当 $t \to \infty$ 时，每个实例化虚拟结构的误差状态(位置、速度、姿态及角速度跟踪误差)趋于 0。　　　　□

4.2.2　无人机控制器

本节的主要目标是设计每架无人机的控制器，使编队中的各无人机可以跟踪期望状态。考虑风场环境下无人机动力学及运动学模型满足式(2-20)及式(2-21)，对无人机 i，定义 $X_i = \left[p_i^{\mathrm{T}}, v_i^{\mathrm{T}}, Q_i^{\mathrm{T}}, \omega_i^{\mathrm{T}}\right]^{\mathrm{T}}$ 和 $X_i^d = \left[(p_i^d)^{\mathrm{T}}, (v_i^d)^{\mathrm{T}}, (Q_i^d)^{\mathrm{T}}, (\omega_i^d)^{\mathrm{T}}\right]^{\mathrm{T}}$ 分别为其实

际状态与期望状态，其中每架无人机的期望状态可以利用式(4-10)计算出。

类似 4.3.1 节，本节采用有向图 $G=(\mathcal{N},\varepsilon)$ 表示 n 架跟随无人机之间的通信拓扑模型，其加权邻接矩阵为 $A=[a_{ij}]\in\mathbf{R}^{n\times n}$，对应的拉普拉斯矩阵为 L，以 $B=\mathrm{diag}[b_1,\cdots,b_n],b_i\geq 0,i\in\mathcal{N}$ 表示 n 架跟随无人机与各自实例化虚拟结构之间的通信关系，由于本节中对每架无人机都实例化了虚拟结构，因此 $B=I_n$。

定义编队中无人机 i 的一致性误差(consensus errors)为

$$E_i=\begin{bmatrix}e_{pi}\\e_{vi}\\e_{qi}\\e_{\omega i}\end{bmatrix}=\begin{bmatrix}\sum_{j=1}^{n}a_{ij}(\tilde{p}_i-\tilde{p}_j)+b_i\tilde{p}_i\\\sum_{j=1}^{n}a_{ij}(\tilde{v}_i-\tilde{v}_j)+b_i\tilde{v}_i\\\sum_{j=1}^{n}a_{ij}(\tilde{q}_i-\tilde{q}_j)+b_i\tilde{q}_i\\\sum_{j=1}^{n}a_{ij}(\tilde{\omega}_i-\tilde{\omega}_j)+b_i\tilde{\omega}_i\end{bmatrix}\tag{4-32}$$

其中，a_{ij} 为加权邻接矩阵 $A_n\in\mathbf{R}^{n\times n}$ 的第 (i,j) 项，$b_i\geq 0$，$[\tilde{p}_i,\tilde{v}_i,\tilde{q}_i,\tilde{\omega}_i]$ 为无人机 i 的状态跟踪误差，$\tilde{q}_i$ 为姿态跟踪误差 $\tilde{Q}_i$ 的向量部分。

利用克罗内克积，定义无人机 i 的平移和旋转滑模面分别为

$$S_p=[(L+B)\otimes I_3](C_p\tilde{p}+\tilde{v})=0$$
$$S_q=[(L+B)\otimes I_3](C_q\tilde{q}+\tilde{\omega})=0\tag{4-33}$$

其中，$S_l=[s_{l1}^{\mathrm{T}},s_{l2}^{\mathrm{T}},\cdots,s_{ln}^{\mathrm{T}}]^{\mathrm{T}}$，$C_l=\mathrm{diag}[C_{l1},\cdots,C_{ln}]$，$l=p,q$，$C_{li},i\in\mathcal{N}$ 为对角矩阵，$\tilde{p}=[\tilde{p}_1^{\mathrm{T}},\cdots,\tilde{p}_n^{\mathrm{T}}]^{\mathrm{T}}$，$\tilde{v}=[\tilde{v}_1^{\mathrm{T}},\cdots,\tilde{v}_n^{\mathrm{T}}]^{\mathrm{T}}$，$\tilde{q}=[\tilde{q}_1^{\mathrm{T}},\cdots,\tilde{q}_n^{\mathrm{T}}]^{\mathrm{T}}$，$\tilde{\omega}=[\tilde{\omega}_1^{\mathrm{T}},\cdots,\tilde{\omega}_n^{\mathrm{T}}]^{\mathrm{T}}$，$B=\mathrm{diag}[b_1,\cdots,b_n]$。由于 $(L+B)\otimes I_3$ 是满秩的，故由 $S_p=0,S_q=0$ 可得

$$C_{pi}\tilde{p}_i+\tilde{v}_i=0,\quad C_{qi}\tilde{q}_i+\tilde{\omega}_i=0,\quad i=1,2,\cdots,n\tag{4-34}$$

对式(4-34)求导，有

$$C_{pi}\dot{\tilde{p}}_i+\dot{\tilde{v}}_i=h_{pi}+u_{pi},\quad C_{qi}\dot{\tilde{q}}_i+\dot{\tilde{\omega}}_i=h_{qi}+u_{qi}\tag{4-35}$$

其中

$$h_{pi}=C_{pi}\tilde{v}_i+g\hat{e}_3-\dot{v}_i^d-d_{fi}\tag{4-36}$$

$$u_{pi}=-\frac{\mathcal{T}_i}{m_i}R(Q_i)^{\mathrm{T}}\hat{e}_3\tag{4-37}$$

$$h_{qi}=\frac{C_{qi}}{2}(S(\tilde{q}_i)+\tilde{\eta}_iI_3)\tilde{\omega}_i+J_i^{-1}(d_{\tau i}-S(\omega_i)J_i\omega_i)+S(\tilde{\omega}_i)R(\tilde{Q}_i)\omega_i^d-R(\tilde{Q}_i)\dot{\omega}_i^d\tag{4-38}$$

$$u_{qi} = J_i^{-1}\tau_i \tag{4-39}$$

由滑模控制理论可得，无人机 i 的升力为

$$u_{pi} = -h_{pi} + \left(\sum_{j=1}^{n} a_{ij} + b_i\right)^{-1}\left[-\varepsilon_{pi}\operatorname{sgn}(s_{pi}) - k_{pi}s_{pi} + \sum_{j=1}^{n} a_{ij}(u_{pj} + h_{pj})\right] \tag{4-40}$$

$$\mathcal{T}_i = -\frac{\{m_i u_{pi}\}_3}{\{R(Q_i)^{\mathrm{T}}\hat{e}_3\}_3} \tag{4-41}$$

其中，h_{pi} 由式 (4-36) 给出；ε_{pi}, k_{pi} 为正定矩阵。

无人机 i 的控制扭矩为

$$\tau_i = J_i u_{qi} \tag{4-42}$$

$$u_{qi} = -h_{qi} + \left(\sum_{j=1}^{n} a_{ij} + b_i\right)^{-1}\left[-\varepsilon_{qi}\operatorname{sgn}(s_{qi}) - k_{qi}s_{qi} + \sum_{j=1}^{n} a_{ij}(u_{qj} + h_{qj})\right] \tag{4-43}$$

其中，ε_{qi}, k_{qi} 为正定矩阵；h_{qi} 由式 (4-38) 给出。

定理 4.2 考虑由式 (2-20) 及式 (2-21) 定义的风场环境下多无人机系统，假设其通信拓扑是有向的，每架无人机的升力由式 (4-40) 及式 (4-41) 给出，控制扭矩由式 (4-42) 及式 (4-43) 给出，那么式 (4-33) 定义的滑模面将渐近到达，即从任何初始条件开始，对于所有的 $i, j \in \mathcal{N}$，$\lim_{t \to \infty}\left\|X_i - X_i^d\right\| = 0$。

证明： 类似于定理 4.1，考虑如下候选 Lyapunov 函数

$$V = \frac{1}{2}S_p^{\mathrm{T}}S_p + \frac{1}{2}S_q^{\mathrm{T}}S_q \tag{4-44}$$

利用 Kronecker 的定义将无人机的升力及控制扭矩写为矩阵形式，有

$$U_l = -H_l - [(L+B)\otimes I_3]^{-1}[k_l S_l + \varepsilon_l \operatorname{sgn}(S_l)] \tag{4-45}$$

其中，$U_l = [u_{l1}^{\mathrm{T}}, u_{l2}^{\mathrm{T}}, \cdots, u_{ln}^{\mathrm{T}}]^{\mathrm{T}}$，$H_l = [h_{l1}^{\mathrm{T}}, h_{l2}^{\mathrm{T}}, \cdots, h_{ln}^{\mathrm{T}}]^{\mathrm{T}}$，$k_l = \operatorname{diag}[k_{l1}, k_{l2}, \cdots, k_{ln}]$，$\varepsilon_l = \operatorname{diag}[\varepsilon_{l1}, \cdots, \varepsilon_{ln}]$，$S_l = [s_{l1}^{\mathrm{T}}, s_{l2}^{\mathrm{T}}, \cdots, s_{ln}^{\mathrm{T}}]^{\mathrm{T}}$，$l = p, q$。

求 Lyapunov 函数 V 的一阶导数，得

$$\begin{aligned}
\dot{V} &= S_p^{\mathrm{T}}\dot{S}_p + S_q^{\mathrm{T}}\dot{S}_q \\
&= S_p^{\mathrm{T}}[(L+B)\otimes I_3](H_p + U_p) + S_q^{\mathrm{T}}[(L+B)\otimes I_3](H_q + U_q) \\
&= S_p^{\mathrm{T}}[-k_p S_p - \varepsilon_p \operatorname{sgn}(S_p)] + S_q^{\mathrm{T}}[-k_q S_q - \varepsilon_q \operatorname{sgn}(S_q)] \\
&= \sum_{i=1}^{n}\left(-s_{pi}^{\mathrm{T}}k_{pi}s_{pi} - \varepsilon_{pi}\left\|s_{pi}^{\mathrm{T}}\right\|_1 - s_{qi}^{\mathrm{T}}k_{qi}s_{qi} - \varepsilon_{qi}\left\|s_{qi}^{\mathrm{T}}\right\|_1\right) \\
&\leqslant 0
\end{aligned}$$

因此，有 $s_{pi}, s_{qi} \in \mathcal{L}^{\infty}$，又由于 $u_{qi}, u_{pi} \in \mathcal{L}^{\infty}$，于是可知 $\tilde{p}_i, \tilde{v}_i, \tilde{q}_i, \tilde{\omega}_i$ 是有界的，根据 Barbalat 引理可知 $\lim\limits_{t\to\infty} s_{pi} = 0$，$\lim\limits_{t\to\infty} s_{qi} = 0$，$i = 1, \cdots, n$。显然，该式意味着

$$\lim_{t\to\infty}\|\tilde{p}_i\| = \lim_{t\to\infty}\|\tilde{v}_i\| = \lim_{t\to\infty}\|\tilde{q}_i\| = \lim_{t\to\infty}\|\tilde{\omega}_i\| = 0, \quad i = 1, \cdots, n \tag{4-46}$$

因此，在给定的升力和控制扭矩作用下，多无人机系统的所有状态轨迹均可到达，且分别停留在相应的滑模面上。即对于所有的 $i, j \in \mathcal{N}$，信号 $\tilde{p}_i, \tilde{v}_i, \tilde{q}_i, \tilde{\omega}_i$ 皆有界，且 $\tilde{p}_i \to 0, p_i - p_i \to \delta_{ij}, \tilde{v}_i \to 0, \tilde{q}_i \to 0, \tilde{\omega}_i \to 0$。　　□

注：由于上述的多无人机协同控制算法采用了滑模控制方法，其中的符号函数 $\text{sgn}(\cdot)$ 会引起系统状态经过滑模面时的抖振现象。为了减小抖振的影响，可采用饱和函数 $\text{sat}(\cdot)$ 来代替符号函数，可以显著地削弱抖振：

$$\text{sat}(x_i) = \begin{cases} \dfrac{x_i}{a}, & |x_i| \leqslant a \\ \text{sgn}(x_i), & |x_i| > a \end{cases} \tag{4-47}$$

其中，a 为任意小的大于零的常数，通过调整 a 的取值可以达到不同的控制精度。

4.3　仿真结果

本节给出 6 架无人机在上述分布式滑模控制律作用下实现编队机动的仿真实例，验证了所提出的控制律的性能和稳定性特征。基于所提出的分布式编队队形控制体系结构，考虑由 6 架无人机和 6 个实例化虚拟结构组成的系统，按照式(2-20)及式(2-21)建立的多无人机在大气素流扰动下的动力学及运动学模型，实例化虚拟结构的误差动力学及运动学模型由式(4-13)及式(4-14)确定。考虑 6 架无人机为同类型的无人机，各无人机与虚拟结构的参数如表 4.1 所示。

表 4.1　无人机及虚拟结构相关参数

参数	取值
无人机 i 的质量 m_i / kg	3
虚拟质量 m_F / kg	3.5
无人机惯性矩阵 J_i / (kg·m²)	diag[0.13,0.13,0.04]
虚拟惯性 J_F / (kg·m²)	diag[0.2,0.2,0.06]
重力加速度 g / (m/s²)	9.81
臂长 l / m	0.50
升力系数 λ / (N·s²)	5.324×10^{-5}
阻力系数 μ / (Nm·s²)	8.721×10^{-7}

任意给定各无人机及虚拟结构的初始条件，控制目标是保证这 6 架无人机保持一个预先设定的编队模式沿期望轨迹飞行，该期望轨迹（即虚拟结构的目标状态）为

$$p_F^d(t) = [20 \times (1 - \cos((\pi / 20) \times t)), -14 \times \sin((\pi / 10) \times t), 10]^{\mathrm{T}}$$

$$v_F^d(t) = [\pi \times \sin((\pi / 20) \times t), -1.4 \times \pi \times \cos((\pi / 10) \times t), 0]^{\mathrm{T}}$$

$$Q_F^d(t) = [0, 0, 0, 1]^{\mathrm{T}}$$

$$\omega_F^d(t) = [0, 0, 0]^{\mathrm{T}}$$

目标编队模式是一个平行于地面的正六边形，通过向量 $\delta_{ij} = \delta_i - \delta_j$ 进行定义，其中

$$\delta_1 = \begin{pmatrix} 2 \\ 0 \\ 0 \end{pmatrix}, \delta_2 = \begin{pmatrix} 1 \\ \sqrt{3} \\ 0 \end{pmatrix}, \delta_3 = \begin{pmatrix} -1 \\ \sqrt{3} \\ 0 \end{pmatrix}, \delta_4 = \begin{pmatrix} -2 \\ 0 \\ 0 \end{pmatrix}, \delta_5 = \begin{pmatrix} -1 \\ -\sqrt{3} \\ 0 \end{pmatrix}, \delta_6 = \begin{pmatrix} 1 \\ -\sqrt{3} \\ 0 \end{pmatrix}$$

紊流风场的参数如表 4.2 所示，取 6.096m 高度风速为 10m/s，无人机编队的飞行高度为 10m，生成的紊流风场如图 4.4 所示。

表 4.2　紊流风场参数

参数/m	取值	参数 /(m/s)	取值
L_u	7.943	σ_u	1.995
L_v	3.971	σ_v	3.981
L_w	0.500	σ_w	1.000

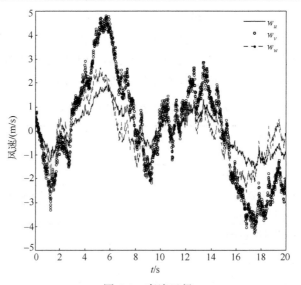

图 4.4　紊流风场

下面分别就只有单架无人机可以接受虚拟结构的信息(即具有单个子编队领航者)以及具有时变子编队领航者和时变通信拓扑两种情形进行讨论,以验证所提出控制方案的有效性。

4.3.1　具有单个子编队领航者的编队队形控制

本节考虑单个子编队领航者和 5 个跟随者的情况。图 4.5(a)给出了关于实例化虚拟结构跟踪问题的通信拓扑,其中 ξ^d 表示编队的虚拟领航者(即虚拟结构),如果 $(j,i)\in\varepsilon_n^v$,那么取 $a_{ij}^v=1$,否则取 $a_{ij}^v=0$,且可知 $b_1^v=1,b_i^v=0,i=2,\cdots,6$。图 4.5(b)给出了关于无人机控制的通信拓扑,如果 $(j,i)\in\varepsilon$,那么取 $a_{ij}=1$,否则取 $a_{ij}=0$,且 $b_i=1,i\in\mathcal{N}$。

根据上述控制方案编写仿真程序,其中仿真时间为 60s,步长为 0.01s,控制增益如表 4.3 所示。

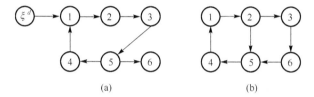

(a)　　　　　　　　　　(b)

图 4.5　单个子编队领航者和 5 个跟随者的通信拓扑

表 4.3　控制增益

参数	取值	参数	取值
C_{pfi}	$3I_3$	C_{qfi}	$2I_3$
ε_{pfi}	$0.5\,I_3$	ε_{qfi}	$0.8\,I_3$
k_{pfi}	$5\,I_3$	k_{qfi}	$3\,I_3$
C_{pi}	$4\,I_3$	C_{qi}	$2.8\,I_3$
ε_{pi}	$0.8\,I_3$	ε_{qi}	$0.6\,I_3$
k_{pi}	$4\,I_3$	k_{qi}	$6\,I_3$

图 4.6 和图 4.7 分别为第 1、3、5 架无人机的实例化虚拟结构与虚拟结构的位置跟踪误差及姿态跟踪误差。可以看出,通过上述控制算法,各无人机的实例化虚拟结构与虚拟结构的状态跟踪误差趋于 0,即每架无人机对虚拟结构坐标系的理解趋于一致。

图 4.8 为各无人机的运动轨迹,图 4.9 为在 0～40s 的时间内每隔 5s 各无人机的位置信息在 x-y 平面上的投影,可以看出各无人机从任意初始状态出发,以正六边形的编队模式沿"8"字形轨迹飞行。图 4.10～图 4.13 分别为第 1、3、5 架无人机的位置、速度、姿态及角速度的跟踪误差,可以看出其状态跟踪误差在很短的时间内趋于 0,即各无人机趋于目标状态。

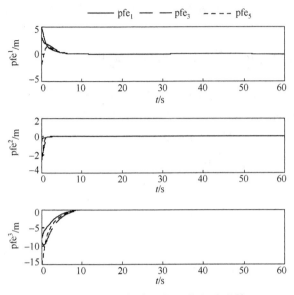

图 4.6   关于虚拟中心位置的跟踪误差

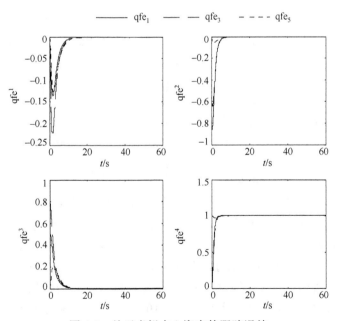

图 4.7   关于虚拟中心姿态的跟踪误差

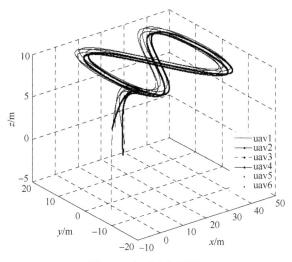

图 4.8　各无人机轨迹

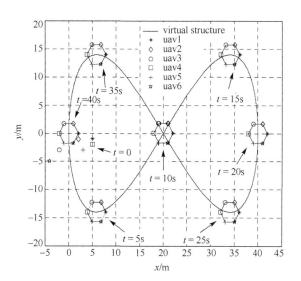

图 4.9　各无人机位置在 x-y 平面上的投影

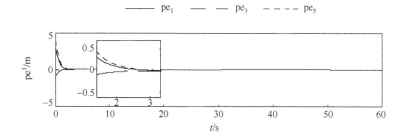

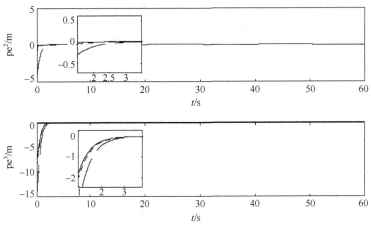

图 4.10　各无人机位置跟踪误差

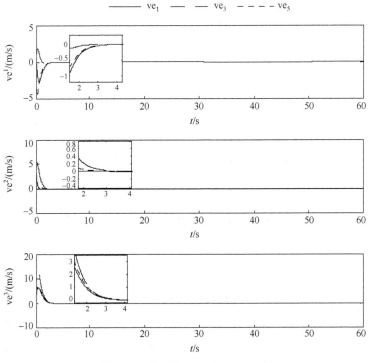

图 4.11　各无人机速度跟踪误差

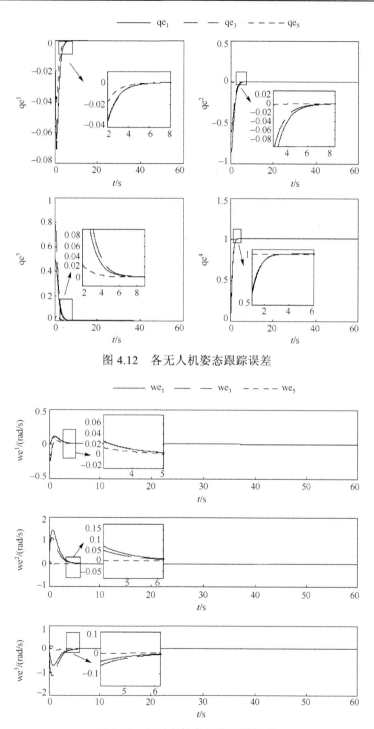

图 4.12　各无人机姿态跟踪误差

图 4.13　各无人机角速度跟踪误差

4.3.2　具有时变子编队领航者和时变通信拓扑的编队队形控制

本节考虑多无人机编队中具有时变子编队领航者以及多无人机之间的通信拓扑是有向、时变的情况。假设有向图 G_6^v 在集合 $\{G_{6(1)}^v, \cdots, G_{6(5)}^v\}$ 内随机切换，如图 4.14 所示，切换时间间隔为 5s，在 15~25s 的时间内，无人机受大气紊流的影响，其他条件同 4.3.1 节所述。

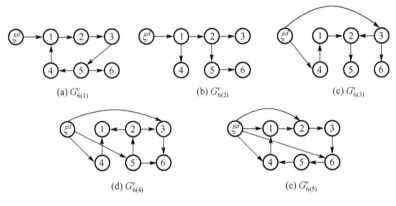

(a) $G_{6(1)}^v$　　　　(b) $G_{6(2)}^v$　　　　(c) $G_{6(3)}^v$

(d) $G_{6(4)}^v$　　　　(e) $G_{6(5)}^v$

图 4.14　G_6^v 的有向切换图

图 4.15 和图 4.16 为仿真时间内各无人机所受的风力及风力矩，可以看出在 15~25s 内无人机受紊流风的影响产生风力及风力矩。

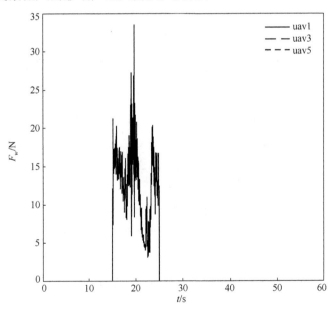

图 4.15　各无人机所受风力

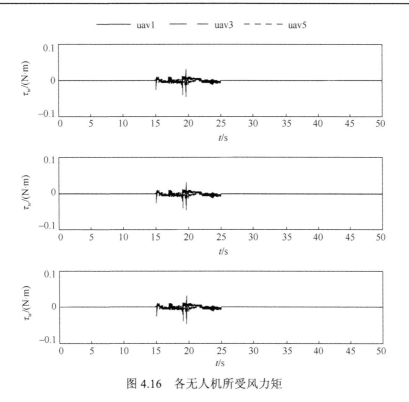

图 4.16　各无人机所受风力矩

　　显然，每个有向图 $G_{6(i)}^{v}$ $(i=1,2,\cdots,5)$ 都含有一簇以 ξ^{d} 为根节点的有向生成树。假设各无人机之间的通信拓扑 G_{6} 是把 G_{6}^{v} 中节点 ξ^{d} 删除后得到的有向图。为了使仿真图更清晰直观，本章以第 1、3、5 架无人机为代表，分析其仿真信息。

　　图 4.17 为每架无人机的实例化虚拟结构与虚拟结构的位置跟踪误差，定义为 $\left\|p_{Fi}-p_{F}^{d}\right\|$，图 4.18 为实例化虚拟结构的姿态跟踪误差，定义为 $\left\|\tilde{q}_{Fi}\right\|$。从图 4.17 和图 4.18 可以看出每架无人机的实例化虚拟结构可以跟踪虚拟结构的状态，即每架无人机对虚拟结构坐标系的理解趋于一致，为下一步的无人机编队打下基础。图 4.19 和图 4.20 分别为各无人机与各自目标状态的位置与姿态跟踪误差，分别定义为 $\left\|p_{i}-p_{i}^{d}\right\|,\left\|\tilde{q}_{i}\right\|$。从图 4.19 和图 4.20 可以看出，在 15s 时各无人机受到大气紊流的影响，其位置与姿态跟踪误差增大，在 25s 后，紊流影响消失，各无人机不受紊流干扰，其位置与姿态跟踪误差快速减小，在受紊流影响的时间段内，各无人机的状态跟踪误差在 10^{-3} 这一量级上，不影响无人机的飞行品质。图 4.21 和图 4.22 分别为各无人机的升力及控制扭矩，在 15s 时无人机的升力及控制扭矩发生变化以抵消紊流产生的影响，紊流消失后，其升力及控制扭矩快速趋于稳定。

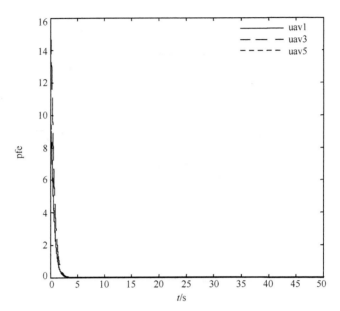

图 4.17　关于虚拟中心位置的跟踪误差

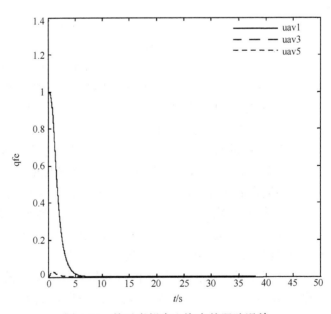

图 4.18　关于虚拟中心姿态的跟踪误差

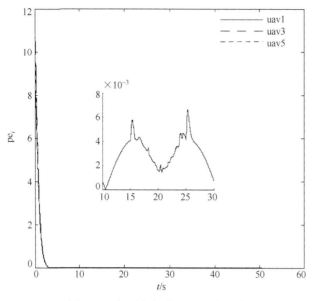

图 4.19　各无人机的位置跟踪误差

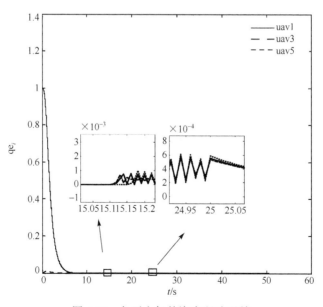

图 4.20　各无人机的姿态跟踪误差

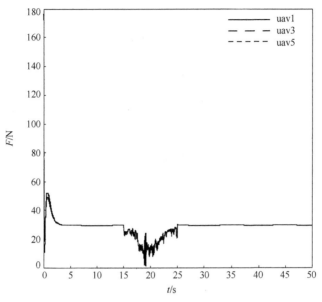

图 4.21 各无人机所受推力

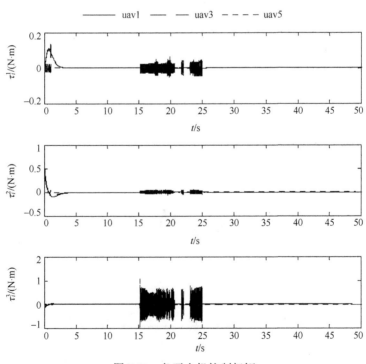

图 4.22 各无人机控制扭矩

4.4　本章小结

　　本章研究了紊流风场环境下多无人机的编队控制问题，对无人机在紊流风场中所受的外部干扰进行建模，提出了基于虚拟结构及滑模控制的分布式编队控制方法。针对各无人机对虚拟结构状态理解不一致的情况，为每架无人机实例化虚拟结构，同时利用饱和函数来削弱滑模控制带来的抖振问题，分别完成了单个子编队领航者、多子编队领航者以及有向时变通信拓扑两种情况的仿真实验，验证了所提出控制算法的有效性、鲁棒性。

第5章 基于 RBF 神经网络的多无人机编队控制

本章研究了多无人机系统在模型不确定和未知外部干扰情况下的编队控制问题。基于 Lyapunov 稳定性理论和代数图论,采用分布式自适应控制方法,为每架无人机设计基于神经网络的分布式滑模自适应控制律,在有向通信拓扑结构下实现了系统稳定。然后对提出的多无人机控制算法进行了理论证明,仿真结果表明该控制算法的可行性和有效性。

5.1 问 题 描 述

考虑由 n 架无人机组成的无人机编队,采用有向图 $G_n = (\mathcal{N}_n, \varepsilon_n)$ 表示 n 架无人机之间的通信拓扑结构,其中 $\mathcal{N}_n$ 为节点集, ε_n 为边集。其加权邻接矩阵为 $A_n = [a_{ij}] \in \mathbf{R}^{n \times n}$,且 $a_{ii} = 0$ 。定义其入度矩阵为 $D = \mathrm{diag}(d_i)$,其中 $d_i = \sum_{j \in \mathcal{N}} a_{ij}$,对应的拉普拉斯矩阵为 $L = D - A$ 。牵制增益矩阵 $B = \mathrm{diag}[b_1, \cdots, b_n], b_i \geqslant 0$,当且仅当图 G_n 中无人机 i 与虚拟领航无人机之间存在通信时, $b_i \neq 0$ 。

本章假设无人机间的有向通信拓扑图是强连通的。如果至少有一架无人机可以接收虚拟领航者的信息即 $b_i \neq 0 (i \in \mathcal{N})$,那么 $(L+B)$ 就是一个不可约对角占优的 M 矩阵,因此是非奇异的,故 $[(L+B) \otimes I_3]$ 也是非奇异的。它的所有极点都在开放的右半平面上。保证 $(L+B)$ 非奇异的一个较温和的条件是,至少存在一簇以节点 i 为根节点的生成树,同时 $b_i \neq 0$ 。

引理 5.1[131] 令 L 是不可约的且矩阵 B 的对角线元素至少有一个大于 0,则 $L+B$ 为非奇异 M 矩阵。定义

$$q = [q_1, q_2, \cdots, q_n]^{\mathrm{T}} = (L+B)^{-1} \underline{1} \tag{5-1}$$

$$P = \mathrm{diag}(p_i) = \mathrm{diag}\left(\frac{1}{q_i}\right), \quad i = 1, 2, \cdots, n \tag{5-2}$$

其中 $\underline{1}$ 为全 1 列向量,则矩阵 $P > 0$,且对称矩阵 Q 是正定的:

$$Q = P(L+B) + (L+B)^{\mathrm{T}} P \tag{5-3}$$

5.1.1 多无人机分布式跟踪控制

考虑 n 架无人机组成的编队,其运动学与动力学模型由式(2-20)及式(2-21)给

出，假定各无人机的质量、惯性矩阵以及外部扰动均为未知的。且有如下假设。

假设 5.1　无人机 i 的质量 m_i 为未知且有界的，即 $\|m_i\| \leqslant \gamma_{mi}$，其中 γ_{mi} 为未知非负常数。

假设 5.2　无人机 i 的惯性矩阵 J_i 为未知且有界的，即 $\|J_i\| \leqslant \gamma_{Ji}$，其中 γ_{Ji} 为未知非负常数。

假设 5.3　无人机 i 所受的未知外部扰动力及扰动力矩皆为有界的，即 $\|d_{fi}\| \leqslant \gamma_{1i}$，$\|d_{\tau i}\| \leqslant \gamma_{2i}$，其中 γ_{1i}，γ_{2i} 均为未知非负常数。

故无人机 i 的误差动力学模型为

$$
\begin{cases}
\dot{\tilde{p}}_i = \tilde{v}_i \\
\dot{\tilde{v}}_i = g\hat{e}_3 - \dfrac{\mathcal{T}_i}{m_i} R(Q_i)^{\mathrm{T}} \hat{e}_3 + \dfrac{d_{fi}}{m_i} - \dot{v}_d
\end{cases}
\tag{5-4}
$$

$$
\begin{cases}
\dot{\tilde{q}}_i = \dfrac{1}{2}(S(\tilde{q}_i) + \tilde{\eta}_i I_3)\tilde{\omega}_i \\
\dot{\tilde{\eta}}_i = -\dfrac{1}{2}\tilde{q}_i^{\mathrm{T}} \tilde{\omega}_i \\
J_i \dot{\tilde{\omega}}_i = \tau_i - S(\omega_i)J_i\omega_i + d_{\tau i} + J_i(S(\tilde{\omega}_i)R(\tilde{Q}_i)\omega_d - R(\tilde{Q}_i)\dot{\omega}_d)
\end{cases}
\tag{5-5}
$$

式中，$i \in \mathcal{N}$，其余变量同第 4 章所述。

本章所面临的同步跟踪控制问题描述如下：为无人机编队中的所有无人机分别设计控制协议，使无人机可以同步到虚拟领航者的状态，即 $\xi_i \to \xi^d, \forall i \in \mathcal{N}$，其中 $\xi_i = [p_i, v_i, q_i, \omega_i]^{\mathrm{T}}$。同时假设虚拟领航者的动力学对编队中任意一架无人机都是未知的，进一步假设编队中每架无人机的动力学模型（主要为惯性矩阵与质量）和扰动项都是未知的。因此，所设计的同步协议必须对未建模的动力学和未知干扰具有鲁棒性。

5.1.2　跟踪误差动力学

定义无人机 i 的局部邻域状态误差（local neighborhood state errors）为

$$
E_i = \begin{bmatrix} e_{pi} \\ e_{vi} \\ e_{qi} \\ e_{\omega i} \end{bmatrix} = \begin{bmatrix} \displaystyle\sum_{j=1}^{n} a_{ij}(\tilde{p}_i - \tilde{p}_j) + b_i \tilde{p}_i \\ \displaystyle\sum_{j=1}^{n} a_{ij}(\tilde{v}_i - \tilde{v}_j) + b_i \tilde{v}_i \\ \displaystyle\sum_{j=1}^{n} a_{ij}(\tilde{q}_i - \tilde{q}_j) + b_i \tilde{q}_i \\ \displaystyle\sum_{j=1}^{n} a_{ij}(\tilde{\omega}_i - \tilde{\omega}_j) + b_i \tilde{\omega}_i \end{bmatrix}
\tag{5-6}
$$

其中，a_{ij} 为加权邻接矩阵 $A_n \in \mathbf{R}^{n \times n}$ 的第 (i,j) 项，牵制增益 $b_i \geq 0$，且至少存在一架无人机与虚拟无人机有通信，$[\tilde{p}_i, \tilde{v}_i, \tilde{q}_i, \tilde{\omega}_i]$ 为无人机 i 的状态跟踪误差，$\tilde{q}_i$ 为姿态跟踪误差 $\tilde{Q}_i$ 的向量部分。

注意到式(5-6)代表了无人机 i 可获得的状态信息，该信息可用于控制器的设计。将上述局部邻域状态误差写为矩阵形式，有

$$E = \begin{bmatrix} e_p \\ e_v \\ e_q \\ e_\omega \end{bmatrix} = \begin{bmatrix} [(L+B) \otimes I_3] \tilde{p} \\ [(L+B) \otimes I_3] \tilde{v} \\ [(L+B) \otimes I_3] \tilde{q} \\ [(L+B) \otimes I_3] \tilde{\omega} \end{bmatrix} \tag{5-7}$$

其中，$B = \mathrm{diag}[b_1, \cdots, b_n]$ 为关于牵制增益的对角矩阵，且 $\tilde{k} = [\tilde{k}_1^\mathrm{T}, \cdots, \tilde{k}_n^\mathrm{T}]^\mathrm{T}, k = p, v, q, \omega$。

注意到式(5-7)中 $\tilde{p}, \tilde{v}, \tilde{q}, \tilde{\omega}$ 为全局向量，不能在每架无人机上进行局部计算。因此，它们适用于分析，但不适用于使用 Lyapunov 技术的分布式控制器设计。

引理 5.2[131]　考虑图 G 是强连通的且 $B \neq 0$，则有

$$\|\tilde{k}\| \leq \frac{\|e_k\|}{\underline{\sigma}[(L+B) \otimes I_3]}, \quad k = p, v, q, \omega \tag{5-8}$$

其中，$\underline{\sigma}[(L+B) \otimes I_3]$ 为 $[(L+B) \otimes I_3]$ 的最小奇异值。当且仅当无人机达到同步时，一致性误差 $E = 0$。

上述引理表明如果无人机的一致性误差 E 较小，那么无人机的状态跟踪误差 $[\tilde{p}_i, \tilde{v}_i, \tilde{q}_i, \tilde{\omega}_i]$ 也较小，即无人机可以同步。因此，接下来的工作将把重点放在使一致性误差 E 变小。

定义滑模误差

$$s_p = \Lambda_p e_p + e_v, \qquad s_q = \Lambda_q e_q + e_\omega \tag{5-9}$$

其中，$s_k = [s_{k1}^\mathrm{T}, s_{k2}^\mathrm{T}, \cdots, s_{kn}^\mathrm{T}]^\mathrm{T}, \Lambda_k = \lambda_k \otimes I_3, \lambda_k = \mathrm{diag}(\lambda_{ki}), k = p, q$，且 λ_{ki} 为正常数。则无人机 i 的平移和旋转滑模误差分别为

$$s_{pi} = \lambda_{pi} e_{pi} + e_{vi}$$
$$= \sum_{j=1}^n a_{ij}[(\lambda_{pi}\tilde{p}_i + \tilde{v}_i) - (\lambda_{pi}\tilde{p}_j + \tilde{v}_j)] + b_i(\lambda_{pi}\tilde{p}_i + \tilde{v}_i) \tag{5-10}$$

$$s_{qi} = \lambda_{qi} e_{qi} + e_{\omega i}$$
$$= \sum_{j=1}^n a_{ij}[(\lambda_{qi}\tilde{q}_i + \tilde{\omega}_i) - (\lambda_{qi}\tilde{q}_j + \tilde{\omega}_j)] + b_i(\lambda_{qi}\tilde{q}_i + \tilde{\omega}_i) \tag{5-11}$$

故直接可得如下引理。

引理 5.3[131]　无人机的速度误差及角速度误差是有界的：

$$\|e_v\| \leqslant \|s_p\| + \bar{\sigma}(\Lambda_p)\|e_p\|$$
$$\|e_\omega\| \leqslant \|s_q\| + \bar{\sigma}(\Lambda_q)\|e_q\| \tag{5-12}$$

由于

$$\dot{e}_{vi} = (d_i + b_i)\dot{v}_i - \sum_{j=1}^{n} a_{ij}\dot{v}_j - b_i\dot{v}_d \tag{5-13}$$

$$\dot{e}_{\omega i} = (d_i + b_i)\dot{\tilde{\omega}}_i - \sum_{j=1}^{n} a_{ij}\dot{\tilde{\omega}}_j \tag{5-14}$$

故对于无人机 i 来说，其误差动力学可表示为

$$m_i\dot{s}_{pi} = m_i\lambda_{pi}\dot{e}_{pi} + m_i\dot{e}_{vi} = f_{pi} - (d_i + b_i)u_{pi} \tag{5-15}$$

$$J_i\dot{s}_{qi} = J_i\lambda_{qi}\dot{e}_{qi} + J_i\dot{e}_{\omega i} = f_{qi} + (d_i + b_i)\tau_i \tag{5-16}$$

其中

$$f_{pi}(x_{pi}) = m_i\lambda_{pi}e_{vi} - m_i\left(\sum_{j=1}^{n} a_{ij}\dot{v}_j + b_i\dot{v}_d\right) + (d_i + b_i)(m_i g\hat{e}_3 + d_{fi}) \tag{5-17}$$

$$u_{pi} = \mathcal{T}_i R(Q_i)^{\mathrm{T}}\hat{e}_3 \tag{5-18}$$

$$f_{qi}(x_{qi}) = J_i\lambda_{qi}\dot{e}_{qi} - J_i\sum_{j=1}^{n} a_{ij}\dot{\tilde{\omega}}_j$$
$$+ (d_i + b_i)(-S(\omega_i)J_i\omega_i + d_{\tau i} + J_i(S(\tilde{\omega}_i)R(\tilde{Q}_i)\omega_d - R(\tilde{Q}_i)\dot{\omega}_d)) \tag{5-19}$$

且 $f_{pi}(x_{pi}), f_{qi}(x_{qi})$ 分别为第 i 架无人机平移和旋转子系统中的未建模动力学，$x_{pi} = [p_i^{\mathrm{T}}, v_i^{\mathrm{T}}, p_j^{\mathrm{T}}, v_j^{\mathrm{T}}, \dot{v}_j^{\mathrm{T}}, b_i p_d^{\mathrm{T}}, b_i v_d^{\mathrm{T}}, b_i \dot{v}_d^{\mathrm{T}}]^{\mathrm{T}}$，$x_{qi} = [q_i^{\mathrm{T}}, \omega_i^{\mathrm{T}}, q_j^{\mathrm{T}}, \omega_j^{\mathrm{T}}, \dot{\omega}_j^{\mathrm{T}}, b_i q_d^{\mathrm{T}}, b_i \omega_d^{\mathrm{T}}, b_i \dot{\omega}_d^{\mathrm{T}}]^{\mathrm{T}}$，$j \in N_i$（$N_i$ 为通信拓扑图中与无人机 i 相邻的无人机集合）。

由于每架无人机中 f_{pi}, f_{qi} 未知，故可利用 RBF 神经网络来逼近未知动力学及扰动，提出了一种适用于分布式协同控制协议的神经网络结构。

5.2 分布式自适应控制器

5.2.1 控制结构

本章假定编队中无人机只能接收相邻无人机的状态信息，且只有部分无人机可以接收到虚拟领航者的状态信息。

首先定义依赖于有向图中局部信息（即相邻无人机）的局部状态一致性误差，并

引入一个滑动误差变量，为多无人机系统的自适应控制设计奠定了背景。然后利用各无人机上的神经网络结构来逼近未知非线性和外部扰动，提出了一种适用于分布式协同控制协议的神经网络结构，这些协同控制协议依赖于某些未知参数，且这些参数的更新只依赖于每架无人机的本地可用信息。控制算法框图如图 5.1 所示。

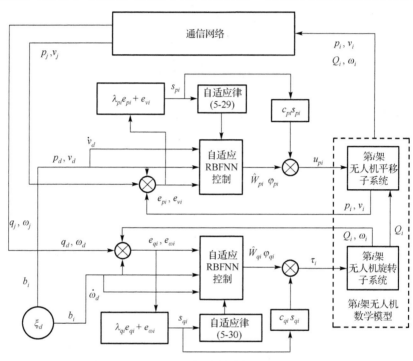

图 5.1　控制算法框图

5.2.2　非线性项估计

为了补偿未知非线性，每架无人机将维护两个局部神经网络，分别对其平移及旋转子系统的未知动力学及扰动进行估计。其思想是利用无人机 i 的邻居状态信息来对非线性函数进行估计及评估当前控制协议的性能。由于 RBF 神经网络由输入到输出的映射是非线性的，而隐含层空间到输出层空间的映射是线性的，并且 RBF 神经网络是局部逼近的神经网络，因而采用 RBF 神经网络可以大大加快学习速率并且避免局部极小问题，适合实时控制的要求。采用 RBF 神经网络可有效提高系统的精度、鲁棒性和自适应性[132]。图 5.2 给出了 RBF 神经网络的结构。

一个连续非线性函数 $h(z): \mathbf{R}^m \to \mathbf{R}^m$ 可以通过 RBF 神经网络估计如下：

$$h(z) = W^{*\mathrm{T}} \varphi(z) + \varepsilon \tag{5-20}$$

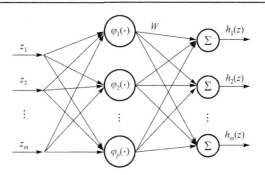

图 5.2　RBF 神经网络结构

其中，$z \in \Omega \subset \mathbf{R}^m$ 为神经网络输入向量；$W^* \in \mathbf{R}^{p \times m}$ 为神经网络的理想权矩阵，p 为神经网络中神经元的数目；$\varepsilon \in \mathbf{R}^m$ 为神经网络估计误差，满足 $|\varepsilon| < \varepsilon_N$；$\varphi(z) = [\varphi_1(z), \varphi_2(z), \cdots, \varphi_p(z)]^{\mathrm{T}}$ 为激活函数，且

$$\varphi_j(z) = \exp\left[\frac{-\|z - \mu_j\|^2}{\sigma_j^2}\right], \quad j = 1, \cdots, p \tag{5-21}$$

其中，$\mu_j = [\mu_{j1}, \mu_{j2}, \cdots, \mu_{jm}]^{\mathrm{T}}$ 为第 j 个神经元的中心矢量；σ_j 为 Gaussian 函数的宽度。

值得强调的是，理想权矩阵 W^* 只是用于分析目的所需的量，在实际应用中，它的估计值 $\hat{W}$ 用于实际函数逼近。因此，函数 $h(z): \mathbf{R}^m \to \mathbf{R}^m$ 的估计值表示为

$$\hat{h}(z) = \hat{W}^{\mathrm{T}} \varphi(z) \tag{5-22}$$

其中，$\hat{W}$ 将通过设计的自适应更新律进行在线更新。

无人机 i 中平移和旋转子系统的非线性项估计值为

$$\hat{f}_{pi}(x_{pi}) = \hat{W}_{pi}^{\mathrm{T}} \varphi_{pi}(x_{pi}) \tag{5-23}$$

$$\hat{f}_{qi}(x_{qi}) = \hat{W}_{qi}^{\mathrm{T}} \varphi_{qi}(x_{qi}) \tag{5-24}$$

其中，$i \in \mathscr{N}$；$x_{pi} = [e_{pi}, e_{vi}]^{\mathrm{T}}$，$x_{qi} = [e_{qi}, e_{\omega i}]^{\mathrm{T}}$ 为 RBF 神经网络的输入；$\hat{W}_{pi} \in \mathbf{R}^{\eta_{pi} \times m}, \hat{W}_{qi} \in \mathbf{R}^{\eta_{qi} \times m}$ 为神经网络权矩阵的估计值；η_{pi}, η_{qi} 分别为无人机 i 中关于平移和旋转神经网络神经元的数目；m 为变量的维数。矩阵形式为

$$\hat{f}_k(x_k) = \hat{W}_k^{\mathrm{T}} \varphi_k(x_k) = \begin{bmatrix} \hat{W}_{k1}^{\mathrm{T}} & & & \\ & \hat{W}_{k2}^{\mathrm{T}} & & \\ & & \ddots & \\ & & & \hat{W}_{kn}^{\mathrm{T}} \end{bmatrix} \begin{bmatrix} \varphi_{k1}(x_{k1}) \\ \varphi_{k2}(x_{k2}) \\ \vdots \\ \varphi_{kn}(x_{kn}) \end{bmatrix}, \quad k = p, q \tag{5-25}$$

定义未知函数逼近误差为

$$\tilde{f}_k(x_k) = f_k(x_k) - \hat{f}_k(x_k) = \tilde{W}_k^{\mathrm{T}} \varphi_k(x_k) + \varepsilon_k, \quad k = p, q \qquad (5\text{-}26)$$

其中，$\tilde{W}_k = \mathrm{diag}(W_1^* - \hat{W}_1, W_2^* - \hat{W}_2, \cdots, W_n^* - \hat{W}_n)^{\mathrm{T}}$ 为权重估计误差。

5.2.3　控制器设计

在给出控制律之前，本章首先对 RBF 神经网络做出如下假设。

假设 5.4　未知理想权矩阵 W_{ki}^* 是有界的，且 $\left\| W_{ki}^* \right\|_F \leqslant W_{kMi}$，$k = p, q, \forall i$。

假设 5.5　激活函数 $\varphi_i(x_{ki})$，$i \in \mathscr{N}$ 是有界的，因此对于所有的 RBF 神经网络来说 $\left\| \varphi_k(x_k) \right\| \leqslant \phi_{kM}$，$k = p, q$。

假设 5.6　近似误差 ε_k 是有界的，且有 $\left\| \varepsilon_k \right\| \leqslant \varepsilon_{kM}$，$k = p, q$。

分别设计无人机 i 的平移及旋转子系统的控制律为

$$u_{pi} = \frac{1}{d_i + b_i}(c_{pi} s_{pi} + \hat{f}_{pi}(x_{pi})) \qquad (5\text{-}27)$$

$$\tau_i = \frac{1}{d_i + b_i}(-c_{qi} s_{qi} - \hat{f}_{qi}(x_{qi})) \qquad (5\text{-}28)$$

其中，控制增益 $c_{pi} > 0$，$c_{qi} > 0$ 均为对角矩阵；s_{pi}, s_{qi} 由式 (5-9) 定义。选择 RBF 神经网络的更新律为

$$\dot{\hat{W}}_{pi} = F_{pi} \varphi_{pi}(x_{pi}) s_{pi}^{\mathrm{T}} - \kappa_{pi} \left\| s_{pi} \right\| F_{pi} \hat{W}_{pi} \qquad (5\text{-}29)$$

$$\dot{\hat{W}}_{qi} = F_{qi} \varphi_{qi}(x_{qi}) s_{qi}^{\mathrm{T}} - \kappa_{qi} \left\| s_{qi} \right\| F_{qi} \hat{W}_{qi} \qquad (5\text{-}30)$$

其中，$0 < F_{pi} \in \mathbf{R}^{\eta_{pi} \times \eta_{pi}}$，$0 < F_{qi} \in \mathbf{R}^{\eta_{qi} \times \eta_{qi}}$，$\kappa_{pi} > 0$，$\kappa_{qi} > 0$。

5.2.4　稳定性分析

使用文献[131]提出的 Lyapunov 分析方法来对上述控制器的稳定性进行分析。由于无人机控制律和 RBF 神经网络权值更新律是分布式的，存在一些复杂性，需要仔细选择 Lyapunov 函数。

令 $\bar{\sigma}(M), \underline{\sigma}(M)$ 分别表示矩阵 M 的最大奇异值和最小奇异值，Frobenius 范数定义为 $\left\| M \right\|_F = \sqrt{\mathrm{tr}\{M^{\mathrm{T}} M\}}$，其中 $\mathrm{tr}\{\cdot\}$ 为矩阵的迹。两个矩阵的 Frobenius 内积表示为 $\langle M_1, M_2 \rangle_F = \sqrt{\mathrm{tr}\{M_1^{\mathrm{T}} M_2\}}$。

引理 5.4[131]　对于时间向量函数 $y(t)$，如果存在紧集 $\Omega \in \mathbf{R}^n$，使得对任意的 $y(t_0) \in \Omega$ 都存在界 B_m 和时间 $t_f(B_m, y(t_0))$，使得 $\left\| x(t) - y(t) \right\| \leqslant B_m, \forall t = t_0 + t_f$，则称 $y(t)$ 是一致最终有界（uniformly ultimately bounded，UUB）的。

定理 5.1　考虑由 n 架无人机组成的无人机编队，满足假设 5.1～5.3，其误差动

力学及运动学模型由式(5-4)及式(5-5)给出，无人机间的通信拓扑是强连通的，为每架无人机分别定义两个 RBF 神经网络，分别用来估计无人机平移和旋转子系统中的非线性部分及外部干扰，每架无人机的控制律由式(5-27)及式(5-28)给出，每个 RBF 神经网络的权值更新律由式(5-29)及式(5-30)给出，则对于任意初始状态的无人机，都存在神经元数量 $\bar{\eta}_i, i \in \mathcal{N}$ 使得对于 $\eta_i > \bar{\eta}_i, i \in \mathcal{N}$，所有的滑模误差变量 s_p, s_q，一致性误差变量 e_p, e_v, e_q, e_ω 以及 RBF 神经网络权值估计误差 $\tilde{W}_p, \tilde{W}_q$ 都是 UUB 的。

证明：无人机可以分为平移与旋转两个子系统，故考虑如下候选 Lyapunov 函数：

$$V = V_1 + V_2 \tag{5-31}$$

式中

$$V_1 = \frac{1}{2} s_p^{\mathrm{T}} m s_p + \frac{1}{2} \tilde{W}_p^{\mathrm{T}} F_p^{-1} \tilde{W}_p \tag{5-32}$$

$$V_2 = \frac{1}{2} s_q^{\mathrm{T}} J s_q + \frac{1}{2} \tilde{W}_q^{\mathrm{T}} F_q^{-1} \tilde{W}_q \tag{5-33}$$

其中，$P = P^{\mathrm{T}} > 0$，$F_p^{-1} = F_p^{-\mathrm{T}} > 0, F_q^{-1} = F_q^{-\mathrm{T}} > 0$。

先考虑平移子系统，对 V_1 求导，有

$$\dot{V}_1 = s_p^{\mathrm{T}} m \dot{s}_p + \mathrm{tr}\{\tilde{W}_p^{\mathrm{T}} F_p^{-1} \dot{\tilde{W}}_p\} \tag{5-34}$$

将式(5-15)、式(5-17)及式(5-18)代入式(5-34)，有

$$
\begin{aligned}
\dot{V}_1 &= s_p^{\mathrm{T}}(f_p(x_p) - (D+B)u_p) + \mathrm{tr}\{\tilde{W}_p^{\mathrm{T}} F_p^{-1} \dot{\tilde{W}}_p\} \\
&= s_p^{\mathrm{T}}(\tilde{f}_p(x_p) - c_p s_p) + \mathrm{tr}\{\tilde{W}_p^{\mathrm{T}} F_p^{-1} \dot{\tilde{W}}_p\} \\
&= -s_p^{\mathrm{T}} c_p s_p + s_p^{\mathrm{T}} \tilde{W}_p \varphi_p(x_p) + s_p^{\mathrm{T}} \varepsilon_p + \mathrm{tr}\{\tilde{W}_p^{\mathrm{T}} F_p^{-1} \dot{\tilde{W}}_p\} \\
&= -s_p^{\mathrm{T}} c_p s_p + \mathrm{tr}\{\tilde{W}_p^{\mathrm{T}}(F_p^{-1} \dot{\tilde{W}}_p + \varphi_p(x_p) s_p^{\mathrm{T}})\} + s_p^{\mathrm{T}} \varepsilon_p
\end{aligned} \tag{5-35}
$$

将神经网络权值调整律(5-29)代入式(5-35)，可得

$$\dot{V}_1 = -\sum_{i=1}^n s_{pi}^{\mathrm{T}} c_{pi} s_{pi} + \sum_{i=1}^n \kappa_{pi} \|s_{pi}\| \mathrm{tr}\{\tilde{W}_{pi}^{\mathrm{T}}(W_{pi} - \tilde{W}_{pi})\} + s_p^{\mathrm{T}} \varepsilon_p \tag{5-36}$$

由于

$$\mathrm{tr}\{\tilde{W}_{pi}^{\mathrm{T}}(W_{pi} - \tilde{W}_{pi})\} = \langle \tilde{W}_{pi}, W_{pi} \rangle_F - \|\tilde{W}_{pi}\|_F^2 \leqslant \|\tilde{W}_{pi}\|_F \|W_{pi}\|_F - \|\tilde{W}_{pi}\|_F^2$$

故有

$$\dot{V}_1 \leqslant -\sum_{i=1}^{n} \sigma(c_{pi}) \|s_{pi}\|^2 + \sum_{i=1}^{n} \kappa_{pi} \|s_{pi}\| \left(\|\tilde{W}_{pi}\|_F \|W_{pi}\|_F - \|\tilde{W}_{pi}\|_F^2 \right) + \sum_{i=1}^{n} \varepsilon_{pMi} \|s_{pi}\|$$

$$\leqslant -\sum_{i=1}^{n} \|s_{pi}\| \left\{ \sigma(c_{pi}) \|s_{pi}\| + \kappa_{pi} \|\tilde{W}_{pi}\|_F \left(\|\tilde{W}_{pi}\|_F - W_{pMi} \right) - \varepsilon_{pMi} \right\} \tag{5-37}$$

$$\leqslant -\sum_{i=1}^{n} \|s_{pi}\| \left\{ \sigma(c_{pi}) \|s_{pi}\| + \kappa_{pi} \left(\|\tilde{W}_{pi}\|_F - \frac{W_{pMi}}{2} \right)^2 - \kappa_{pi} \frac{W_{pMi}^2}{4} - \varepsilon_{pMi} \right\}$$

当

$$\|s_{pi}\| > \frac{\kappa_{pi} W_{pMi}^2 / 4 + \varepsilon_{pMi}}{\underline{\sigma}(c_{pi})} \tag{5-38}$$

或

$$\|\tilde{W}_{pi}\|_F > \frac{W_{pMi}}{2} + \sqrt{\frac{W_{pMi}^2}{4} + \frac{\varepsilon_{pMi}}{\kappa_{pi}}} \tag{5-39}$$

时，有 $\dot{V}_1 \leqslant 0$。

根据 Lyapunov 稳定性定理可知，$\dot{V}_1 \leqslant 0$ 意味着滑模跟踪误差 s_{pi} 和 RBF 神经网络权值估计误差 $\tilde{W}_{pi}$ 是 UUB 的。

接下来要证明局部邻域误差 e_{pi}，e_{vi} 是 UUB 的。根据式 (5-9) 的定义，选取如下候选 Lyapunov 函数 $V_0 = e_p^{\mathrm{T}} e_p / 2$，对其求导，有

$$\dot{V}_0 = -e_p^{\mathrm{T}} \Lambda_p e_p + e_p^{\mathrm{T}} s_p \leqslant -\underline{\sigma}(\Lambda_p) \|e_p\|^2 + \|e_p\| \|s_p\|$$

$$\leqslant -\underline{\sigma}(\Lambda_p) \|e_p\|^2 + \|e_p\| \sum_{i=1}^{n} \|s_{pi}\| \tag{5-40}$$

当

$$\|e_p\| > \frac{1}{\underline{\sigma}(\Lambda_p)} \sum_{i=1}^{n} \|s_{pi}\| \tag{5-41}$$

或

$$\|e_p\| \geqslant \frac{1}{\underline{\sigma}(\Lambda_p)} \sum_{i=1}^{n} \|s_{pi}\| + \nu \equiv \delta \tag{5-42}$$

时 $\dot{V}_0$ 为负数，其中 $\nu > 0$ 为常数。

由引理 5.3 可知 $\|e_v\|$ 也是有界的。故可知 $\|e_p\|$，$\|e_v\|$ 是 UUB 的。再由引理 5.2 可知 $\|\tilde{p}\|$，$\|\tilde{v}\|$ 是协同 UUB 的，即每架无人机的位置和速度跟踪误差是一致最终有界的。根据 s_{pi} 和 $\tilde{W}_{pi}$ 的有界性可知分布式自适应控制输入 (5-27) 是有界的。此外根据位置

及速度信号的有界性、外部扰动的有界性、控制输入的有界性可知每架无人机的加速度信号也是有界的。

同理，考虑无人机的旋转子系统，其稳定性证明与上述证明类似。

$$\dot{V}_2 = -\sum_{i=1}^{n} s_{qi}^{\mathrm{T}} c_{qi} s_{qi} + \sum_{i=1}^{n} \kappa_{qi} \left\| s_{qi} \right\| \mathrm{tr}\{\tilde{W}_{qi}^{\mathrm{T}}(W_{qi} - \tilde{W}_{qi})\} + s_q^{\mathrm{T}} \varepsilon_q$$

$$\leqslant -\sum_{i=1}^{n} \left\| s_{qi} \right\| \{\sigma(c_{qi}) \left\| s_{qi} \right\| + \kappa_{qi} \left\| \tilde{W}_{qi} \right\|_F (\left\| \tilde{W}_{qi} \right\|_F - W_{qMi}) - \varepsilon_{qMi}\} \tag{5-43}$$

$$\leqslant -\sum_{i=1}^{n} \left\| s_{qi} \right\| \left\{ \sigma(c_{qi}) \left\| s_{qi} \right\| + \kappa_{qi} \left(\left\| \tilde{W}_{qi} \right\|_F - \frac{W_{qMi}}{2} \right)^2 - \kappa_{qi} \frac{W_{qMi}^2}{4} - \varepsilon_{qMi} \right\}$$

当

$$\left\| s_{qi} \right\| > \frac{\kappa_{qi} W_{qMi}^2 / 4 + \varepsilon_{qMi}}{\underline{\sigma}(c_{qi})} \tag{5-44}$$

或

$$\left\| \tilde{W}_{qi} \right\|_F > \frac{W_{qMi}}{2} + \sqrt{\frac{W_{qMi}^2}{4} + \frac{\varepsilon_{qMi}}{\kappa_{qi}}} \tag{5-45}$$

时，有 $\dot{V}_2 \leqslant 0$ 。

根据 Lyapunov 稳定性定理可知，$\dot{V}_2 \leqslant 0$ 意味着滑模跟踪误差 s_{qi} 和 RBF 神经网络权值估计误差 $\tilde{W}_{qi}$ 是 UUB 的。同理，$\left\| e_q \right\|$ 是有界的，由引理 5.3 可知 $\left\| e_\omega \right\|$ 也是有界的，故可知 $\left\| e_q \right\|, \left\| e_\omega \right\|$ 是 UUB 的。再由引理 5.2 可知 $\left\| \tilde{q} \right\|, \left\| \tilde{\omega} \right\|$ 是协同 UUB 的，即每架无人机的姿态和角速度跟踪误差是一致最终有界的。

综上可得，对于任意初始状态的无人机，都存在神经元数量 $\bar{\eta}_i, i \in \mathcal{N}$ 使得对于 $\eta_i > \bar{\eta}_i, i \in \mathcal{N}$ ，所有的滑模误差变量 s_p, s_q ，一致性误差变量 e_p, e_v, e_q, e_ω 以及 RBF 时间网络权值估计误差 $\tilde{W}_p, \tilde{W}_q$ 都是 UUB 的。　　　　　　□

5.3　仿真结果

本节给出 6 架无人机在上述分布式 RBF 神经网络自适应控制律作用下实现编队机动的仿真实例，验证了所提出的控制律的性能和稳定性特征。考虑 6 架无人机为同类型的无人机，各无人机的参数选为：无人机的质量 $m_i = 3\mathrm{kg}$ ，惯性矩阵 $J_i = \mathrm{diag}[0.13, 0.13, 0.04]$ ，重力加速度 $g = 9.81\mathrm{m/s}^2$ 。各无人机间的通信拓扑结构为强连通的，如图 5.3 所示。

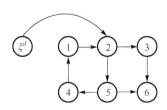

图 5.3　无人机通信拓扑结构

任意初始化各无人机的状态为

$$p(0) = [[6,1,2],[2,-3,5],[4,2,7],[0,-4,3],[3,2,-3],[-4,1,3]]^T$$

$$v(0) = [[0.3,0.5,0.4],[-0.6,0.3,-0.4],[0.2,-0.6,0.4],[0.3,-0.3,0.5],[0.5,-0.3,0.2],$$
$$[0.6,0.3,0.4]]^T$$

$$Q(0) = [[0,0,0,1],[0,\sin(-pi/4),\cos(-pi/4),0],[0,\sin(pi/3),\cos(pi/3),0]$$
$$[0,\sin(pi/4),\cos(pi/4),0],[0,0,0,1],[0,0,0,1]]^T$$

$$\omega(0) = \text{zeros}(12,1)$$

目标编队模式是一个平行于地面的正方形，通过向量 $\delta_{ij} = \delta_i - \delta_j$ 进行定义，其中

$$\delta_1 = \begin{pmatrix}2\\0\\0\end{pmatrix}, \delta_2 = \begin{pmatrix}1\\\sqrt{3}\\0\end{pmatrix}, \delta_3 = \begin{pmatrix}-1\\\sqrt{3}\\0\end{pmatrix}, \delta_4 = \begin{pmatrix}-2\\0\\0\end{pmatrix}, \delta_5 = \begin{pmatrix}-1\\-\sqrt{3}\\0\end{pmatrix}, \delta_6 = \begin{pmatrix}1\\-\sqrt{3}\\0\end{pmatrix}$$

虚拟领航者的状态（即无人机编队的目标状态）如下：

$$p_d = [\cos t, \sin t, 0.5t]^T \text{ m}$$
$$v_d = [-\sin t, \cos t, 0.5]^T \text{ m/s}$$
$$Q_d = [0,0,0,1]^T$$
$$\omega_d = 0.05[\sin(\pi t/100), \sin(2\pi t/100), \sin(3\pi t/100)]^T \text{ rad/s}$$

仿真中假定无人机所受的外部扰动力及力矩分别为

$$d_f = [0.2\sin t, 0.3\sin t, \cos t]^T \text{ N}$$
$$d_\tau = [0.1\sin(t), 0.2\sin(1.2t), 0.3\sin(1.5t)]^T \text{ N·m}$$

各无人机所需的控制参数由表 5.1 给出。

表 5.1　控制增益

参数	取值	参数	取值
λ_{pi}	1	λ_{qi}	1
c_{pi}	20	c_{qi}	100
F_{pi}	10	F_{qi}	50
κ_{pi}	0.01	κ_{qi}	0.02

定义各无人机平移与旋转子系统中 RBF 神经网络神经元的数目分别为 $\eta_{pi} = \eta_{qi} = 10, i \in \mathcal{N}$；平移子系统 RBF 神经网络的输入为 $x_{pi} = [e_{pi}, e_{vi}]^T$；旋转子系统

RBF 神经网络的输入为 $x_{qi} = [e_{qi}, e_{\omega i}]^T$；初始化各神经网络权值均为零矩阵，即 $\hat{W}_{pi} = \hat{W}_{qi} = \text{zeros}(2,10), i \in \mathcal{N}$。

图 5.4 和图 5.5 分别为各无人机的位置与速度跟踪误差；图 5.6 和图 5.7 分别为各无人机的姿态与角速度跟踪误差，可以看出各无人机的状态跟踪误差均趋于 0，即各无人机可以跟踪其目标状态；图 5.8～图 5.10 为无人机 2、4、6 的平移子系统中未建模动力学的实际值与 RBF 神经网络估计值的范数，定义为 $\|f_{pi}\|, \|\hat{f}_{pi}\|$；图 5.11～图 5.13 分别为第 2、4、6 架无人机旋转子系统中未建模动力学的实际值与 RBF 神经网络估计值范数，定义为 $\|f_{qi}\|, \|\hat{f}_{qi}\|$，可以看出 RBF 神经网络的输出与无人机非线性项趋于一致，即可以通过 RBF 神经网络来估计无人机的非线性项；图 5.14～图 5.15 分别为每架无人机的推力与控制扭矩，可知当无人机在固定高度以期望编队沿圆形轨迹飞行时，其推力与控制扭矩趋于一致。

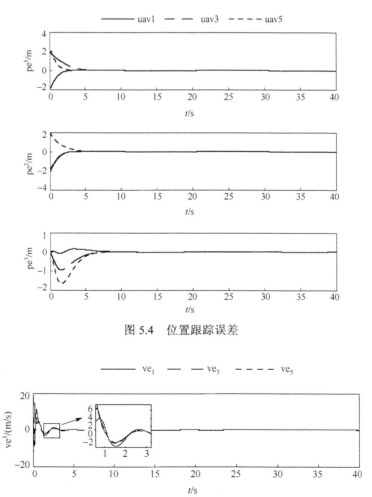

图 5.4　位置跟踪误差

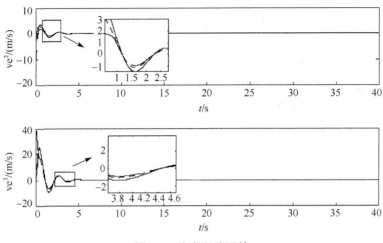

图 5.5　速度跟踪误差

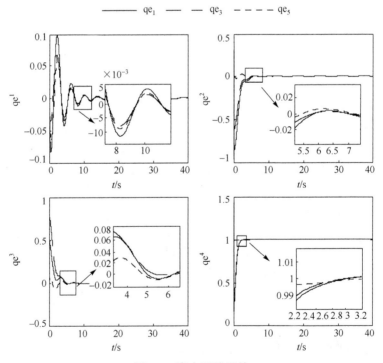

图 5.6　姿态跟踪误差

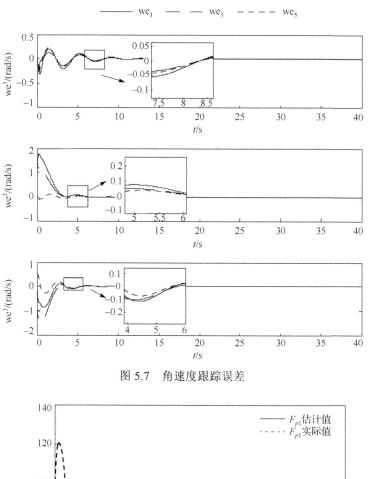

图 5.7　角速度跟踪误差

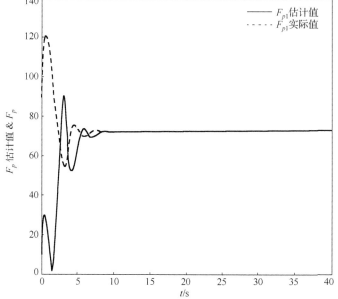

图 5.8　无人机 1 平移子系统中不确定项估计值

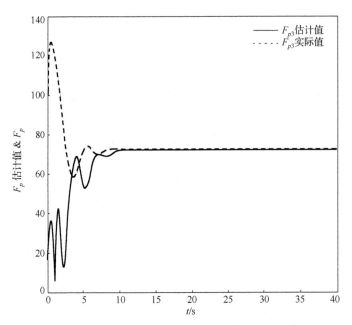

图 5.9　无人机 3 平移子系统中不确定项估计值

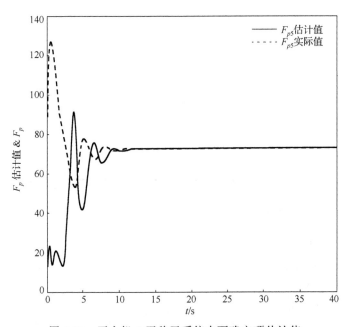

图 5.10　无人机 5 平移子系统中不确定项估计值

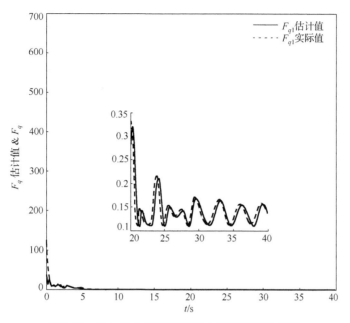

图 5.11　无人机 1 旋转子系统中不确定项估计值

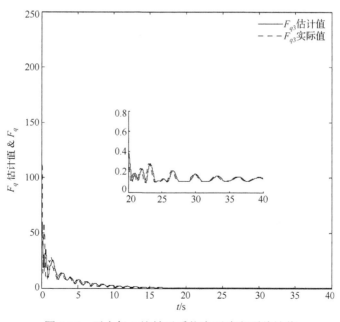

图 5.12　无人机 3 旋转子系统中不确定项估计值

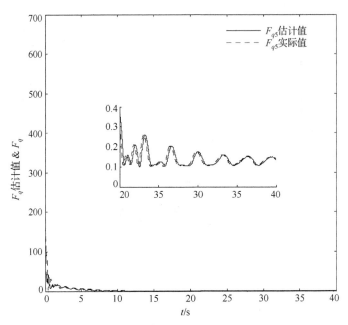

图 5.13　无人机 5 旋转子系统中不确定项估计值

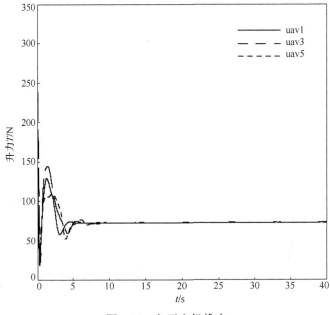

图 5.14　各无人机推力

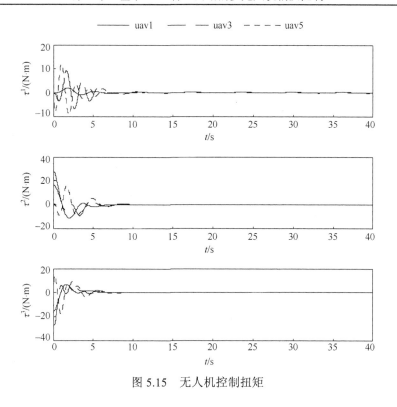

图 5.15　无人机控制扭矩

5.4　本 章 小 结

本章考虑具有质量及惯性不确定以及存在未知外部干扰情况下的多无人机系统，提出了一种分布式自适应 RBF 神经网络同步控制方法，以完成多无人机系统的编队机动。在滑模控制框架的基础上，定义一致性滑模误差，为每架无人机引入两个神经网络逼近器来分别估计平移和旋转子系统中的未知动力学和扰动。理论分析证明，采用基于相邻无人机之间协作误差交换的牵制控制，可以保证所有无人机同步到目标状态。仿真结果验证了该方法的跟踪性能。

第6章 基于自适应滑模的多无人机编队控制

针对具有不确定惯性参数和受外界扰动的多无人机编队跟踪控制问题，本章结合滑模变结构控制与自适应控制的优点，利用自适应控制设计了一种在线估计惯性参数的自适应律，并将其估计值用于协同姿态控制器的设计中，该姿态协同控制器保障了多无人机姿态子系统是全局渐近稳定的。利用滑模变结构控制为每架无人机设计了平移子系统的控制器以驱动各架无人机按照预期的编队模式进行飞行。

6.1 问 题 描 述

考虑如下具有不确定惯性参数和受外部扰动的多无人机运动模型：

$$(\Sigma_1^i): \begin{cases} \dot{Q}_i = \dfrac{1}{2}T(Q_i)\omega_i \\ J_i\dot{\omega}_i = \tau_i - S(\omega_i)J_i\omega_i - \displaystyle\sum_{j=1}^{n}k_{ij}(q_{ij}+\gamma(\omega_i-\omega_j)) + d_1 \end{cases} \tag{6-1}$$

$$(\Sigma_2^i): \begin{cases} \dot{p}_i = v_i \\ \dot{v}_i = g\hat{e}_3 - \dfrac{T_i}{m_i}R(Q_i)^{\mathrm{T}}\hat{e}_3 - \displaystyle\sum_{j=1}^{n}k_{ij}((p_i-p_j-\delta_{ij})+\gamma(v_i-v_j)) + d_2 \end{cases} \tag{6-2}$$

其中，Σ_1^i 表示第 i 架无人机的旋转子系统，Σ_2^i 表示第 i 架无人机的平移子系统；Q_i，ω_i，p_i 和 v_i 分别表示第 i 架无人机的姿态、角速度、位置和线速度信息；m_i 表示第 i 架无人机的质量；g 表示当地的重力加速度；J_i 表示第 i 架无人机的惯性矩阵参数；τ_i 和 T_i 分别表示第 i 架无人机的控制扭矩和总推力大小；$R(Q_i)$ 表示第 i 架无人机的旋转矩阵，d_1 和 d_2 分别表示两个子系统所受到的外部干扰，γ 是一个大于 0 的常数。

此外，参数 $\delta_{ij} \in \mathbf{R}^3$ 表示第 i 架无人机和第 j 架无人机之间期望的恒定偏移量（即编队模式），且满足 $\delta_{ij} = -\delta_{ji}$；$\displaystyle\sum_{j=1}^{n}k_{ij}(q_{ij}+\gamma(\omega_i-\omega_j))$ 和 $\displaystyle\sum_{j=1}^{n}k_{ij}((p_i-p_j-\delta_{ij})+\gamma(v_i-v_j))$ 分别表示了第 i 架无人机和第 j 架无人机之间的耦合项。

注：为了简明扼要，在后面将采用符号"Δ_1"与"Δ_2"分别代替上述耦合项；同时，在本章中均默认省略时间参数 t，例如，第 i 架无人机的速度 $v_i(t)$ 将简写为 v_i，其余参数类似。

6.2　多无人机跟踪误差动力学模型

在无人机姿态跟踪任务中，在机体坐标系 B 中与惯性坐标系 E 中的姿态是不同的。假定用单位四元数 $Q_d = [q_d, \eta_d]^T$ 表示期望姿态，w_d 表示期望角速度，而由惯性坐标系 E 到机体坐标系 B 的转换矩阵 $R(Q_i)$ 的计算方式如下：

$$R(Q_i) = (\eta_i^2 - q_i^T q_i)I_3 + 2q_i q_i^T - 2\eta_i S(q_i) \tag{6-3}$$

因此，可以得到姿态跟踪误差与角速度误差的关系如下：

$$\begin{cases} \tilde{Q}_i = Q_i^{-1} \odot Q_d \\ \tilde{w}_i = w_i - R(\tilde{Q}_i)w_d \end{cases} \tag{6-4}$$

将角速度误差方程两边同时乘以各架无人机的惯性矩阵参数 J_i，可得到

$$J_i \tilde{w}_i = J_i w_i - J_i R(\tilde{Q}_i)w_d \tag{6-5}$$

然后，将式 (6-5) 两边求关于时间 t 的导数，可得到多无人机的角速度误差动力学方程：

$$J_i \dot{\tilde{\omega}}_i = \tau_i - S(w_i)J_i w_i + J_i(S(\tilde{\omega}_i)R(\tilde{Q}_i)w_d - R(\tilde{Q}_i)\dot{w}_d) \tag{6-6}$$

其中，w_d 表示期望角速度，$\dot{w}_d$ 表示期望角加速度。

因此，多无人机的姿态误差动力学方程可以表示为如下形式：

$$\begin{cases} \dot{\tilde{Q}}_i = \dfrac{1}{2}T(\tilde{Q}_i)\tilde{\omega}_i \\ T(\tilde{Q}_i) = \begin{pmatrix} \tilde{\eta}_i I_3 + S(\tilde{q}_i) \\ -\tilde{q}_i^T \end{pmatrix} \\ J_i \dot{\tilde{\omega}}_i = \tau_i - S(w_i)J_i w_i + J_i(S(\tilde{\omega}_i)R(\tilde{Q}_i)w_d - R(\tilde{Q}_i)\dot{w}_d) \end{cases}$$

其中，$\tilde{Q}_i$ 表示第 i 架无人机的当前姿态与期望姿态之间的误差，$\tilde{\omega}_i$ 表示第 i 架无人机的当前角速度与期望角速度之间的误差。

类似的，p_{id} 和 v_{id} 分别表示第 i 架无人机的期望位置和期望速度信息。由此可得到各架无人机的位置误差与速度误差，并写为如下形式：

$$\begin{cases} \tilde{p}_i = p_i - p_{id} \\ \tilde{v}_i = v_i - v_{id} \end{cases} \tag{6-7}$$

其中，p_i 与 v_i 分别表示第 i 架无人机的实际位置与实际速度。

然后，将位置与速度误差方程 (6-7) 两边同时求关于时间 t 的导数，并将标称平移子系统模型代入其中，可得到各架无人机平移子系统的标称误差动力学方程为

$$\begin{cases} \dot{\tilde{p}}_i = \tilde{v}_i \\ \dot{\tilde{v}}_i = g\hat{e}_3 - \dfrac{\mathcal{T}_i}{m_i} R(Q_i)^{\mathrm{T}} \hat{e}_3 - \dot{v}_{id} \end{cases}$$

综上所述，可写出如下形式的多无人机的标称误差动力学方程组：

$$\begin{cases} \dot{\tilde{Q}}_i = \dfrac{1}{2} T(\tilde{Q}_i)\tilde{\omega}_i \\ T(\tilde{Q}_i) = \begin{pmatrix} \tilde{\eta}_i I_3 + S(\tilde{q}_i) \\ -\tilde{q}_i^{\mathrm{T}} \end{pmatrix} \\ J_i \dot{\tilde{\omega}}_i = \tau_i - S(w_i)J_i w_i + J_i (S(\tilde{\omega}_i)R(\tilde{Q}_i)w_d - R(\tilde{Q}_i)\dot{w}_d) \end{cases} \tag{6-8}$$

$$\begin{cases} \dot{\tilde{p}}_i = \tilde{v}_i \\ \dot{\tilde{v}}_i = g\hat{e}_3 - \dfrac{\mathcal{T}_i}{m_i} R(Q_i)^{\mathrm{T}} \hat{e}_3 - \dot{v}_{id} \end{cases} \tag{6-9}$$

此外，下面给出了用于姿态协同控制器设计的一些假设。在多无人机编队任务中，所有编队成员的期望角速度 w_d 满足下列假设。

假设 6.1　为了保证各架无人机的角速度 $\dot{w}_d$ 及其导数 $\dot{w}_d$，$\ddot{w}_d$ 均有界，假设期望姿态 q_d，η_d 以及它们的三阶导数均是有界的。

假设 6.2　在编队系统中，各架无人机的惯性矩阵参数 J_i 均是未知对称正定常数矩阵，扰动力矩矢量 d 是有界的，且满足如下关系式：

$$|d_{1i}| \leqslant D_1, \quad |d_{2i}| \leqslant D_2, \quad i = 1, 2, 3$$

其中，D_1 与 D_2 均为未知的正常数。

6.3　自适应滑模控制器

针对本章所描述的具有不确定惯性参数和受外部未知干扰力矩的多无人机编队控制问题，利用自适应滑模控制算法设计一种分布式的多无人机协同控制器，使得编队成员之间的状态信息趋近于一致（即当 $t \to \infty$ 时，实现 $\tilde{Q}_i \to 0$，$\tilde{p}_i \to 0$ 以及 $\tilde{v}_i \to 0$），最终实现多无人机按照预设编队模式沿期望轨迹飞行。

基于滑模变结构与自适应控制算法，本节设计了一种协同控制器，其总体的控制流程如图 6.1 所示。首先，各架无人机计算出相应的跟踪误差（包括姿态误差和角速度误差）并通过姿态误差动力学模型设计了各无人机的惯性参数自适应律 $\dot{\hat{\theta}}_i$，进而设计了多机姿态协同控制器，也就是控制扭矩。然后，根据各架无人机位置误差信息 $\tilde{p}_i$ 和线速度误差信息 $\tilde{v}_i$ 设计出相应的平移子系统滑模面 S_{2i}，并结合相应的姿态信息设计了平移子系统的协同控制器，最终实现多无人机编队飞行控制。

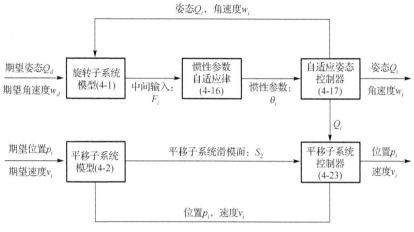

图 6.1　多无人机控制方案图

6.3.1　旋转子系统控制器

首先，针对旋转子系统，定义如下的姿态滑模面：

$$S_{1i} = \lambda_{1i}\tilde{q}_i + \tilde{w}_i \tag{6-10}$$

其中，S_{1i} 表示姿态子系统的滑模面，且 $S_{1i} = [S_{11}, S_{12}, S_{13}]^{\mathrm{T}}$；$\tilde{q}_i$，$\tilde{w}_i$ 分别表示第 i 架无人机的姿态跟踪误差与角速度跟踪误差；λ_{1i} 是一个斜对称常数矩阵，且 $\lambda_{1i} = \mathrm{diag}(\lambda_{11}, \lambda_{12}, \lambda_{13})$，$\lambda_{1i} > 0$，$i = 1, 2, 3$。

为了便于姿态控制器的设计，在此采用变量 θ_i 代替惯性参数 J_i。因此，各架无人机的惯性参数估计误差可表示为如下形式：

$$\tilde{\theta}_i = \theta_i - \hat{\theta}_i \tag{6-11}$$

其中，$\theta_i = [J_{11}, J_{22}, J_{33}, J_{12}, J_{13}, J_{23}]^{\mathrm{T}}$ 表示各架无人机的惯性参数真实值。值得注意的是，这些参数值在控制器的设计当中是未知的，而 $\hat{\theta}_i = [\hat{J}_{11}, \hat{J}_{22}, \hat{J}_{33}, \hat{J}_{12}, \hat{J}_{13}, \hat{J}_{23}]^{\mathrm{T}}$ 表示各架无人机的惯性参数估计值。

由假设 6.2 可知，由于各架无人机的惯性参数均是常数矩阵，因此式(6-11)两边求导，可得到如下关系：

$$\dot{\tilde{\theta}}_i = -\dot{\hat{\theta}}_i \tag{6-12}$$

同时，定义如下线性算子 $L: \mathbf{R}^{3\times3} \rightarrow \mathbf{R}^{3\times6}$

$$L(\xi) = \begin{bmatrix} \xi_1 & 0 & 0 & \xi_2 & \xi_3 & 0 \\ 0 & \xi_2 & 0 & \xi_1 & 0 & \xi_3 \\ 0 & 0 & \xi_3 & 0 & \xi_1 & \xi_2 \end{bmatrix}$$

那么，对于任意矢量 $\xi_i = [\xi_1, \xi_2, \xi_3]^T \in \mathbf{R}^{3 \times 3}$，满足如下关系：

$$J_i \xi_i = L(\xi_i)\theta_i \tag{6-13}$$

将旋转子系统的滑模面(6-10)两边同时求关于时间 t 的导数，并且等式两边同时乘以各架无人机的惯性参数 J_i，可得到

$$J_i \dot{S}_{1i} = \tau_i - S(w_i)J_i w_i + J_i(S(\tilde{\omega}_i)R(\tilde{Q}_i)w_d - R(\tilde{Q}_i)\dot{w}_d) + \frac{J\lambda T(\tilde{Q}_i)\tilde{w}_i}{2} + d_1 \tag{6-14}$$

同时，使用上述的线性算子 L 可将式(6-14)改写为如下形式：

$$J_i \dot{S}_{1i} = \tau_i + F_i \theta_i + d_1 \tag{6-15}$$

其中，$F_i = -S(w_i)L(w_i) + L(S(\tilde{\omega}_i)R(\tilde{Q}_i)w_d - R(\tilde{Q}_i)\dot{w}_d) + \lambda L\left(\dfrac{T(\tilde{Q}_i)\tilde{w}_i}{2}\right)$。

因此，可设计如下的惯性参数自适应律与姿态协同控制器：

$$\dot{\hat{\theta}}_i = \Gamma F_i^T S_{1i} \tag{6-16}$$

$$\tau_i = -F_i \hat{\theta}_i - \eta_{1i}\mathrm{sign}(S_{1i}) \tag{6-17}$$

其中，$\eta_{1i} = \mathrm{diag}(\eta_{11}, \eta_{12}, \eta_{13})$，$\eta_{1i} > 0$，$i = 1, 2, 3$；$\Gamma \in \mathbf{R}^{6 \times 6}$ 是一个正定的斜对称常数矩阵。

定理 6.1　针对本章所描述的具有不确定惯性参数和受外部干扰的多无人机编队控制问题，通过采用惯性参数自适应律(6-16)和姿态控制器(6-17)可确保惯性参数 J_i 是一致且有界的，并且式中所定义的姿态滑模面将渐近到达，也就是说，各架无人机的姿态、角速度信息将趋近于一致。

证明：对于由 n 架无人机组成的多无人机编队系统中的姿态同步控制问题，考虑如下的候选 Lyapunov 函数：

$$V_1 = \frac{1}{2}S_{1i}^T J_i S_{1i} + \frac{1}{2}\tilde{\theta}_i^T \Gamma^{-1} \tilde{\theta}_i \tag{6-18}$$

将式(6-18)两边求导，可得到该 Lyapunov 函数的导数 $\dot{V}_1$：

$$\begin{aligned}
\dot{V}_1 &= S_{1i}^T(\tau_i + F_i\theta_i + d_1) - \tilde{\theta}_i^T \Gamma \dot{\tilde{\theta}}_i \\
&= S_{1i}^T(\tau_i + F_i\theta_i + d_1) - \tilde{\theta}_i^T \Gamma \dot{\tilde{\theta}}_i \\
&= S_{1i}^T(-F_i\hat{\theta}_i - \eta_{1i}\mathrm{sign}(S_{1i}) + F_i\theta_i + d_1) + \tilde{\theta}_i^T \Gamma^{-1}(\Gamma F_i^T S_{1i} - \dot{\hat{\theta}}_i) \\
&= S_{1i}^T(F_i\tilde{\theta}_i - \eta_{1i}\mathrm{sign}(S_{1i}) + d_1) + \tilde{\theta}_i^T \Gamma^{-1}(\Gamma F_i^T S_{1i} - \dot{\hat{\theta}}_i)
\end{aligned} \tag{6-19}$$

然后，将惯性参数自适应律(6-16)与姿态控制律(6-17)代入式(6-19)，可得到

$$\dot{V}_1 = -S_{1i}^{\mathrm{T}}(\eta_{1i}\mathrm{sign}(S_{1i}) - d_1) \tag{6-20}$$

因此，当姿态滑模控制器参数 $\eta_{1i} > D$ 时，可使得 $\dot{V}_1 < 0$。也就是说，当 $t \to \infty$ 时，姿态滑模面 S_{1i} 趋近于零。同时，由姿态滑模面的定义可知各编队成员的姿态跟踪误差与角速度跟踪误差均趋近于零。因此，该闭环子系统是渐近稳定的。　　　□

6.3.2　平移子系统控制器

同姿态滑模面 S_{1i} 类似，定义各架无人机的平移子系统滑模面 S_{2i} 如下：

$$S_{2i} = \lambda_{2i}\tilde{p}_i + \tilde{v}_i \tag{6-21}$$

其中，$S_{2i} = [S_{21}, S_{22}, S_{23}]^{\mathrm{T}}$ 表示各架无人机的平移子系统的滑模面；$\tilde{p}_i$，$\tilde{v}_i$ 分别表示第 i 架无人机的位置跟踪误差与速度跟踪误差；$\lambda_{2i} = \mathrm{diag}(\lambda_{21}, \lambda_{22}, \lambda_{23})$ 是一个斜对称常数矩阵，且 $\lambda_{2i} > 0$，$i = 1, 2, 3$。

然后，将平移子系统的滑模面(6-21)两边求导得到滑模面的导数 $\dot{S}_{2i}$

$$\begin{aligned}
\dot{S}_{2i} &= \lambda_{2i}\dot{\tilde{p}}_i + \dot{\tilde{v}}_i \\
&= \lambda_{2i}\tilde{v}_i + g\hat{e}_3 - \frac{\mathcal{T}_i}{m_i}R(Q_i)^{\mathrm{T}}\hat{e}_3 + d_2 - \Delta_2 - \dot{v}_{id}
\end{aligned} \tag{6-22}$$

选取指数趋近律 $-\eta_{2i}\mathrm{sign}(S_{2i}) - k_{2i}S_{2i}$，可设计如下的控制律：

$$\mathcal{T}_i = \frac{m_i[\lambda_{2i}\tilde{v}_i + g\hat{e}_3 + k_{2i}S_{2i} + \eta_{2i}\mathrm{sign}(S_{2i}) - \dot{v}_{id} - \Delta_2]}{R(Q_i)^{\mathrm{T}}\hat{e}_3} \tag{6-23}$$

其中，$\eta_{2i} = [\eta_{21}, \eta_{22}, \eta_{23}]$，$k_{2i} = [k_{21}, k_{22}, k_{23}]$ 中的所有元素均为大于零的常数；$\hat{e}_3 = [0, 0, 1]^{\mathrm{T}}$ 表示垂直指向地心的单位矢量。

定理 6.2　针对本章中所描述的具有不确定惯性参数和受外部干扰的多无人机编队控制问题，采用控制律(6-23)可使得各架无人机的位置跟踪误差 $\tilde{p}_i$ 和速度跟踪误差 $\tilde{v}_i$ 收敛于零，并且该闭环子系统是渐近稳定的。

证明：考虑如下候选 Lyapunov 函数：

$$V_2 = \frac{1}{2}S_{2i}^{\mathrm{T}}S_{2i} \tag{6-24}$$

将式(6-24)两边求导，并将式(6-22)代入其中，可求得该 Lyapunov 函数的导数 $\dot{V}_2$：

$$\begin{aligned}
\dot{V}_2 &= S_{2i}^{\mathrm{T}}\dot{S}_{2i} \\
&= S_{2i}^{\mathrm{T}}(\lambda_{2i}\dot{\tilde{p}}_i + \dot{\tilde{v}}_i) \\
&= S_{2i}^{\mathrm{T}}\left(\lambda_{2i}\tilde{v}_i + g\hat{e}_3 - \frac{\mathcal{T}_i}{m_i}R(Q_i)^{\mathrm{T}}\hat{e}_3 + d_2 - \Delta_2 - \dot{v}_{id}\right)
\end{aligned} \tag{6-25}$$

然后，将平移子系统控制律(6-23)代入式(6-25)，可得：

$$
\begin{aligned}
\dot{V}_2 &= S_{2i}^{\mathrm{T}}\{\lambda_{2i}\tilde{v}_i + g\hat{e}_3 - [\lambda_{2i}\tilde{v}_i + g\hat{e}_3 + k_{2i}S_{2i} + \eta_{2i}\mathrm{sign}(S_{2i}) \\
&\quad -\dot{v}_{id} - \Delta_2] - \Delta_2 - \dot{v}_{id}\} \\
&= S_{2i}^{\mathrm{T}}(-k_{2i}S_{2i} - \eta_{2i}\mathrm{sign}(S_{2i})) \\
&\leqslant -\eta_{2i}\left|S_{2i}^{\mathrm{T}}\right| - k_{2i}S_{2i}^2 < 0
\end{aligned} \tag{6-26}
$$

因此，由 Lyapunov 稳定性理论可知，该闭环子系统是渐近稳定的。在给定控制律的作用下，可确保各架无人机到达各自相应的滑模面，并且满足 $\lim_{t\to\infty}\tilde{p}_i \to 0$，$\lim_{t\to\infty}\tilde{v}_i \to 0$，$\lim_{t\to\infty}\tilde{Q}_i \to 0$ 以及 $\lim_{t\to\infty}\tilde{\omega}_i \to 0$。

最后，考虑如下的候选 Lyapunov 函数：

$$V = V_1 + V_2 \tag{6-27}$$

由上述证明可得 $\dot{V} = \dot{V}_1 + \dot{V}_2 < 0$。因此，所设计的惯性参数自适应律(6-16)以及两个控制器(6-17)和(6-23)的作用下，可保证该多无人机编队系统是渐近稳定的。　□

注：由于上述的协同控制算法采用了滑模控制，其中的符号函数 $\mathrm{sign}(\cdot)$ 会引起系统状态在经过滑模面时产生抖振现象。因此，可采用饱和函数 $\mathrm{sat}(\cdot)$ 来代替符号函数以减弱抖振现象，饱和函数 $\mathrm{sat}(\cdot)$ 的定义如下：

$$
\mathrm{sat}(s) = \begin{cases} \dfrac{s}{a}, & |s| \leqslant a \\ \mathrm{sign}(s), & |s| > a \end{cases} \tag{6-28}
$$

式中，a 为任意小的且大于零的常数。

6.4　仿　真　结　果

为验证本章中所提出的惯性参数自适应律与协同控制算法的有效性，本节将采用四架四旋翼无人机进行数值模拟仿真。首先，设定仿真时间为 50s，仿真步长为 0.01s；同时，采用无向通信拓扑图 6.2 来描述四架无人机之间的通信。其中，加权邻接矩阵 A 的定义如下：如果第 i 架无人机与第 j 架无人机之间存在通信关系，那么加权邻接矩阵中的元素 $a_{ij}=1$，否则 $a_{ij}=0$；如果 $i=j$，那么 $a_{ij}=0$。四架无人机的初始状态(包括：姿态、角速度、位置以及线速度)分别设置为如下：

$$
\begin{cases}
Q_1(0)=[1,0,0,0]^{\mathrm{T}} \\
Q_2(0)=[0,1,0,0]^{\mathrm{T}} \\
Q_3(0)=[0.5,0.5,0.5,0.5]^{\mathrm{T}} \\
Q_4(0)=[0,0,\sin(-\pi/4),\cos(-\pi/4)]^{\mathrm{T}}
\end{cases}
\qquad
\begin{cases}
w_1(0)=[-0.5,0.5,-0.45]^{\mathrm{T}} \\
w_2(0)=[0.5,-0.3,0.1]^{\mathrm{T}} \\
w_3(0)=[0.1,0.6,-0.1]^{\mathrm{T}} \\
w_4(0)=[0.4,0.4,-0.4]^{\mathrm{T}}
\end{cases}
$$

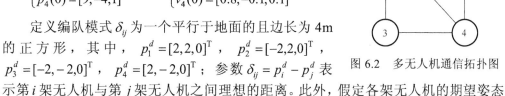

$$\begin{cases} p_1(0)=[14,0,2]^{\mathrm{T}} \\ p_2(0)=[10,-1,2]^{\mathrm{T}} \\ p_3(0)=[6,0,-2]^{\mathrm{T}} \\ p_4(0)=[9,-4,1]^{\mathrm{T}} \end{cases} \qquad \begin{cases} v_1(0)=[-0.1,0.9,-0.1]^{\mathrm{T}} \\ v_2(0)=[-0.5,-0.8,0.3]^{\mathrm{T}} \\ v_3(0)=[-0.2,0.4,-0.4]^{\mathrm{T}} \\ v_4(0)=[0.8,-0.1,0.1]^{\mathrm{T}} \end{cases}$$

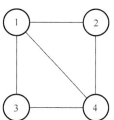

定义编队模式 δ_{ij} 为一个平行于地面的且边长为 4m 的正方形，其中，$p_1^d=[2,2,0]^{\mathrm{T}}$，$p_2^d=[-2,2,0]^{\mathrm{T}}$，$p_3^d=[-2,-2,0]^{\mathrm{T}}$，$p_4^d=[2,-2,0]^{\mathrm{T}}$；参数 $\delta_{ij}=p_i^d-p_j^d$ 表

图 6.2　多无人机通信拓扑图

示第 i 架无人机与第 j 架无人机之间理想的距离。此外，假定各架无人机的期望姿态和期望角速度分别如下：

$$Q_d=[0,0,1]^{\mathrm{T}}, \qquad w_{id}=\begin{bmatrix} 2\cos(0.1t) \\ -2\sin(0.1t) \\ -2\cos(0.1t) \end{bmatrix}\times10^{-3}(\mathrm{rad/s})$$

四架无人机的编队中心以及所受到的干扰力矩分别设置为

$$p_d(t)=\begin{bmatrix} 20\left(1-\cos\left(\dfrac{\pi}{20}t\right)\right) \\ -14\sin\left(\dfrac{\pi}{10}t\right) \\ 5 \end{bmatrix}, \qquad d_1=\begin{bmatrix} 0.5\sin\left(\dfrac{\pi}{10}t\right) \\ 0.6\cos\left(\dfrac{\pi}{5}t\right) \\ 0.8\sin\left(\dfrac{\pi}{6}t\right) \end{bmatrix}, \qquad d_2=\begin{bmatrix} 0.6\sin\left(\dfrac{\pi}{5}t\right) \\ 0.5\cos\left(\dfrac{\pi}{6}t\right) \\ 0.6\sin\left(\dfrac{\pi}{10}t\right) \end{bmatrix}$$

四架无人机的质量分别为 $m_1=3.3\mathrm{kg}$，$m_2=3.6\mathrm{kg}$，$m_3=4.0\mathrm{kg}$ 和 $m_4=3.8\mathrm{kg}$，重力加速度 $g=9.81\mathrm{m/s}^2$。在姿态设计的过程中，各架无人机的惯性参数真实值并不可知，而是通过自适应律在线估算出，再用于姿态控制器的设计。为验证自适应律的有效性，给出了惯性参数的真实值以便于与估计值作比较，四架无人机的惯性参数真实值分别为

$$J_1=\begin{bmatrix} 43.57 & 0.94 & 1.46 \\ 0.94 & 48.60 & -0.24 \\ 1.46 & -0.24 & 47.53 \end{bmatrix}\mathrm{kg\cdot m^2}, \qquad J_2=\begin{bmatrix} 48.38 & 0.45 & 0.89 \\ 0.45 & 45.97 & -1.52 \\ 0.89 & -1.52 & 48.85 \end{bmatrix}\mathrm{kg\cdot m^2}$$

$$J_3=\begin{bmatrix} 44.69 & 0.20 & -0.37 \\ 0.20 & 53.87 & -0.16 \\ -0.37 & -0.16 & 43.26 \end{bmatrix}\mathrm{kg\cdot m^2}, \qquad J_4=\begin{bmatrix} 55.05 & 0.45 & 0.12 \\ 0.45 & 52.97 & -0.61 \\ 0.12 & -0.61 & 40.18 \end{bmatrix}\mathrm{kg\cdot m^2}$$

其中，自适应姿态控制器和位置控制器中的部分增益如表 6.1 中所示，并且自适应律参数 $\varGamma=\mathrm{diag}(200,100,200,10,10,10)$。

表 6.1　控制器增益

参数	取值	参数	取值
λ_{11}	6.0	k_{21}	5.8
λ_{12}	5.5	k_{22}	6.0
λ_{13}	4.8	k_{23}	6.0
λ_{21}	4.5	η_{21}	4.5
λ_{22}	4.8	η_{22}	4.8
λ_{23}	4.7	η_{23}	4.7

实验仿真结果如图 6.3～图 6.12 所示。图 6.3 中展示了四架无人机各自的实际轨迹；图 6.4 是在图 6.3 中选取部分时间节点下无人机的位置并查看其编队模式，从图中可以看出四架无人机按照预期的期望轨迹进行飞行，并形成了预期的正方形编队队形。在图 6.5 中展示了四架无人机分别在 x, y, z 轴三个方向的轨迹跟踪误差，可以观察到每架无人机在很快的时间内就达到了预期的位置，甚至在系统稳定后的误差维持在 $10^{-4} \sim 10^{-5}$ 这一量级上。在图 6.6 中展示的是四架无人机的速度跟踪误差，在形成编队以后，其误差精度也达到了 $10^{-2} \sim 10^{-3}$ 的量级上。在图 6.7 中展示的是四架无人机的姿态跟踪误差情况，由于姿态子系统部分存在惯性参数未知的情况，需要一段时间在线估计出参数值后才能达到稳定，因此，姿态的同步比位置的同步稍慢一些。另外，在图 6.8 中展示了各架无人机的角速度跟踪误差。图 6.9 展示的是通过自适应律 (6-16) 在线估算出来的惯性参数估计值与其真实值之间的误差，可以看出其估计误差较小，这也使得用惯性参数的估计值来设计姿态控制器得以实现。

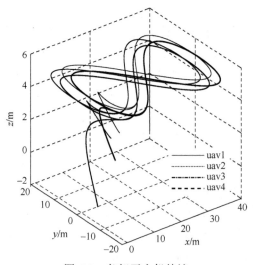

图 6.3　各架无人机轨迹

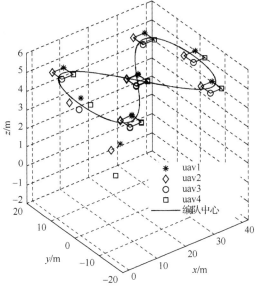

图 6.4　编队模式

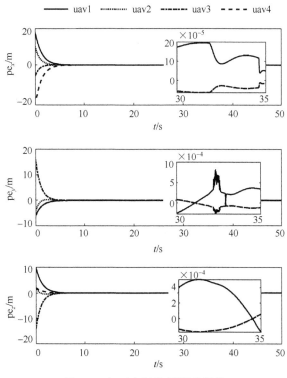

图 6.5　各无人机位置跟踪误差

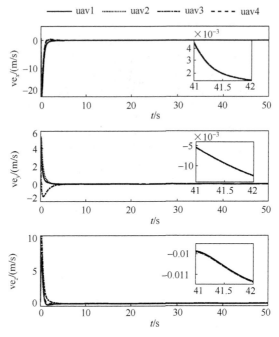

图 6.6 各无人机速度跟踪误差

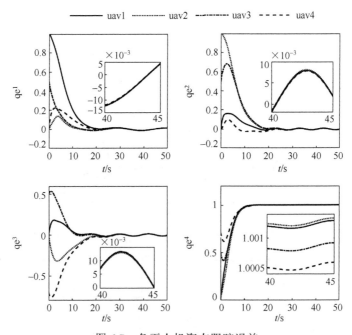

图 6.7 各无人机姿态跟踪误差

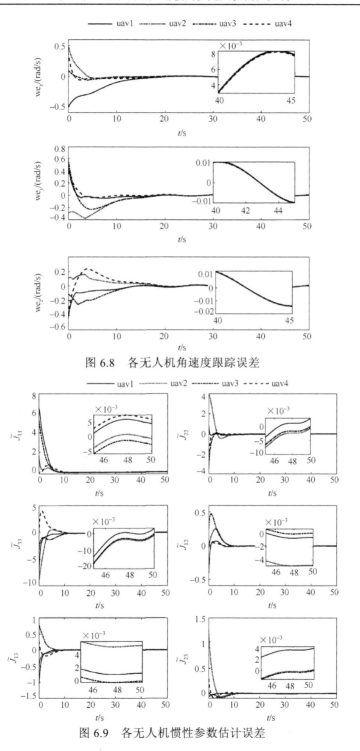

图 6.8　各无人机角速度跟踪误差

图 6.9　各无人机惯性参数估计误差

图 6.10 展示了编队成员的输入扭矩 τ 与总推力 T 的情况，τ_x，τ_y 与 τ_z 分别表示输入扭矩 τ 在 x, y, z 三轴的分量，可以观察到当无人机编队以预期的编队队形在水平面飞行时，各编队成员的输入扭矩 τ 与总推力 T 也均趋近于一致。

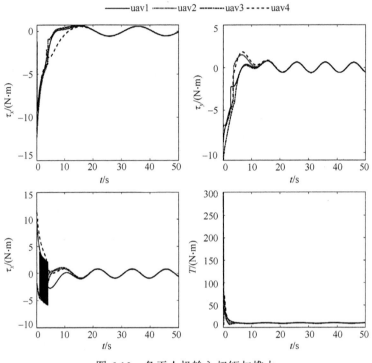

图 6.10　各无人机输入扭矩与推力

最后，在图 6.11 与图 6.12 中分别展示的是各架无人机旋转子系统 $(\sum_1^i)$ 与平移子系统 $(\sum_2^i)$ 的滑模面，可以观测到两个的滑模面趋近于零附近。通过 6.4 节中滑模面的定义可知，各架无人机的状态跟踪误差(包括姿态、角速度、位置以及线速度)也全部收敛至零点附近。

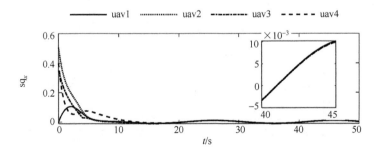

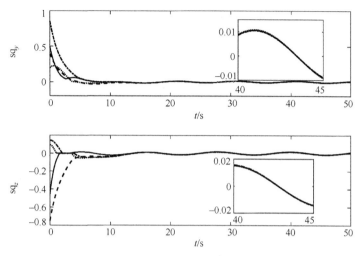

图 6.11　无人机旋转子系统滑模面

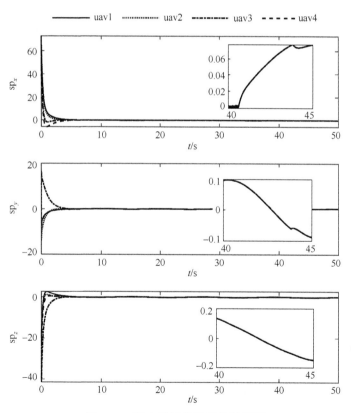

图 6.12　无人机平移子系统滑模面

6.5　本 章 小 结

　　本章研究了无向通信拓扑结构下具有不确定惯性参数和受外界干扰的多无人机编队控制问题。首先,在本章中建立了多无人机运动学模型并推导了相应的误差动力学模型;然后,提出了一种基于自适应滑模的编队控制算法;此外,还通过采用饱和函数在一定程度上削弱了滑模控制带来的控制输入抖振现象;最后,选取四架四旋翼无人机在受干扰的场景下进行了数值仿真验证,仿真结果表明了所提出的控制算法的有效性和鲁棒性。

第7章 基于非奇异终端滑模的多无人机编队控制

在传统的滑模编队控制中，其稳态误差无法在有限时间内收敛为零的缺点限制了其应用。为了获得更好的性能，一些学者提出了终端滑模控制(terminal sliding mode control，TSMC)策略。所谓终端滑模控制，就是在滑动超平面的设计中引入了非线性函数，构造终端滑模面，使得在滑模面上跟踪误差能够在有限时间内收敛到零。此外，在多无人机编队同步控制中的一个重要要求是系统收敛速度快，而现有的编队协调控制算法大多只能是满足渐近收敛的。现有的终端滑模控制器的设计方法仍存在控制奇异问题，即：当系统处于状态空间的某个特定子空间时，终端滑模控制器的输出信号可能出现无穷大情况，而这是物理不可实现的。

冯勇等[133]提出一种非奇异终端滑模控制方法，可直接从滑模设计方面解决奇异性问题。针对多无人机编队控制中因受外界扰动与建模不确定等因素的影响而导致收敛速度慢的问题，本章提出了一种基于非奇异终端滑模的协同控制律，在保持多无人机系统稳定性的前提下极大程度地提高了系统的收敛速度并削弱了抖振现象。

7.1 问 题 描 述

考虑如下形式的多无人机模型：

$$(\Sigma_1^i): \begin{cases} \dot{Q}_i = \dfrac{1}{2}T(Q_i)\omega_i \\ J_i\dot{\omega}_i = \tau_i - S(\omega_i)J_i\omega_i + f_1 + d_1 \end{cases} \tag{7-1}$$

$$(\Sigma_2^i): \begin{cases} \dot{p}_i = v_i \\ \dot{v}_i = g\hat{e}_3 - \dfrac{\mathcal{T}_i}{m_i}R(Q_i)^{\mathrm{T}}\hat{e}_3 + f_2 + d_2 \end{cases} \tag{7-2}$$

式中，f_1 和 f_2 分别表示无人机两个子系统中的已知上界的未建模项；d_1 和 d_2 为两个子系统所受的外部干扰，其他参数同第 6 章所述。

采用有向加权图 G 来表示领航者(leader)与跟随者(follower)之间的通信拓扑结构，其相应的加权邻接矩阵用 A 表示。设 D 是由对角线上各元素的出度组成的对角矩阵，加权有向图 G 的拉普拉斯矩阵定义为 $L = D - A$。如果有向图中任意两个完全不同的节点之间存在一条有向路径，那么此有向图是强连通的。

在多无人机编队系统中，假设领航者用顶点 n_d 表示，跟随者分别用顶点

$n_1, n_2, \cdots, n_n$ 表示；G 是带有上述顶点的图，跟随者和领航者之间的联系是直接的；从一些跟随者到领航者只有边，但是从领航者到任何跟随者没有边。此外，定义矩阵 $B = \mathrm{diag}(b_1, b_2, \cdots, b_n)$ 表示领航者无人机与跟随者无人机的连通情况，其定义为：如果第 i 个跟随者可与领航者之间进行通信，那么 $b_i > 0$；否则，$b_i = 0$。

7.2 控制器设计

考虑由 n 架无人机组成的编队系统，其数学模型由式 (7-1) 与式 (7-2) 给出，并且假定各架无人机的未建模项与外部扰动均相同。本章的控制目标是为多无人机设计一种分布式控制器，使得跟随者与领航者在有限时间内形成编队并保持同步，并改善由普通滑模控制中的切换项导致输出控制力矩抖振的现象，其控制目标也可用数学表达式表述如下：

$$\lim_{t \to T} Q_i = Q_d, \qquad \lim_{t \to T} w_i = 0 \tag{7-3}$$

$$\lim_{t \to T}(p_i - p_d) = \delta_{id}, \qquad \lim_{t \to T} v_i = v_d \tag{7-4}$$

其中，δ_{id} 表示各架无人机期望的间距；T 为多无人机状态达到同步并形成编队所需要的时间，并且是一个与系统初始状态相关的函数。

引理 7.1[134] 如果常数 p_1，p_2 满足 $0 < p = p_1 / p_2 \leqslant 1$，并且 p_1 和 p_2 均为大于零的奇数，那么下列不等式恒成立：

$$\left| x^p - y^p \right| \leqslant 2^{1-p} \left| x - y \right|^p \tag{7-5}$$

引理 7.2[134] 对于任意实数 x 和 y，如果存在实数 $c > 0$，$d > 0$，那么下列不等式恒成立：

$$|x|^c |y|^d \leqslant \frac{c}{(c+d)} |x|^{c+d} + \frac{d}{(c+d)} |y|^{c+d} \tag{7-6}$$

引理 7.3[135] 如果 L 是连通无向图 G 的拉普拉斯矩阵，那么对于任意向量 $x = [x_1, x_2, \cdots, x_n]^{\mathrm{T}}$，则有 $x^{\mathrm{T}} L x = \frac{1}{2} \sum_{i,j=1}^{n} k_{ij}(x_i - x_j)^2$。也就是说，如果矩阵 L 是正半定的，并且 0 是矩阵 L 的一个简单特征值，那么 1 是其特征向量；如果将矩阵 L 的特征值分别表示为 $0, \lambda_2, \cdots, \lambda_n$，那么第二个小的特征值 λ_2 满足 $\lambda_2 > 0$。此外，如果 $1^{\mathrm{T}} x = 0$，则有 $x^{\mathrm{T}} L x \geqslant \lambda_2 x^{\mathrm{T}} x$。

引理 7.4[136] 对于任一系统，如果满足 $\dot{x} = f(x)$ 且 $f(0) = 0$，$x \in \mathbf{R}^n$，那么存在一个正定连续函数 $V(x)$，一个实数 $c > 0$ 以及 $\alpha \in (0,1)$，满足 $\dot{V}(x) + c[V(x)]^{\alpha} \leqslant 0$，且 $V(x)$ 在有限时间 T 内渐近收敛至零点。其中，收敛时间 T 满足：$T \leqslant [V(0)]^{1-\alpha} / [c(1-\alpha)]$。

引理 7.5[137]　对于任意矢量 x_i，$i=1,2,\cdots,n$，存在实数 $0 < p \leqslant 1$，使得下列不等式恒成立：

$$\left(\sum_{i=1}^{n}|x_i|\right)^p \leqslant \sum_{i=1}^{n}|x_i|^p \leqslant n^{1-p}\left(\sum_{i=1}^{n}|x_i|\right)^p \tag{7-7}$$

7.2.1　旋转子系统控制器

根据非奇异终端滑模控制策略，设计了如下的多无人机姿态协同控制器：

$$\tau_i = S(w_i)J_i w_i + J_i \left(-Q_i^{-1}\dot{Q}_i w_i + F_1 - Q_i^{-1}k_1 \times \left\{ \begin{array}{l} (Q_i w_i)^p + k_2^p \\ \times\left[\sum_{j \in N} k_{ij}(q_i - q_j) + b_i(q_i - q_d)\right] \end{array} \right\}^{\frac{2}{p}-1} \right) \tag{7-8}$$

式中，k_1, k_2, p_1, p_2 均为大于零的奇数，并且满足 $p = p_1/p_2 \leqslant 2$；F_1 为未建模项上界值，q_d 表示领航者的姿态四元数，J_i 表示第 i 架无人机的惯性矩阵参数，q_i 与 w_i 分别表示第 i 架无人机的姿态和角速度信息；$k_2^p \times \left[\sum_{j \in N} k_{ij}(q_i - q_j) + b_i(q_i - q_d)\right]$ 表示姿态同步过程中的误差耦合项。

定理 7.1　考虑多无人机编队的姿态协同控制律 (7-8)，如果控制律中的参数 k_1, k_2 均大于零，那么下列不等式恒成立：

$$k_1 \geqslant \left(2 - \frac{1}{p}\right)2^{1-1/p}k_2^{1+p}\left[\frac{(\beta + n\gamma)2^{1-1/p}}{k_2} + \frac{2^{1-1/p} + p(\beta + n\gamma)}{1+p} + k_3\right] \tag{7-9}$$

$$k_2 \geqslant \frac{2^{1-1/p}p}{1+p} + \frac{\beta + n\gamma}{1+p} + k_3 \tag{7-10}$$

式中，$k_3 > 0$，变量 $\beta = \max_{\forall i \in N}\left(\sum_{j \in N_i} a_{ij} + b_i\right)$，$\gamma = \max_{\forall i,j \in N}\{k_{ij}\}$；如果当跟随者的通信拓扑图 G_f 中至少有一条有向边连通领航者时，那么所有无人机姿态与角速度信息可在有限的时间内同步至领航者的状态。

证明：首先，定义如下的多无人机姿态滑动流形：

$$S_{1i} = Q_i \omega_i + k_2\left[\sum_{j \in N_i} k_{ij}(q_i - q_j) + b_i(q_i - q_d)\right]^{1/p} \tag{7-11}$$

并考虑如下的候选 Lyapunov 函数：

$$V_q = V_0 + \sum_{i=1}^{n} V_i \tag{7-12}$$

其中

$$V_0 = \frac{1}{4}\sum_{i=1}^{n}\sum_{j \in N_i} k_{ij}(q_i - q_j)^2 + \frac{1}{2}\sum_{i=1}^{n} b_i(q_i - q_d)^2 \tag{7-13}$$

$$V_i = \frac{1}{(2-1/p)2^{1-1/p}k_2^{1+p}}\sum_{w=1}^{3}\int_{v_i^*}^{v_i}(S_{iw}^p - v_{iw}^{*p})^{2-1/p}\mathrm{d}S \tag{7-14}$$

其中，$v_i = Q_i w_i$，$v_i^* = -k_2\left[\sum_{j \in N_i} k_{ij}(q_i - q_j) + b_i(q_i - q_d)\right]^{1/p}$；下标 w 表示向量 S 中的第 w 个分量。

根据引理 7.1 和引理 7.2，可将 V_0 的导数改写为如下形式：

$$\begin{aligned}\dot{V}_0 &= \sum_{i=1}^{n}\left[\sum_{j \in N_i} k_{ij}(q_i - q_j) + b_i(q_i - q_d)\right]v_i \\ &= \sum_{i=1}^{n}\left[\sum_{j \in N_i} k_{ij}(q_i - q_j) + b_i(q_i - q_d)\right]v_i^* \\ &\quad + \sum_{i=1}^{n}\left[\sum_{j \in N_i} k_{ij}(q_i - q_j) + b_i(q_i - q_d)\right](v_i - v_i^*) \\ &\leqslant -k_2\sum_{i=1}^{n}\sum_{w=1}^{3}\left[\sum_{j \in N_i} k_{ij}(q_{iw} - q_{jw}) + b_i(q_{iw} - q_{dw})\right]^{1+1/p} \\ &\quad + \sum_{i=1}^{n}\sum_{w=1}^{3}2^{1-1/p}\left|\sum_{j \in N_i} k_{ij}(q_{iw} - q_{jw}) + b_i(q_{iw} - q_{dw})\right| \times \left|v_{iw}^p - v_{iw}^{*p}\right|^{1/p} \\ &\leqslant -k_2\sum_{i=1}^{n}\sum_{w=1}^{3}\left[\sum_{j \in N_i} k_{ij}(q_{iw} - q_{jw}) + b_i(q_{iw} - q_{dw})\right]^{1+1/p} \\ &\quad + \sum_{i=1}^{n}\sum_{w=1}^{3}2^{1-1/p} \times \left[\frac{p}{1+p}\left|\sum_{j \in N_i} k_{ij}(q_{iw} - q_{jw}) + b_i(q_{iw} - q_{dw})\right|^{1+1/p} \right. \\ &\quad \left. + \frac{1}{1+p}\left|v_{iw}^p - v_{iw}^{*p}\right|^{1+1/p}\right]\end{aligned} \tag{7-15}$$

然后，对式 (7-14) 两边求关于时间 t 的导数，可得到 V_i 的导数 $\dot{V}_i$：

$$\dot{V}_i = \sum_{w=1}^{3}\left\{\frac{1}{(2-1/p)2^{1-1/p}k_2^{1+p}}(v_{iw}^p - v_{iw}^{*p})^{2-1/p}\frac{\partial v_{iw}}{\partial t} - \frac{1}{2^{1-1/p}k_2^{1+p}}\frac{\partial v_{iw}^{*p}}{\partial t}\int_{v_i^*}^{v_i}(S_{iw}^p - v_{iw}^{*p})^{1-1/p}\mathrm{d}S\right\} \tag{7-16}$$

定义辅助变量 $\beta = \max_{\forall i \in \Gamma}\left\{\sum_{j \in N_i} k_{ij}\right\}$ 和 $\gamma = \max_{\forall i,j \in \Gamma}\left\{k_{ij}\right\}$。接着，将中值定理应用于式 (7-17)，有

$$\frac{\partial v_{iw}^{*p}}{\partial t} = -k_2^p \sum_{j \in N_i} k_{ij}(v_{iw} - v_{jw})$$

$$\leqslant k_2^p \left(\beta |v_{iw}| + \gamma \sum_{m=1}^{n} |v_{mw}| \right) \tag{7-17}$$

可得

$$\left| \int_{v_i^*}^{v_i} (S_{iw}^p - v_{iw}^{*p})^{1-1/p} \mathrm{d}S \right| \leqslant |v_{iw} - v_{iw}^*| \left| v_{iw}^p - v_{iw}^{*p} \right|^{1-1/p} \tag{7-18}$$

然后，将式(7-18)代入式(7-16)中，可将 $\dot{V}_i$ 改写为如下形式：

$$\dot{V}_i = \frac{1}{2^{1-1/p} k_2} \left(\beta |v_i| + \gamma \sum_{m=1}^{n} |v_m| \right) |v_i - v_i^*| \left| v_i^p - v_i^{*p} \right|^{1-1/p}$$

$$+ \frac{1}{(2-1/p)2^{1-1/p} k_2^{1+p}} (v_i^p - v_i^{*p})^{2-1/p} \frac{\partial v_i}{\partial t} \tag{7-19}$$

通过如下不等式：

$$|v_m| |v_i - v_i^*| \left| v_i^p - v_i^{*p} \right|^{1-1/p}$$

$$\leqslant 2^{1-1/p} |v_m| \left| v_i^p - v_i^{*p} \right|^{1/p} \left| v_i^p - v_i^{*p} \right|^{1-1/p}$$

$$\leqslant 2^{1-1/p} \left(\left| v_i^p - v_i^{*p} \right| |v_m - v_m^*| + \left| v_i^p - v_i^{*p} \right| |v_m^*| \right)$$

$$\leqslant 2^{1-1/p} \left(2^{1-1/p} \left| v_i^p - v_i^{*p} \right| \left| v_m^p - v_m^{*p} \right|^{1/p} + k_2 \left| v_i^p - v_i^{*p} \right| \left| \sum_{j \in N_m} k_{mj}(q_m - q_j) \right|^{1/p} \right)$$

$$\leqslant 2^{1-1/p} \left[\begin{array}{l} 2^{1-1/p} \left(\dfrac{p}{1+p} \left| v_i^p - v_i^{*p} \right|^{1+1/p} + \dfrac{1}{1+p} \left| v_m^p - v_m^{*p} \right|^{1+1/p} \right) \\[3mm] + k_2 \left(\dfrac{p}{1+p} \left| v_i^p - v_i^{*p} \right|^{1+1/p} + \dfrac{1}{1+p} \left| \sum_{j \in N_m} k_{mj}(q_m - q_j) \right|^{1+1/p} \right) \end{array} \right] \tag{7-20}$$

$$\leqslant 2^{1-1/p} \left[\begin{array}{l} (2^{1-1/p} + k_2)\dfrac{p}{1+p} \left| v_i^p - v_i^{*p} \right|^{1+1/p} + \dfrac{2^{1-1/p}}{1+p} \left| v_m^p - v_m^{*p} \right|^{1+1/p} \\[3mm] + \dfrac{k_2}{1+p} \left| \sum_{j \in N_m} k_{mj}(q_m - q_j) \right|^{1+1/p} \end{array} \right]$$

可再次将 $\dot{V}_i$ 改写为如下形式：

$$\dot{V}_i = \sum_{w=1}^{3} \left[\begin{array}{l} \dfrac{\beta}{2^{1-1/p} k_2} \left| v_{iw} \right| \left\| v_{iw} - v_{iw}^* \right\| \left| v_{iw}^p - v_{iw}^{*p} \right|^{1-1/p} \\[3mm] + \dfrac{\gamma}{2^{1-1/p} k_2} \sum_{m=1}^{n} \left| v_{mw} \right| \left\| v_{iw} - v_{iw}^* \right\| \left| v_{iw}^p - v_{iw}^{*p} \right|^{1-1/p} \\[3mm] + \dfrac{1}{(2-1/p)2^{1-1/p} k_2^{1+p}} (v_{iw}^p - v_{iw}^{*p})^{2-1/p} \frac{\partial v_{iw}}{\partial t} \end{array} \right]$$

$$= \sum_{w=1}^{3} \left\{ \dfrac{\beta z}{k_2} \left[(2^{1-1/p} + k_2) \dfrac{p}{1+p} \left| v_{iw}^p - v_{iw}^{*p} \right|^{1+1/p} \right. \right.$$

$$+ \dfrac{2^{1-1/p}}{1+p} \left| v_{iw}^p - v_{iw}^{*p} \right|^{1+1/p} + \dfrac{k_2}{1+p} \left| \sum_{j \in N_i} k_{ij}(q_{iw} - q_{jw}) + b_i(q_{iw} - q_{dw}) \right|^{1+1/p} \right]$$

$$+ \dfrac{\gamma}{k_2} \sum_{m=1}^{n} \left[\begin{array}{l} (2^{1-1/p} + k_2) \dfrac{p}{1+p} \left| v_{iw}^p - v_{iw}^{p} \right|^{1+1/p} + \dfrac{2^{1-1/p}}{1+p} \left| v_{mw}^p - v_{mw}^p \right|^{1+1/p} \\[3mm] + \dfrac{k_2}{1+p} \left| \sum_{j \in N_i} k_{ij}(q_{iw} - q_{jw}) + b_i(q_{iw} - q_{dw}) \right|^{1+1/p} \end{array} \right]$$

$$+ \dfrac{1}{(2-1/p)2^{1-1/p} k_2^{1+p}} (v_{iw}^p - v_{iw}^{*p})^{2-1/p} \frac{\partial v_{iw}}{\partial t} \Bigg\} \qquad (7\text{-}21)$$

$$\leq \sum_{w=1}^{3} \left\{ \begin{array}{l} \dfrac{1}{k_2} \left[(\beta + n\gamma)(2^{1-1/p} + k_2) \dfrac{p}{1+p} + \dfrac{\beta 2^{1-1/p}}{1+p} \right] \left| v_{iw}^p - v_{iw}^p \right|^{1+1/p} \\[3mm] + \dfrac{\beta}{1+p} \left| \sum_{j \in N_i} k_{ij}(q_{iw} - q_{jw}) + b_i(q_{iw} - q_{dw}) \right|^{1+1/p} \\[3mm] + \dfrac{2^{1-1/p} \gamma}{k_2(1+p)} \sum_{m=1}^{n} \left| v_{mw}^p - v_{mw}^{*p} \right|^{1+1/p} \\[3mm] + \dfrac{\gamma}{1+p} \sum_{m=1}^{n} \left| \sum_{j \in N_i} k_{ij}(q_{iw} - q_{jw}) + b_i(q_{iw} - q_{dw}) \right|^{1+1/p} \\[3mm] + \dfrac{1}{(2-1/p)2^{1-1/p} k_2^{1+p}} (v_{iw}^p - v_{iw}^{*p})^{2-1/p} \frac{\partial v_{iw}}{\partial t} \end{array} \right\}$$

又由于 $1 < p < p_1/p_2 < 2$ 且 p_1，p_2 均为奇数，因此，有如下关系成立：

$$\left[\left| \sum_{j \in N_i} k_{ij}(q_{iw} - q_{jw}) + b_i(q_{iw} - q_{dw}) \right| \right]^{1+1/p} = \left[\sum_{j \in N_i} k_{ij}(q_{iw} - q_{jw}) + b_i(q_{iw} - q_{dw}) \right]^{1+1/p} \qquad (7\text{-}22)$$

将式(7-15)和式(7-21)代入式(7-12)，可得

$$
\begin{aligned}
\dot{V}_q \leqslant & -k_2 \sum_{i=1}^{n} \sum_{w=1}^{3} \left[\sum_{j \in n_i} k_{ij}(q_{iw} - q_{jw}) + b_i(q_{iw} - q_{dw}) \right]^{1+p} \\
& + \sum_{i=1}^{n} \sum_{w=1}^{3} 2^{1-1/p} \left[\frac{p}{1+p} \left[\sum_{j \in n_i} k_{ij}(q_{iw} - q_{jw}) + b_i(q_{iw} - q_{dw}) \right]^{1+p} \right. \\
& \left. + \frac{1}{1+p} \left| v_{iw}^p - v_{iw}^{*p} \right|^{1+p} \right] \\
& + \sum_{i=1}^{n} \sum_{w=1}^{3} \left\{ \frac{1}{k_2} \left[(\beta + n\gamma)(2^{1-1/p} + k_2) \frac{p}{1+p} + \frac{\beta 2^{1-1/p}}{1+p} \right] \left| v_{iw}^p - v_{iw}^{*p} \right|^{1+1/p} \right. \\
& + \frac{\beta}{1+p} \left[\sum_{j \in n_i} k_{ij}(q_{iw} - q_{jw}) + b_i(q_{iw} - q_{dw}) \right]^{1+1/p} \\
& + \frac{2^{1-1/p} \gamma}{k_2(1+p)} \sum_{m=1}^{n} \left| v_{mw}^p - v_{mw}^{*p} \right|^{1+1/p} \\
& + \frac{\gamma}{1+p} \sum_{m=1}^{n} \left[\sum_{j \in n_i} k_{ij}(q_{iw} - q_{jw}) + b_i(q_{iw} - q_{dw}) \right]^{1+1/p} \\
& \left. + \frac{1}{(2 - 1/p) 2^{1-1/p} k_2^{1+p}} \left(v_{iw}^p - q_{iw}^{*p} \right)^{2-1/p} \frac{\partial v_{iw}}{\partial t} \right\} \\
\leqslant & -\left(k_2 - \frac{2^{1-1/p} p}{1+p} - \frac{\beta + n\gamma}{1+p} \right) \\
& \times \sum_{i=1}^{n} \sum_{w=1}^{3} \left[\sum_{j \in n_i} k_{ij}(q_{iw} - q_{jw}) + b_i(q_{iw} - q_{dw}) \right]^{1+p} \\
& + \left(\frac{2^{1-1/p}}{1+p} + \frac{1}{k_2} \left[(\beta + n\gamma)(2^{1-1/p} + k_2) \frac{p}{1+p} + \frac{\beta 2^{1-1/p}}{1+p} \right] \right. \\
& \left. + \frac{n\gamma 2^{1-1/p}}{k_2(1+p)} \right) \sum_{i=1}^{n} \sum_{w=1}^{3} \left| v_{iw}^p - v_{iw}^{*p} \right|^{1+p} \\
& + \frac{1}{(2 - 1/p) 2^{1-1/p} k_2^{1+p}} \sum_{i=1}^{n} \sum_{w=1}^{3} (v_{iw}^p - v_{iw}^{*p})^{2-1/p} \frac{\partial v_{iw}}{\partial t}
\end{aligned}
\tag{7-23}
$$

通过以下关系式：

$$
\frac{2^{1-1/p}}{1+p} + \frac{1}{k_2} \left[(\beta + n\gamma)(2^{1-1/p} + k_2) \frac{p}{1+p} + \frac{\beta 2^{1-1/p}}{1+p} \right] + \frac{n\gamma 2^{1-1/p}}{k_2(1+p)}
$$

$$= \frac{2^{1-1/p}}{1+p} + \frac{(\beta+n\gamma)2^{1-1/p}}{k_2}\frac{p}{1+p} + \frac{p(\beta+n\gamma)}{1+p} + \frac{\beta 2^{1-1/p}}{k_2(1+p)} + \frac{n\gamma 2^{1-1/p}}{k_2(1+p)}$$

$$= \frac{(\beta+n\gamma)2^{1-1/p}}{k_2} + \frac{2^{1-1/p}+p(\beta+n\gamma)}{1+p} \tag{7-24}$$

可得

$$
\dot{V}_q \le -\left(k_2 - \frac{2^{1-1/p}p}{1+p} - \frac{\beta+n\gamma}{1+p} \right)
$$
$$
\times \sum_{i=1}^{n}\sum_{w=1}^{3}\left[\sum_{j\in N_i}k_{ij}(q_{iw}-q_{jw}) + b_i(q_{iw}-q_{dw}) \right]^{1+p}
$$
$$
+ \left(\frac{(\beta+n\gamma)2^{1-1/p}}{k_2} + \frac{2^{1-1/p}+p(\beta+n\gamma)}{1+p} \right) \tag{7-25}
$$
$$
\times \sum_{i=1}^{n}\sum_{w=1}^{3}\left| v_{iw}^{p} - v_{iw}^{*p} \right|^{1+p} + \left[\frac{1}{(2-1/p)2^{1-1/p}k_2^{1+p}} \times \sum_{i=1}^{n}\sum_{w=1}^{3}(v_{iw}^{p}-v_{iw}^{*p}) \right]^{2-1/p}\frac{\partial v_{iw}}{\partial t}
$$

将所设计的多无人机控制力矩(7-8)代入无人机动力学模型(7-1)可得

$$
\frac{\partial v_{iw}}{\partial t} = -k_1(v_{iw}^p - v_{iw}^{*p})^{2/p-1}
$$
$$
= -k_1\left\{ v_{iw}^p + k_2^p\left[\sum_{j\in N_i}k_{ij}(q_{iw}-q_{jw}) + b_i(q_{iw}-q_{dw}) \right] \right\}^{2/p-1} \tag{7-26}
$$

再根据式(7-9)和式(7-10)的条件，可将式(7-25)改写为如下形式：

$$
\dot{V}_q \le -k_3\sum_{i=1}^{n}\sum_{w=1}^{3}\left[\sum_{j\in N_i}k_{ij}(q_{iw}-q_{jw}) + b_i(q_{iw}-q_{dw}) \right]^{1+p} - k_3\sum_{i=1}^{n}\sum_{w=1}^{3}(v_{iw}^p - v_{iw}^{*p})^{1+p} \tag{7-27}
$$

结合式(7-14)和引理 7.1，可得

$$
V_i \le \sum_{w=1}^{3}\frac{1}{(2-1/p)2^{1-1/p}k_2^{1+p}}\left| v_{iw} - v_{iw}^{*} \right|\left| v_{iw}^p - v_{iw}^{*p} \right|^{2-1/p}
$$
$$
\le \sum_{w=1}^{3}\frac{1}{(2-1/p)2^{1-1/p}k_2^{1+p}}\left| v_{iw}^p - v_{iw}^{*p} \right|^{1/p}\left| v_{iw}^p - v_{iw}^{*p} \right|^{2-1/p} \tag{7-28}
$$
$$
\le \sum_{w=1}^{3}\frac{1}{(2-1/p)k_2^{1+p}}\left(v_{iw}^p - v_{iw}^{*p} \right)^{2}
$$

由式(7-14)和引理 7.3 可知：

$$
2V_0 = q^{\mathrm{T}}(L+B)q
$$
$$
\le \frac{1}{\lambda_{\min}}\sum_{i=1}^{n}\sum_{w=1}^{3}\left[\sum_{j\in N_i}k_{ij}(q_{iw}-q_{jw}) + b_i(q_{iw}-q_{dw}) \right]^{2} \tag{7-29}
$$

其中，$\lambda_{\min}$ 是矩阵 $(L+B)$ 的最小特征值。当图 G_f 是连通的并且至少存在一条从一个领航者到跟随者的有向边，能保证 $\lambda_{\min} > 0$。

结合式 (7-27) 与式 (7-29) 可得

$$
\begin{aligned}
\dot{V}_q &= V_0 + \sum_{i=1}^{n} V_i \\
&\leqslant c\sum_{i=1}^{n}\sum_{w=1}^{3}\left[\sum_{j\in N_i}k_{ij}(q_{iw}-q_{jw})+b_i(q_{iw}-q_{dw})\right]^2 + c\sum_{i=1}^{n}\sum_{w=1}^{3}(v_{iw}^p-v_{iw}^{*p})^2
\end{aligned}
\tag{7-30}
$$

其中，$c = \max\left\{\dfrac{1}{(2-1/p)k_2^{1+p}}, \dfrac{1}{2\lambda_{\min}}\right\}$。

根据引理 7.5，可得

$$
V_q^{\frac{1+p}{2p}} \leqslant c^{\frac{1+p}{2p}}\left\{\sum_{i=1}^{n}\sum_{w=1}^{3}\left[\sum_{j\in N_i}k_{ij}(q_{iw}-q_{jw})+b_i(q_{iw}-q_{dw})\right]^{1+\frac{1}{p}} + \sum_{i=1}^{n}\sum_{w=1}^{3}(v_{iw}^p-v_{iw}^{*p})^{1+\frac{1}{p}}\right\}
\tag{7-31}
$$

令 $0 < \mu < k_3 / c^{\frac{1+p}{2p}}$，并结合式 (7-27) 可得

$$
\begin{aligned}
\dot{V}_q + \mu V_q^{\frac{1+p}{2p}} &\leqslant \left(\mu c^{\frac{1+p}{2p}} - k_3\right)\times\sum_{i=1}^{n}\sum_{w=1}^{3}\left[\sum_{j\in N_i}k_{ij}(q_{iw}-q_{jw})+b_i(q_{iw}-q_{dw})\right]^{\frac{1+p}{2p}} \\
&\quad - k_3\sum_{i=1}^{n}\sum_{w=1}^{3}(v_{iw}^p-v_{iw}^{*p})^{\frac{1+p}{2p}}
\end{aligned}
\tag{7-32}
$$

由引理 7.4 可知，存在一个有限时间 T，且满足如下关系：

$$
T \leqslant \frac{V(0)^{1-\frac{1+p}{2p}}}{\mu p} \leqslant +\infty
\tag{7-33}
$$

使得当 $t > T$ 时，$\dot{V}_q = 0$。

为了证明 V_0 能在有限的时间内达到零点，可将 $\dot{V}_0$ 改为如下形式：

$$
\begin{aligned}
\dot{V}_0 &= \sum_{i=1}^{n}\left[\sum_{j\in N_i}k_{ij}(q_i-q_j)\right]q_i w_i \\
&= -k_2\sum_{i=1}^{n}\left[\sum_{j\in N_i}k_{ij}(q_i-q_j)+b_i(q_i-q_d)\right]^{1+\frac{1}{p}} \\
&\leqslant -k_2\left\{\sum_{i=1}^{n}\sum_{w=1}^{3}\left[\sum_{j\in N_i}(q_{iw}-q_{jw})+b_i(q_{iw}-q_{dw})\right]^2\right\}^{1+\frac{1}{p}}
\end{aligned}
\tag{7-34}
$$

因此，可得到

$$\dot{V}_0 \leqslant -k_2 (2\lambda_{\min} V_0)^{\frac{1+p}{2p}} \tag{7-35}$$

引理 7.4 表明，$V_0 = 0$ 可在有限时间 T 内实现，其中有限时间 T 满足式 (7-33)。因此，当多无人机的拓扑图 G 中至少有一条有向边连通跟随者与领航者之间，那么就能实现多无人机的姿态同步控制，即 $q_i = q_j = q_d$，$w_i = 0$，旋转子系统部分证明完毕。□

7.2.2 平移子系统控制器

选取各架无人机的位置与速度信息构建如下的平移子系统滑模面：

$$S_{2i} = \tilde{p}_i + \frac{1}{\xi} \tilde{v}_i^{\frac{m}{n}} \tag{7-36}$$

其中，ξ 为大于零的正数；m 与 n 均为大于零的奇数，且满足 $1 < m/n < 2$；$\tilde{p}_i$ 和 $\tilde{v}_i$ 分别为第 i 架无人机的位置跟踪误差和速度跟踪误差。

将平移子系统的滑模面 (7-36) 两边求导，可得到 S_{2i} 的导数：

$$\dot{S}_{2i} = \tilde{v}_i + \frac{m}{\xi n} \tilde{v}_i^{m/n-1} \dot{\tilde{v}}_i \tag{7-37}$$

令平移子系统滑模面的导数 $\dot{S}_{2i}$ 等于零，并将多无人机的平移子系统 (7-2) 代入式 (7-37) 中，可反解出各架无人机平移子系统的等效控制输入 $\mathcal{T}_{ieq}$：

$$\mathcal{T}_{ieq} = m_i \left[g\hat{e}_3 - \dot{v}_{id} + \frac{\xi n}{m} \tilde{v}_i^{1-m/n} + \hat{f}_2 \right] \left[R(Q_i)^{\mathrm{T}} \hat{e}_3 \right]^{-1} \tag{7-38}$$

其中，$\mathcal{T}_{ieq}$ 中的下标 i 表示第 i 架无人机的等效控制输入，v_{id} 表示第 i 架无人机的期望速度，$\tilde{v}_i$ 表示第 i 架无人机实际速度与期望速度之间的误差，$\hat{f}_2$ 表示外界干扰 f_2 的估计值，其余的参数同第 6 章所述。

在考虑各架无人机的建模不确定项 f_2 以及外部干扰 d_2 后，可设计如下的平移子系统控制律：

$$\mathcal{T}_i = m_i \left[g\hat{e}_3 - \dot{v}_{id} + \frac{\xi n}{m} \tilde{v}_i^{1-m/n} + \hat{f}_2 \right] \left[R(Q_i)^{\mathrm{T}} \hat{e}_3 \right]^{-1}$$
$$- \frac{m}{\xi n} [F_2 + D_2 + \eta] \mathrm{sign}(S_{2i}) - \frac{\xi n}{m} v_i^{2-m/n} + v_i \tilde{v}_i^{1-m/n} \tag{7-39}$$

其中，F_2 表示未建模项的上界值，D_2 表示外界干扰的上界值，η 为大于零的常数；$R(Q_i)$ 为第 i 架无人机关于姿态 Q_i 的旋转矩阵。值得注意的是，带有下标的 m 表示的是第 i 架无人机的质量，而不带下标的 m 仅表示一个控制器参数。

证明：考虑如下的候选 Lyapunov 函数：

$$V_2 = \frac{1}{2} S_{2i}^{\mathrm{T}} S_{2i} \tag{7-40}$$

将式 (7-40) 两边求导并将所设计的等效控制律 (7-38) 代入其中，可将 $\dot{V}_2$ 改写为如下形式：

$$
\begin{aligned}
\dot{V}_2 &= S_{2i} \dot{S}_{2i} \\
&= S_{2i} \left(\tilde{v}_i + \frac{m}{\xi n} \tilde{v}_i^{m/n-1} \dot{\tilde{v}}_i \right) \\
&= S_{2i} \left\{ \tilde{v}_i + \frac{m}{\xi n} \tilde{v}_i^{m/n-1} \dot{\tilde{v}}_i \left[g\hat{e}_3 - \frac{T_i}{m_i} R(Q_i)^{\mathrm{T}} \hat{e}_3 + \hat{f}_2 - \dot{v}_{id} \right] \right\}
\end{aligned} \tag{7-41}
$$

然后，将所设计的平移子系统控制律 (7-39) 代入式 (7-41) 中，可将 $\dot{V}_2$ 再次改写为如下形式：

$$
\begin{aligned}
\dot{V}_2 &= S_{2i} \frac{m}{\xi n} \tilde{v}_i^{m/n-1} \left\{ \begin{array}{l} \dfrac{\xi n}{m} \tilde{v}_i^{2-m/n} - v_i \tilde{v}_i^{1-m/n} + \dfrac{m}{\xi n}(f - \hat{f}) + \dfrac{m}{\xi n} d_2 \\[2mm] -\dfrac{m}{\xi n}\left[F_2 + D_2 + \eta \right] \mathrm{sign}(S_{2i}) - \dfrac{\xi n}{m} \tilde{v}_i^{2-m/n} + v_i \tilde{v}_i^{1-m/n} \end{array} \right\} \\[3mm]
&= \frac{m}{\xi n} \tilde{v}_i^{m/n-1} \left\{ \frac{m}{\xi n}(f - \hat{f}) S_{2i} + \frac{m}{\xi n} d_2 S_{2i} - \frac{m}{\xi n}\left[F_2 + D_2 + \eta \right] \mathrm{sign}(S_{2i}) S_{2i} \right\} \\[3mm]
&= \frac{m}{\xi n} \tilde{v}_i^{m/n-1} \left\{ \begin{array}{l} \dfrac{m}{\xi n}(f - \hat{f}) S_{2i} + \dfrac{m}{\xi n} d_2 S_{2i} - \dfrac{m}{\xi n} F_2 |S_{2i}| \\[2mm] -\dfrac{m}{\xi n} D_2 |S_{2i}| - \dfrac{m}{\xi n} \eta |S_{2i}| \end{array} \right\} \\[3mm]
&\leqslant -\frac{m}{\xi n} \tilde{v}_i^{m/n-1} \frac{m}{\xi n} \eta |S_{2i}| \\[3mm]
&= -\left(\frac{m}{\xi n} \right)^2 \tilde{v}_i^{m/n-1} \eta |S_{2i}| \\[2mm]
&\leqslant 0
\end{aligned} \tag{7-42}
$$

根据 Lyapunov 稳定性定理可知，该系统可以从任意初始状态在有限时间内达到滑模面，即 $S_{2i} = 0$。有限时间 t_r 可表示为

$$
t_r \leqslant \begin{cases} \dfrac{2|v_i(0) - \mathrm{sign}(S_{2i}(t)) v_i(t)|}{\eta_2} + \dfrac{|S_{2i}(t)|}{\dot{\eta}_2}, & v_i(0)\mathrm{sign}(S_{2i}(0)) \geqslant 0 \\[3mm] \dfrac{|S_{2i}(0)|}{\ddot{\eta}_2}, & v_i(0)\mathrm{sign}(S_{2i}(0)) < 0 \end{cases} \tag{7-43}
$$

同时，该子系统沿滑模面 $S_{2i} = 0$ 收敛到原点的时间 t_s 可由下式计算：

$$t_s = \frac{m}{m-n}\left(p_i(t_r)^{\frac{m}{m-n}}\right) \tag{7-44}$$

因此，基于非奇异终端滑模的控制器可使得系统从任意初始状态有限时间 $(t_r + t_s)$ 内收敛到原点，故该平移子系统是稳定的，证明完毕。　　　　　　□

综上所述，在领航者-跟随者编队策略下，对于任意初始状态的无人机可通过采用本章所设计的协同控制律，使得跟随者能在有限时间内与领航者达成姿态、角速度等状态信息的同步，并且按照预期的编队模式稳定飞行。

7.3　仿　真　结　果

为验证本章所设计的协同控制算法的有效性，本节采用四架四旋翼无人机对上述的控制算法进行数值仿真验证。为方便表述，将领航者标记为 1 号无人机，跟随者 1 号无人机标记为 2 号无人机，跟随者 2 号无人机标记为 3 号无人机，其余无人机编号以此类推。四架无人机的质量与惯性矩阵参数如表 7.1 所示。设置重力加速度 $g = 9.81 \mathrm{m/s^2}$，目标编队模式为平行于地面的正方形，通过向量 $\delta_{ij} = \delta_i - \delta_j$ 定义编队模式，其中 $\delta_1 = [2,2,0]$，$\delta_2 = [-2,2,0]$，$\delta_3 = [-2,-2,0]$，$\delta_4 = [2,-2,0]$。

编队系统中，领航者与跟随者之间的通信拓扑结构如图 7.1 所示。在表 7.2 中列出了控制器相关的增益与无人机所受的干扰力矩。假定各架无人机的建模不确定性项均为：$f_1 = [0.2\sin(t), 0.5\sin(1.5t), 0.3\sin(1.8t)]^{\mathrm{T}}$，$f_2 = [0.1\sin(t), 0.4\cos(1.5t), 0.2\sin(1.4t)]^{\mathrm{T}}$。其中，$|f_1| \leq F_1 = 0.6$，$|f_2| \leq F_2 = 0.5$。此外，在编队系统中领航者与跟随者的初始状态（姿态、角速度、位置以及线速度信息）分别设置如下：

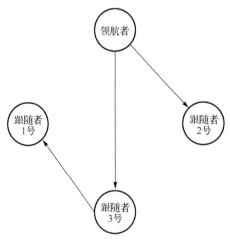

图 7.1　多无人机通信拓扑图

$$\begin{cases} Q_1(0) = [0,0,0,1]^{\mathrm{T}} \\ Q_2(0) = [0,0,0,1]^{\mathrm{T}} \\ Q_3(0) = [0,0,0,1]^{\mathrm{T}} \\ Q_4(0) = [0,0,0,1]^{\mathrm{T}} \end{cases} \begin{cases} w_1(0) = [0,0.25,-0.15]^{\mathrm{T}} \\ w_2(0) = [0.2,0.13,0.2]^{\mathrm{T}} \\ w_3(0) = [0.1,0.4,-0.2]^{\mathrm{T}} \\ w_4(0) = [0.2,0.4,0.2]^{\mathrm{T}} \end{cases}$$

$$\begin{cases} p_1(0) = [14,0,2]^{\mathrm{T}} \\ p_2(0) = [10,-1,2]^{\mathrm{T}} \\ p_3(0) = [6,0,-2]^{\mathrm{T}} \\ p_4(0) = [9,-4,1]^{\mathrm{T}} \end{cases} \begin{cases} v_1(0) = [-0.1,0.5,-0.1]^{\mathrm{T}} \\ v_2(0) = [-0.5,-0.8,0.2]^{\mathrm{T}} \\ v_3(0) = [-0.3,0.4,-0.4]^{\mathrm{T}} \\ v_4(0) = [0.3,-0.4,0.1]^{\mathrm{T}} \end{cases}$$

表 7.1　各无人机参数

参数	取值	参数	取值
m_1 / kg	3.0	m_2 / kg	3.5
m_3 / kg	3.8	m_4 / kg	4.0
J_1 (kg·m²)	diag (24.30,24.36,23.60)	J_2 / (kg·m²)	diag (20.30,20.25,20.66)
J_3 (kg·m²)	diag (33.30,30.35,29.60)	J_4 / (kg·m²)	diag (28.30,29.48,30.48)

表 7.2　控制器增益与干扰参数

参数	取值	参数	取值
k_1	3	b	[1,1,1]
k_2	1	ξ	3
p_1	1.3	m	1.7
p_2	1	n	1
d_1	$[-1.4,6.2,-2.4] \times 10^{-5}$	d_2	$[2,4.2,0.4] \times 10^{-5}$

仿真结果如图 7.2~图 7.10 所示。图 7.2 展示了各架无人机的实际轨迹图；为清楚观察无人机的编队模式，在图 7.3 中展示了部分时刻下的无人机编队队形，可以观测到领导者与跟随者以预期的编队模式飞行。

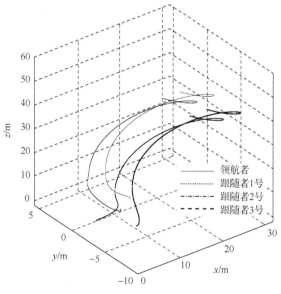

图 7.2　无人机轨迹图

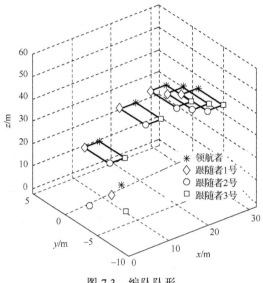

图 7.3　编队队形

在图 7.4 中展示了领航者与跟随者的实际位置与期望位置的跟踪误差，从局部放大图中可观测到跟踪效果良好，并且误差维持在极小的一个范围内。图 7.5 展示的是四架无人机的速度跟踪误差，在达到系统稳态之后，误差范围控制在 $10^{-4} \sim 10^{-6}$ 这一数量级上。图 7.6 与图 7.7 分别展示了编队成员的姿态跟踪误差与角速度跟踪误差，相比第 6 章中姿态的收敛速度，本章中的姿态收敛速度有了明显的提升(注：第 6 章中姿态在 25s 左右达到同步，而本章中的姿态在 10s 左右达到同步，收敛速度提升了 60%)。图 7.8 中展示了各架无人机的控制输入扭矩与总推力的情况，相比第 6 章中的自适应滑模控制算法，本章中基于非奇异终端滑模的协同控制算法在保证系统稳定性的情况下，显著减少了输入控制的抖振现象。

最后，图 7.9 与图 7.10 分别展现了领航者与跟随者的旋转子系统的滑模面与平移子系统滑模面。从图中可以看出，领航者和跟随者均在 10s 左右到达了各自相应的滑模面，这也对应了编队中所有成员的状态信息已达成一致。

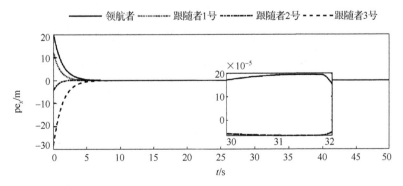

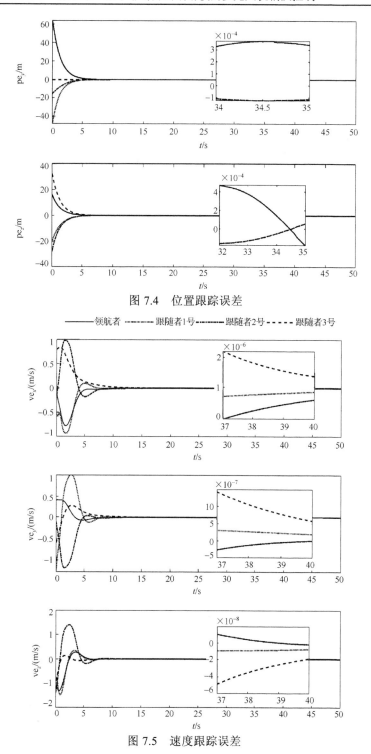

图 7.4　位置跟踪误差

图 7.5　速度跟踪误差

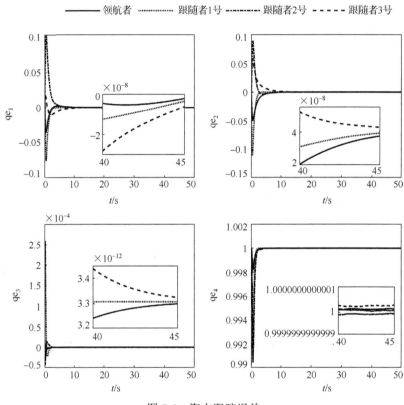

图 7.6　姿态跟踪误差

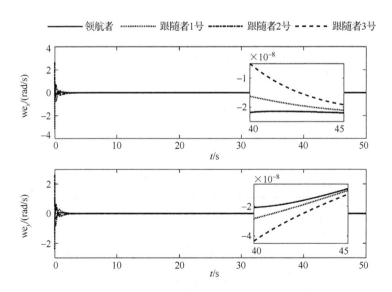

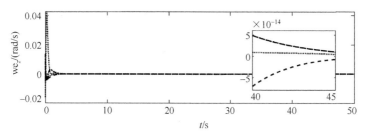

图 7.7　角速度跟踪误差

领航者 ┄┄┄ 跟随者1号 ━·━· 跟随者2号 ━ ━ ━ 跟随者3号

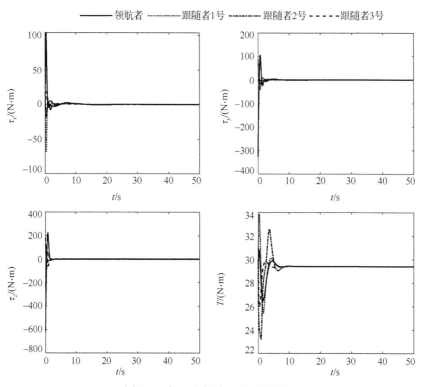

图 7.8　各无人机输入扭矩与推力

领航者 ┄┄┄ 跟随者1号 ━·━· 跟随者2号 ━ ━ ━ 跟随者3号

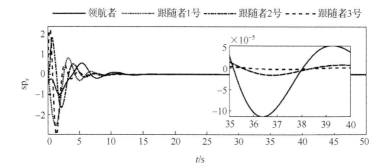

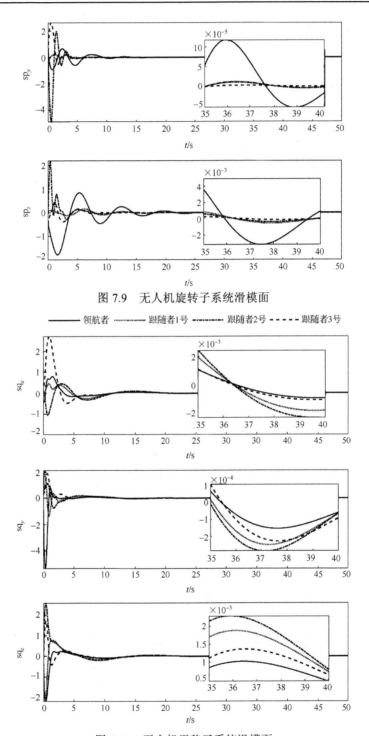

图 7.9　无人机旋转子系统滑模面

图 7.10　无人机平移子系统滑模面

7.4　本　章　小　结

本章研究了基于领航者-跟随者策略下的多无人机编队控制问题，并给出了多机协同编队控制的时间有界性与稳定性的充分条件。基于非奇异终端滑模控制策略设计了一种多无人机协同控制律，以驱动各架无人机在有限时间内达成状态一致并按照预期的编队模式稳定飞行。相比其他控制方案，本控制算法驱动无人机达成状态信息一致所需的时间更短，并且能在一定程度上减少传统滑模控制中控制输入的抖振问题；不足之处是虽然该算法能处理未建模项带来的干扰，但仍需要其上界值。最后，通过数值仿真验证了所设计的协同控制算法的有效性。

第8章 具有集成不确定项的多固定翼无人机 姿态同步控制

本章研究了干扰、测量误差、模型或参数不确定及控制器微小故障下多固定翼无人机姿态同步控制问题。基于 Lyapunov 稳定性理论分别设计基于神经网络的直接自适应分布式姿态同步控制器和基于观测器和神经网络的间接自适应分布式姿态同步控制器,实现了多固定翼无人机姿态同步控制。

8.1 直接自适应姿态同步控制

在集成不确定项(干扰、测量误差、模型或参数不确定和控制器微小故障)情况下,一类非线性多无人机姿态运动模型可以建模为以下状态方程:

$$
\begin{cases}
\dot{h}_i(t) = C_{nb}(h_i(t))x_i(t) \\
\dot{x}_i(t) = F_i(x_i(t))x_i(t) + G_i(t)u_i(t) + Q_i(t) + D_i(t) \\
i = 1,2,\cdots,N
\end{cases}
\tag{8-1}
$$

定义领航者状态方程为

$$
\begin{cases}
h_l(t) = G_l(t) \\
x_l(t) = F_l(t) = C_{bn}(h_l(t))\dot{G}_l(t) \\
\dot{x}_l(t) = \dot{F}_l(t) = f_l(t)
\end{cases}
\tag{8-2}
$$

用式(8-1)减去式(8-2),可得无人机 i 与领航者之间的误差动力学方程如下:

$$
\begin{cases}
\xi_i(t) = h_i(t) - h_l(t) \\
\mu_i(t) = x_i(t) - x_l(t) \\
\dot{\mu}_i(t) = F_i(x_i(t))x_i(t) + G_i(t)u_i(t) + Q_i(t) + D_i(t) - f_l(t) \\
i = 1,2,\cdots,N
\end{cases}
\tag{8-3}
$$

根据主从式控制理论,可得无人机 i 的主从式同步误差:

$$
\begin{cases}
e_i(t) = \sum_{j=1}^{n}(a_{ij}(\xi_i(t) - \xi_j(t)) + b_{ij}\xi_i(t)) + \sum_{j=1}^{n}(a_{ij}(\mu_i(t) - \mu_j(t)) + b_{ij}\mu_i(t)) \\
i,j = 1,2,\cdots,N
\end{cases}
\tag{8-4}
$$

其中， $a_{ij} \in A$ 为无人机群拓扑结构的邻接矩阵； $b_{ij} \in B$ 为无人机与领航者之间的通信权重矩阵。

式 (8-4) 可写为如下向量形式：

$$e = (\tilde{L} \otimes I_m)\xi + (\tilde{L} \otimes I_m)\mu = (\tilde{L} \otimes I_m)(\xi + \mu) \tag{8-5}$$

其中

$$\begin{cases} \xi = [\xi_1^T(t), \xi_2^T(t), \cdots, \xi_N^T(t)]^T \\ \mu = [\mu_1^T(t), \mu_2^T(t), \cdots, \mu_N^T(t)]^T \\ e = [e_1^T(t), e_2^T(t), \cdots, e_N^T(t)]^T \\ \tilde{L} = L + B \end{cases} \tag{8-6}$$

其中， L 为 A 的 Laplace 矩阵。

根据 RBF 神经网络估计理论，集成不确定项 $D_i(t)$ 及其估计器 $\hat{D}_i(t)$ 可以表示为

$$\begin{cases} D_i(t) = w_i^{*T}\eta_i(z_i) + \varepsilon_i(z_i) \\ \hat{D}_i(t) = \hat{w}_i^T\eta_i(z_i) \\ i = 1, \cdots, N \end{cases} \tag{8-7}$$

其中，当权重 $\|\hat{w} - w^*\| \to 0$ 时，估计器 $\hat{D}_i(t)$ 可以用于精确地逼近未知项 $D_i(t)$ ； $\varepsilon_i(z_i)$ ， $z_i = e_i$ 为估计误差，且 $\|\varepsilon_i(z_i)\| \leq \sigma$ ， $\sigma \in \mathbf{R}^+$ 为正常数。

引理 8.1 定义 $x(t) \in \mathbf{R}^{m \times n}$ 和 $y(t) \in \mathbf{R}^{m \times n}$ 为连续函数或函数向量，应用 Cauchy 不等式及 Young's 不等式，则存在以下关系：

$$\begin{cases} x(t)y(t) \leq \|x(t)\|\|y(t)\| \leq \dfrac{\|x(t)\|^2}{\lambda} + \dfrac{\|y(t)\|^2}{\gamma} \\ \dfrac{1}{\lambda} + \dfrac{1}{\gamma} = 1 \end{cases}$$

定义 Lyapunov 函数为

$$V(t) = \frac{1}{2}(\xi + \mu)^T(\tilde{L} \otimes I_m)(\xi + \mu) + \frac{1}{2}\sum_{i=1}^{N} k_i^{-1}\mathrm{tr}(\tilde{w}_i^T\tilde{w}_i) \tag{8-8}$$

其中， $\tilde{w} = \hat{w} - w^*$ ， $k_i \in \mathbf{R}^+$ 为正常数。对式 (8-8) 求导，可得：

$$\begin{aligned} \dot{V}(t) &= (\xi(t) + \mu(t))^T(\tilde{L} \otimes I_m)(\dot{\xi}(t) + \dot{\mu}(t)) + \sum_{i=1}^{N} k_i^{-1}\mathrm{tr}(\tilde{w}_i^T\dot{\tilde{w}}_i) \\ &= \sum_{i=1}^{N} e_i^T(t)\begin{pmatrix} F_i(x_i(t))x_i(t) + G_i(t)u_i(t) \\ + Q_i(t) + w_i^{*T}\eta_i(z_i) + \varepsilon_i(z_i) - f_i(t) + \dot{\xi}(t) \end{pmatrix} + \sum_{i=1}^{N} k_i^{-1}\mathrm{tr}(\tilde{w}_i^T\dot{\tilde{w}}_i) \end{aligned} \tag{8-9}$$

其中，$\left\| -f_l(t)+\dot{\xi}(t) \right\| \leqslant \varepsilon$，$\varepsilon$ 为正常数。应用引理 8.1，可得：

$$\begin{cases} e_i^{\mathrm{T}}(-f_l(t)+\dot{\xi}(t)) \leqslant \left\| -f_l(t)+\dot{\xi}(t) \right\| \|e_i\| \leqslant \varepsilon \|e_i\| \leqslant \varepsilon^2/\lambda_i + \|e_i\|^2/\rho_i \\ \qquad e_i^{\mathrm{T}}\varepsilon_i(z_i) \leqslant \|e_i\| \|\varepsilon_i(z_i)\| \leqslant \sigma^2/\xi_i + \|e_i\|^2/\zeta_i \\ \qquad 1/\lambda_i + 1/\rho_i = 1, \ 1/\xi_i + 1/\zeta_i = 1 \end{cases} \tag{8-10}$$

其中，$\lambda_i \in \mathbf{R}^+, \rho_i \in \mathbf{R}^+, \xi_i \in \mathbf{R}^+, \zeta_i \in \mathbf{R}^+, i=1,2,\cdots,N$。

将式 (8-10) 代入式 (8-9)，可得：

$$\dot{V}(t) \leqslant \sum_{i=1}^{N} \begin{pmatrix} e_i^{\mathrm{T}}(t)F_i(x_i(t))x_i(t) + e_i^{\mathrm{T}}(t)G_i(t)u_i(t) \\ +e_i^{\mathrm{T}}(t)Q_i(t) + e_i^{\mathrm{T}}(t)w_i^{*\mathrm{T}}\eta_i(z_i) + \|e_i\|^2/\rho_i + \|e_i\|^2/\zeta_i \end{pmatrix}$$
$$+ \sum_{i=1}^{N}(\varepsilon^2/\lambda_i + \sigma^2/\xi_i) + \sum_{i=1}^{N} k_i^{-1}\mathrm{tr}(\tilde{w}_i^{\mathrm{T}}\dot{\tilde{w}}_i) \tag{8-11}$$

设计控制器 $u_i(t)$ 为

$$u_i(t) = -K_i(t)e_i(t) - G_i^+(t)\hat{w}_i^{\mathrm{T}}\eta_i(z_i) - G_i^+(t)Q_i(t) - G_i^+(t)F_i(x_i(t))x_i(t) \tag{8-12}$$

其中

$$K_i(t) = \gamma_i \left(\frac{\lambda_{\max}(\varDelta)}{2} + \frac{1}{\gamma_i\rho_i} + \frac{1}{\gamma_i\zeta_i} \right) G_i^+(t) \tag{8-13}$$

其中，$\gamma_i \in R^+$ 为正常数，$\lambda_{\max}(\varDelta)$ 为 $\varDelta$ 的最大特征值。将式 (8-12) 代入式 (8-11) 可得：

$$\dot{V}(t) \leqslant -\frac{1}{2}\sum_{i=1}^{N}(\gamma_i\lambda_{\max}(\varDelta)\|e_i(t)\|^2 - e_i(t)\tilde{w}_i^{\mathrm{T}}\eta_i(z_i))$$
$$+ \sum_{i=1}^{N}(\varepsilon^2/\lambda_i + \sigma^2/\xi_i) + \sum_{i=1}^{N} k_i^{-1}\mathrm{tr}(\tilde{w}_i^{\mathrm{T}}\dot{\tilde{w}}_i) \tag{8-14}$$

其中，神经网络权值自适应律 $\dot{\hat{w}}_i$ 满足：

$$\dot{\hat{w}}_i = \dot{\tilde{w}}_i = k_i(\eta_i(z_i)e_i(t)^{\mathrm{T}} - \sigma_i\hat{w}_i) \tag{8-15}$$

将式 (8-15) 代入式 (8-14) 可得：

$$\dot{V}(t) \leqslant -\frac{1}{2}\sum_{i=1}^{N}\gamma_i\lambda_{\max}(\varDelta)\|e_i(t)\|^2 - \sum_{i=1}^{N}\sigma_i\mathrm{tr}(\tilde{w}_i^{\mathrm{T}}\hat{w}_i) + \sum_{i=1}^{N}(\varepsilon^2/\lambda_i + \sigma^2/\xi_i) \tag{8-16}$$

其中

$$-\tilde{w}_i^{\mathrm{T}}\hat{w}_i = -\frac{\tilde{w}_i^{\mathrm{T}}\tilde{w}_i}{2} - \frac{\hat{w}_i^{\mathrm{T}}\hat{w}_i}{2} + \frac{w_i^{*\mathrm{T}}w_i^*}{2}$$
$$\leqslant -\frac{1}{2}\tilde{w}_i^{\mathrm{T}}\tilde{w}_i + \frac{1}{2}w_i^{*\mathrm{T}}w_i^* \tag{8-17}$$

将式(8-17)代入式(8-16)可得:

$$\dot{V}(t) \leqslant -\frac{1}{2}\sum_{i=1}^{N}\gamma_i\lambda_{\max}(\Delta)\|e_i(t)\|^2 - \frac{1}{2}\sum_{i=1}^{N}\sigma_i\mathrm{tr}(\tilde{w}_i^{\mathrm{T}}\tilde{w}_i)$$
$$+\frac{1}{2}\sum_{i=1}^{N}\sigma_i\mathrm{tr}(w_i^{*\mathrm{T}}w_i^*) + \sum_{i=1}^{N}(\varepsilon^2/\lambda_i + \sigma^2/\xi_i) \tag{8-18}$$

令

$$\begin{cases} \bar{\beta} = \min\left(\gamma_i, \sigma_i k_i\right), \quad i=1,2,\cdots,N \\ \bar{\theta} = \sum_{i=1}^{N}\left(\varepsilon^2/\lambda_i + \sigma^2/\xi_i + \frac{1}{2}\sigma_i\mathrm{tr}(w_i^{*\mathrm{T}}w_i^*)\right) \end{cases} \tag{8-19}$$

则

$$\dot{V}(t) \leqslant -\bar{\beta}V(t) + \bar{\theta} \tag{8-20}$$

由式(8-20)可得

$$V(t) \leqslant V(0)e^{-\bar{\beta}t} + \frac{\bar{\theta}}{\bar{\beta}}(1-e^{-\bar{\beta}t}) = \frac{\bar{\theta}}{\bar{\beta}} + \left(V(0) - \frac{\bar{\theta}}{\bar{\beta}}\right)e^{-\bar{\beta}t} \tag{8-21}$$

式(8-21)表明:选择合适的设计参数,并选择神经网络自适应地补偿不确定项,可以保证 Lyapunov 函数 $V(t)$ 收敛到足够小,进而保证同步误差和不确定项估计误差收敛到足够小。

8.2 基于观测器的间接自适应姿态同步控制

为方便使用观测器观测集成不确定项,可截取式(8-1)中包含集成不确定项的部分,在此基础上设计带输出方程的多无人机姿态运动方程如下:

$$\begin{cases} \dot{x}_i(t) = F_i(x_i(t))x_i(t) + G_i(t)u_i(t) + Q_i(t) + D_i(t) \\ y_i(t) = C_i x_i(t) \\ i = 1,2,\cdots,N \end{cases} \tag{8-22}$$

其中,$C_i = I_m$ 为输出矩阵,I_m 为维数为 m 的单位矩阵;$y_i(t)$ 为输出状态。在此基础上,针对集成不确定项的观测器可以设计为

$$\begin{cases} \dot{\hat{x}}_i(t) = F_i(x_i(t))\hat{x}_i(t) + G_i(t)u_i(t) + Q_i(t) + \hat{D}_i(t) + K_i(t)(\hat{y}_i(t) - y_i(t)) \\ \hat{y}_i(t) = C_i\hat{x}_i(t) \\ i = 1,2,\cdots,N \end{cases} \tag{8-23}$$

其中,$\hat{x}_i(t)$ 为观测器状态向量,$\hat{y}_i(t)$ 为观测器输出向量,$\hat{D}_i(t)$ 为式(8-22)中集成不

确定项 $D_i(t)$ 的估计值，$K_i(t)$ 为观测器增益矩阵，$C_i = I_m$ 为输出矩阵。

式 (8-23) 减去式 (8-22) 可得观测误差方程：

$$\begin{cases} \dot{\hat{e}}_i(t) = (F_i(x_i(t)) + K_i(t)C_i)\hat{e}_i(t) + \tilde{D}_i(t) \\ \hat{\varepsilon}_i(t) = C_i\hat{e}_i(t) \\ i = 1, 2, \cdots, N \end{cases} \tag{8-24}$$

其中，$\hat{e}_i(t) = \hat{x}_i(t) - x_i(t)$，$\tilde{D}_i(t) = \hat{D}_i(t) - D_i(t)$，$\hat{\varepsilon}_i(t) = \hat{y}_i(t) - y_i(t)$。

为了保证误差动力系统 (8-24) 能达到渐近稳定，即 $\lim_{t \to \infty} \hat{e}_i(t) = 0$，式 (8-24) 中的相关参数须满足如下关系：

$$P_i(F_i(x_i(t)) + K_i(t)C_i) + (F_i(x_i(t)) + K_i(t)C_i)^{\mathrm{T}} P_i = -Q_i \tag{8-25}$$

其中，P_i 和 Q_i 为正定对称矩阵。

根据式 (8-25)，观测器增益矩阵 $K_i(t)$ 可以设计为

$$K_i(t) = -\left(\frac{1}{2} P_i^{-1} Q_i + F_i(x_i(t)) \right) C_i^{-1} \tag{8-26}$$

集成不确定项 $D_i(t)$ 及其估计器 $\hat{D}_i(t)$ 可用神经网络表示为

$$\begin{cases} D_i(t) = w_i^{*\mathrm{T}} \eta_i(z_i) + \varepsilon_i(z_i) \\ \hat{D}_i(t) = \hat{w}_i^{\mathrm{T}} \eta_i(z_i) \\ i = 1, \cdots, N \end{cases} \tag{8-27}$$

其中，当权重 $\|\hat{w} - w^*\| \to 0$ 时，估计器 $\hat{D}_i(t)$ 可以精确地逼近集成不确定项 $D_i(t)$；$\varepsilon_i(z_i)$，$z_i = \hat{e}_i$ 为估计误差，且 $\|\varepsilon_i(z_i)\| \le \sigma_i$，$\sigma_i$ 为正常数。此时，估计误差 $\tilde{D}_i(t)$ 可以表示为

$$\begin{aligned} \tilde{D}_i(t) = \hat{D}_i(t) - D_i(t) &= (\hat{w}_i^{\mathrm{T}} - w_i^{*\mathrm{T}})\eta_i(z_i) - \varepsilon_i(z_i) \\ &= \tilde{w}_i^{\mathrm{T}} \eta_i(z_i) - \varepsilon_i(z_i) \end{aligned} \tag{8-28}$$

令 $\tilde{w}_i = \hat{w} - w^*$，定义 Lyapunov 函数为

$$V_i = \frac{1}{2} \hat{e}_i^{\mathrm{T}} P_i \hat{e}_i + \frac{1}{2\gamma_i} \mathrm{tr}(\tilde{w}_i^{\mathrm{T}} \tilde{w}_i) \tag{8-29}$$

对式 (8-29) 求导，并结合式 (8-24) 可得：

$$\begin{aligned} \dot{V}_i &= \frac{1}{2} (\dot{\hat{e}}_i^{\mathrm{T}} P_i \hat{e}_i + \hat{e}_i^{\mathrm{T}} P_i \dot{\hat{e}}_i) + \frac{1}{\gamma_i} \mathrm{tr}(\dot{\tilde{w}}_i^{\mathrm{T}} \tilde{w}_i) \\ &= \frac{1}{2} \hat{e}_i^{\mathrm{T}} (P_i(A_i + K_iC_i) + (A_i + K_iC_i)^{\mathrm{T}} P_i) \hat{e}_i \end{aligned}$$

$$+ \eta_i(z_i)^{\mathrm{T}} \tilde{w}_i P_i \hat{e}_i - \varepsilon_i(z_i)^{\mathrm{T}} P_i \hat{e}_i + \frac{1}{\gamma_i} \mathrm{tr}(\dot{\tilde{w}}_i^{\mathrm{T}} \tilde{w}_i)$$

$$= -\frac{1}{2} \hat{e}_i^{\mathrm{T}} Q_i \hat{e}_i + \eta_i(z_i)^{\mathrm{T}} \tilde{w}_i P_i \hat{e}_i - \varepsilon_i(z_i)^{\mathrm{T}} P_i \hat{e}_i + \frac{1}{\gamma_i} \mathrm{tr}(\dot{\tilde{w}}_i^{\mathrm{T}} \tilde{w}_i) \tag{8-30}$$

其中

$$\eta_i(z_i)^{\mathrm{T}} \tilde{w}_i P_i \hat{e}_i = \mathrm{tr}(P_i \hat{e}_i \eta_i(z_i)^{\mathrm{T}} \tilde{w}_i) \tag{8-31}$$

选择权值更新律为

$$\dot{\hat{w}}_i = \dot{\tilde{w}}_i = -\gamma_i \eta_i(z_i) \hat{e}_i^{\mathrm{T}} P_i - c_i \gamma_i \frac{\hat{e}_i^{\mathrm{T}} P_i \hat{w}_i^{\mathrm{T}} \eta_i(z_i)}{m_i} \hat{w}_i \tag{8-32}$$

其中

$$c_i = \begin{cases} 1, & \hat{e}_i^{\mathrm{T}} P_i \hat{w}_i^{\mathrm{T}} \eta_i(z_i) > 0 \\ 0, & \hat{e}_i^{\mathrm{T}} P_i \hat{w}_i^{\mathrm{T}} \eta_i(z_i) \leqslant 0 \end{cases}$$

$$m_i \geqslant \mathrm{tr}(\hat{w}_i(0)^{\mathrm{T}} \hat{w}_i(0)) \tag{8-33}$$

将式(8-32)代入式(8-30)，并结合式(8-31)可得：

$$\dot{V}_i = -\frac{1}{2} \hat{e}_i^{\mathrm{T}} Q_i \hat{e}_i + \frac{1}{\gamma_i} \mathrm{tr}(\gamma_i P_i \hat{e}_i \eta_i(z_i)^{\mathrm{T}} \tilde{w}_i + \dot{\hat{w}}_i^{\mathrm{T}} \tilde{w}_i) - \varepsilon_i(z_i)^{\mathrm{T}} P_i \hat{e}_i$$

$$= -\frac{1}{2} \hat{e}_i^{\mathrm{T}} Q_i \hat{e}_i + \frac{1}{\gamma_i} \mathrm{tr}((\gamma_i \eta_i(z_i) \hat{e}_i^{\mathrm{T}} P_i + \dot{\hat{w}}_i)^{\mathrm{T}} \tilde{w}_i) - \varepsilon_i(z_i)^{\mathrm{T}} P_i \hat{e}_i$$

$$= -\frac{1}{2} \hat{e}_i^{\mathrm{T}} Q_i \hat{e}_i - \varepsilon_i(z_i)^{\mathrm{T}} P_i \hat{e}_i - c_i \mathrm{tr}\left(\frac{\hat{e}_i^{\mathrm{T}} P_i \hat{w}_i^{\mathrm{T}} \eta_i(z_i)}{m_i} \tilde{w}_i^{\mathrm{T}} \hat{w}_i \right) \tag{8-34}$$

与式(8-17)类似，有：

$$-\tilde{w}_i^{\mathrm{T}} \hat{w}_i = -\frac{\tilde{w}_i^{\mathrm{T}} \tilde{w}_i}{2} - \frac{\hat{w}_i^{\mathrm{T}} \hat{w}_i}{2} + \frac{w_i^{*\mathrm{T}} w_i^*}{2}$$

$$\leqslant -\frac{1}{2} \tilde{w}_i^{\mathrm{T}} \tilde{w}_i + \frac{1}{2} w_i^{*\mathrm{T}} w_i^* \tag{8-35}$$

结合式(8-35)，式(8-34)可以重写为

$$\dot{V}_i \leqslant -\frac{1}{2} \hat{e}_i^{\mathrm{T}} Q_i \hat{e}_i - \varepsilon_i(z_i)^{\mathrm{T}} P_i \hat{e}_i + \frac{1}{2} c_i \frac{\hat{e}_i^{\mathrm{T}} P_i \hat{w}_i^{\mathrm{T}} \eta_i(z_i)}{m_i} \mathrm{tr}(w_i^{*\mathrm{T}} w_i^*)$$

$$\leqslant -\frac{1}{2} \hat{e}_i^{\mathrm{T}} Q_i \hat{e}_i - \varepsilon_i(z_i)^{\mathrm{T}} P_i \hat{e}_i \leqslant -\frac{1}{2} \lambda_{\min}(Q_i) \|\hat{e}_i\|^2 + \sigma_i \lambda_{\max}(P_i) \|\hat{e}_i\|$$

$$= -\frac{1}{2} \|\hat{e}_i\| (\lambda_{\min}(Q_i) \|\hat{e}_i\| - 2\sigma_i \lambda_{\max}(P_i)) \tag{8-36}$$

根据式 (8-36) 可知，V_i 将收敛到半径 $r_i = \kappa_i \|\sigma_i\|$，$\kappa_i = 2\lambda_{\max}(P_i) / \lambda_{\min}(Q_i)$，其中 σ_i 为足够小的正常数，κ_i 的值可以通过调整参数 P_i 和 Q_i 来设计到足够小。式 (8-23) ～式 (8-36) 给出了基于观测器的集成不确定项估计方法，并进行了相关收敛理论证明。接下来将应用该估计结果到无人机同步控制器设计过程中，并证明其相关稳定性。

为了继续设计多无人机姿态同步控制器，沿用式 (8-2) ～式 (8-6) 的相关公式，并基于此定义 Lyapunov 函数为

$$V(t) = \frac{1}{2}(\xi + \mu)^{\mathrm{T}}(\tilde{L} \otimes I_m)(\xi + \mu) \tag{8-37}$$

对式 (8-37) 求导，并将式 (8-2) 代入可得：

$$
\begin{aligned}
\dot{V}(t) &= (\xi(t) + \mu(t))^{\mathrm{T}}(\tilde{L} \otimes I_m)(\dot{\xi}(t) + \dot{\mu}(t)) \\
&= \sum_{i=1}^{N} e_i^{\mathrm{T}}(t)(F_i(x_i(t))x_i(t) + G_i(t)u_i(t) + Q_i(t) + D_i(t) - f_l(t) + \dot{\xi}(t))
\end{aligned} \tag{8-38}
$$

其中，$e_i(t)$ 为无人机 i 的主从式同步误差，其具体构造如式 (8-4) 所示。

沿用式 (8-10) 中的不等式，有：

$$
\begin{cases}
e_i^{\mathrm{T}}(-f_l(t) + \dot{\xi}(t)) \leqslant \| -f_l(t) + \dot{\xi}(t)\| \| e_i \| \leqslant \varepsilon \| e_i \| \leqslant \varepsilon^2 / \lambda_i + \| e_i \|^2 / \rho_i \\
1/\lambda_i + 1/\rho_i = 1
\end{cases} \tag{8-39}
$$

其中，$\lambda_i \in \mathbf{R}^+$，$\rho_i \in \mathbf{R}^+$，$i = 1, 2, \cdots, N$。

结合式 (8-39)，式 (8-38) 可以重写为

$$\dot{V}(t) = \sum_{i=1}^{N} \begin{pmatrix} e_i^{\mathrm{T}}(t)F_i(x_i(t))x_i(t) + e_i^{\mathrm{T}}(t)G_i(t)u_i(t) \\ + e_i^{\mathrm{T}}(t)Q_i(t) + e_i^{\mathrm{T}}(t)D_i(t) + \| e_i \|^2 / \rho_i \end{pmatrix} + \sum_{i=1}^{N} \frac{\varepsilon^2}{\lambda_i} \tag{8-40}$$

结合式 (8-23) ～式 (8-36) 中基于观测器设计的集成不确定项估计器 $\hat{D}_i(t)$，针对具有集成不确定项的多无人机姿态同步控制器可以设计为

$$u_i = G_i^+(t)\left(-\gamma_i \left(\frac{\lambda_{\max}(\Delta)}{2} + \frac{1}{\gamma_i \rho_i} \right) e_i - (F_i(x_i(t))x_i(t) + Q_i(t) + \hat{D}_i(t)) \right) \tag{8-41}$$

将式 (8-41) 代入式 (8-40) 可得：

$$\dot{V}(t) \leqslant \sum_{i=1}^{N} \left(-\frac{\lambda_{\max}(\Delta)}{2} \gamma_i e_i^{\mathrm{T}} e_i - e_i^{\mathrm{T}} \tilde{D}_i(t) \right) + \sum_{i=1}^{N} \frac{\varepsilon^2}{\lambda_i} \tag{8-42}$$

应用引理 8.1，可得：

$$
\begin{cases}
-e_i^{\mathrm{T}}\tilde{D}_i(t) \leqslant \|e_i\|\|\tilde{D}_i(t)\| \leqslant \|e_i\|^2 / \vartheta_i + \|\tilde{D}_i(t)\|^2 / \varsigma_i \\
1/\vartheta_i + 1/\varsigma_i = 1 \\
\qquad i = 1, 2, \cdots, N
\end{cases} \tag{8-43}
$$

将式(8-43)代入式(8-42)可得：

$$
\begin{aligned}
\dot{V}(t) \leqslant &-\frac{\lambda_{\max}(\Delta)}{2} \sum_{i=1}^{N}\left(\gamma_i - \frac{2}{\lambda_{\max}(\Delta)\vartheta_i}\right)e_i^{\mathrm{T}}(t)e_i(t) \\
&+ \sum_{i=1}^{N}\left(\varepsilon^2 / \lambda_i + \|\tilde{D}_i(t)\|^2 / \varsigma_i\right)
\end{aligned} \tag{8-44}
$$

令

$$
\begin{cases}
\bar{\rho} = \displaystyle\sum_{i=1}^{N}\left(\varepsilon^2 / \lambda_i + \|\tilde{D}_i(\tilde{x}_i(t))\|^2 / \varsigma_i\right) \\
\bar{\eta} = \min\left[\left(\lambda_i - \dfrac{2}{\lambda_{\max}(\Delta)\vartheta_i}\right)\right] \\
i = 1, 2, \cdots, N
\end{cases} \tag{8-45}
$$

结合式(8-44)和式(8-45)可得：

$$
\dot{V}(t) \leqslant -\bar{\eta}V(t) + \bar{\rho} \tag{8-46}
$$

$$
V(t) \leqslant V(0)e^{-\bar{\eta}t} + \frac{\bar{\rho}}{\bar{\eta}}(1 - e^{-\bar{\eta}t}) = \frac{\bar{\rho}}{\bar{\eta}} + \left(V(0) - \frac{\bar{\rho}}{\bar{\eta}}\right)e^{-\bar{\eta}t} \tag{8-47}
$$

式(8-47)表明包含集成不确定项估计误差的参数 $\bar{\rho}$ 能够收敛到足够小。选择合适的参数，使得 Lyapunov 函数 $V(t)$ 收敛到足够小，确保同步误差收敛到足够小。

8.3　仿　真　结　果

本节采用 6 架无人机在无向连通拓扑条件下通过局域信息交换实现其跟随领航者的姿态同步仿真，其中仿真步长设定为 0.01s。无人机姿态动力学模型所需参数如表 2.1 所示。无人机群与领航者的通信拓扑如图 8.1 所示。各无人机运行过程中伴随的外部干扰 $f_i(t)$、测量误差 $\delta x_i(t)$、模型或参数不确定（$\delta F_i(x_i(t))$、$\delta G_i(t)$、$\delta Q_i(t)$）及控制器微小故障 $\delta u_i(t)$ 如式(8-48)所示。根据 8.1 节提出的基于神经网络的直接自适应控制方法，相关控制参数如表 8.1 所示。根据 8.2 节提出的基于观测器间接自适应控制方法，相关控制参数如表 8.2 所示。各无人机的初始姿态取值皆为−1 到 1 之间的随机数。

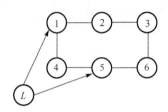

图 8.1　无人机群与领航者的通信拓扑图

表 8.1　直接自适应方法所需控制参数

参数	取值	参数	取值
γ_i	5	ρ_i	2
ζ_i	2	k_i	0.5
σ_i	0.001		

表 8.2　间接自适应方法所需控制参数

参数	取值	参数	取值
γ_i	5	ρ_i	2
γ_i	0.05		

根据图 8.1，给出无人机群邻接权重矩阵为

$$A = \begin{bmatrix} 0 & 1 & 0 & 0 & 0 & 1 \\ 1 & 0 & 1 & 0 & 0 & 0 \\ 0 & 1 & 0 & 1 & 0 & 0 \\ 0 & 0 & 1 & 0 & 1 & 0 \\ 0 & 0 & 0 & 1 & 0 & 1 \\ 1 & 0 & 0 & 0 & 1 & 0 \end{bmatrix}$$

给出无人机与领航者之间的通信权重矩阵为

$$B = \mathrm{diag}([1,0,0,0,1,0])$$

定义相对于惯性坐标系的领航者姿态为

$$h_l = \begin{bmatrix} \phi_l \\ \theta_l \\ \psi_l \end{bmatrix} = \begin{bmatrix} \sin(t/2)/3 \\ (1-\exp(-t/4))/2 \\ \cos(t/2)/3 \end{bmatrix}$$

$$\begin{cases} f_i(t) = \begin{bmatrix} (2(-1)^i - 1)\cos(t) - (-1)^i \cos(2t) \\ ((-1)^i - 2)\sin(t) + ((-1)^i - 1)\sin(2t) \\ (2 - (-1)^i)\cos(t) + (-1)^i \sin(2t) \end{bmatrix} \\ \delta F_i\big(x_i(t)\big) = 0.4\sin(t)F_i(x_i(t)) \\ \delta G_i(t) = 0.4\cos(t)G_i(t), \ \Delta Q_i(t) = 0.4Q_i(t) \\ \delta x_i(t) = 0.4\sin(t)x_i(t), \ \delta u_i(t) = 0.04\sin(t)u_i(t) \end{cases} \tag{8-48}$$

基于神经网络的直接自适应同步方法的仿真结果如图 8.2～图 8.9 所示。图 8.2 和图 8.3 分别展示了各无人机相对于惯性坐标系的姿态与相对于机体坐标系的角速度对领航者姿态及角速度的跟踪效果。图 8.4 展示了各无人机在跟随领导者完成姿态同步过程中，其控制力矩随时间的变化。图 8.5 展示了各无人机主从式同步误差随时间的变化。图 8.6～图 8.8 展示了无人机 1～6 的集成不确定项及估计值随时间的变化。图 8.9 为各无人机不确定项估计误差随时间的变化。

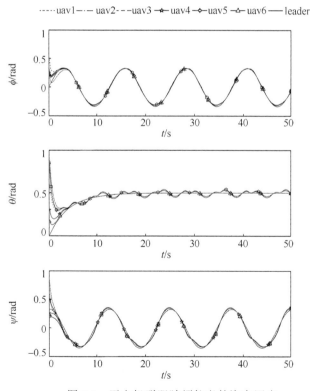

图 8.2　无人机群跟随领航者的姿态同步

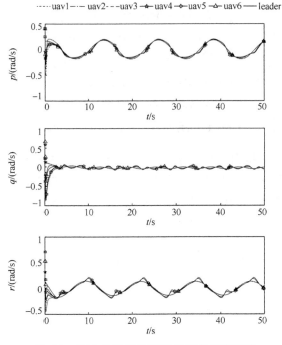

图 8.3 无人机群跟随领航者的角速度同步

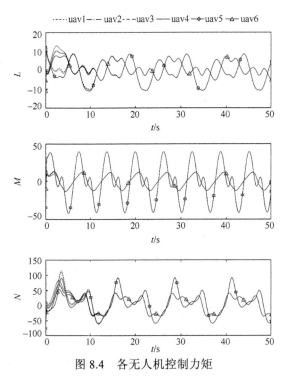

图 8.4 各无人机控制力矩

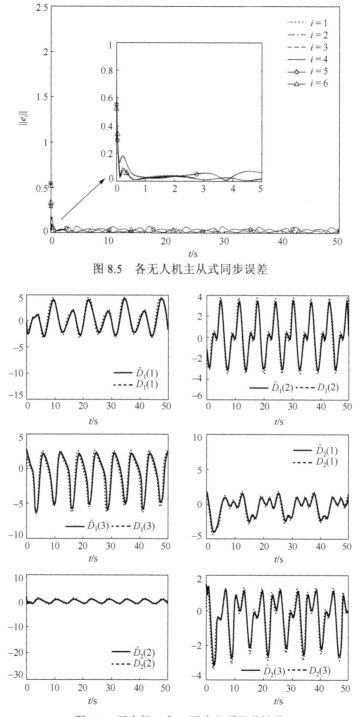

图 8.5　各无人机主从式同步误差

图 8.6　无人机 1 和 2 不确定项及估计值

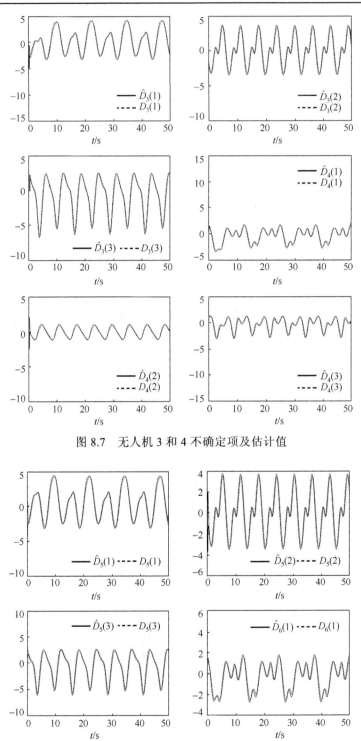

图 8.7 无人机 3 和 4 不确定项及估计值

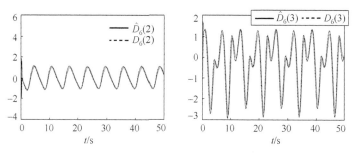

图 8.8   无人机 5 和 6 不确定项及估计值

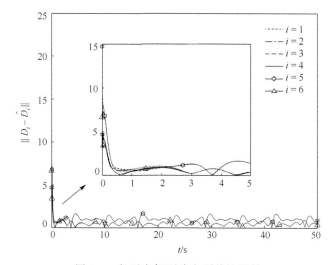

图 8.9   各无人机不确定项估计误差

基于观测器的间接自适应同步方法的仿真结果如图 8.10～图 8.17 所示。图 8.10 和图 8.11 分别展示了各无人机相对于惯性坐标系的姿态与相对于机体坐标系的角速度对领航者姿态及角速度的跟踪效果。图 8.12 展示了各无人机在跟随领航者完成姿态同步过程中，其控制力矩随时间的变化。图 8.13 展示了各无人机主从式同步误差随时间的变化。图 8.14～图 8.16 展示了无人机 1～6 的集成不确定项及估计值随时间的变化。图 8.17 为各无人机不确定项估计误差随时间的变化。

对比图 8.6～图 8.8 与图 8.14～图 8.16 可知：基于观测器的间接不确定项估计方法对无人机不确定项的估计过程初期虽有一定的抖动，但相比基于神经网络设计的直接不确定项估计方法，其最终稳定的不确定项估计误差波动范围较小，对不确定项的估计更精确的同时也更迅速。基于神经网络的间接姿态一致控制方法的控制效果明显较差，对比基于观测器的间接姿态同步控制方法，其姿态在同步过程中有明显的波动，且各无人机主从式同步误差也较大。

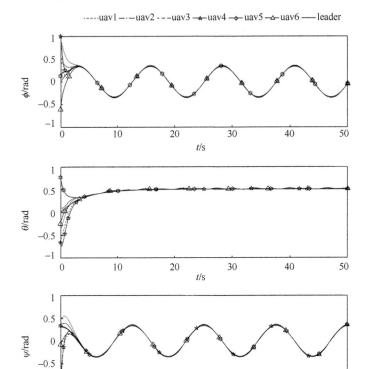

图 8.10　无人机群跟随领航者的姿态同步

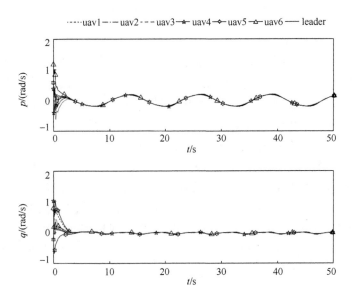

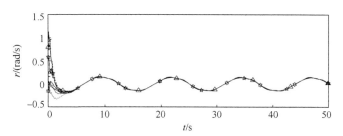

图 8.11　无人机群跟随领航者的角速度同步

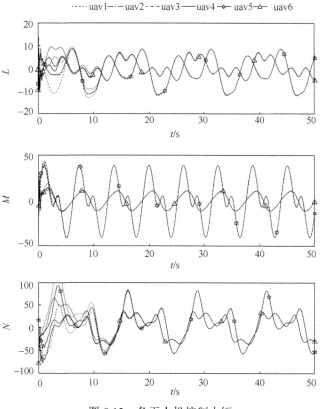

图 8.12　各无人机控制力矩

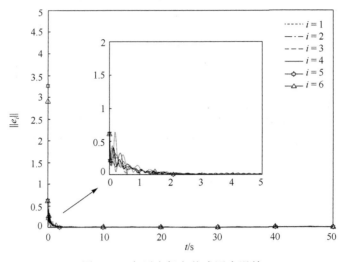

图 8.13　各无人机主从式同步误差

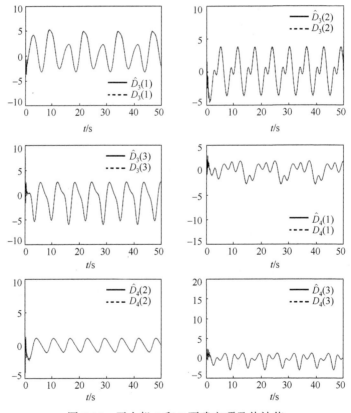

图 8.14　无人机 1 和 2 不确定项及估计值

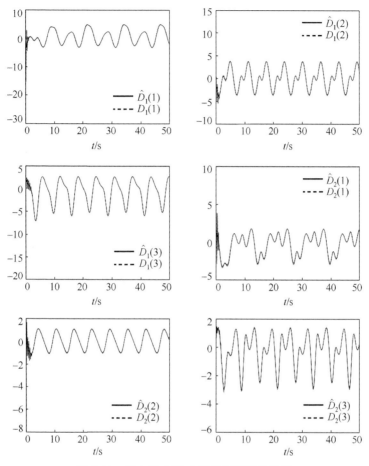

图 8.15　无人机 3 和 4 不确定项及估计值

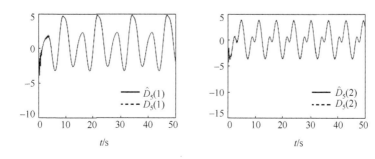

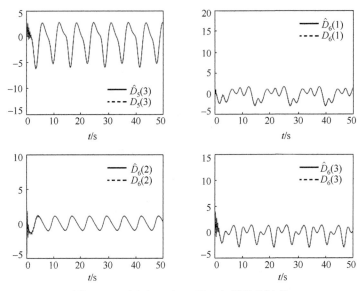

图 8.16　无人机 5 和 6 不确定项及估计值

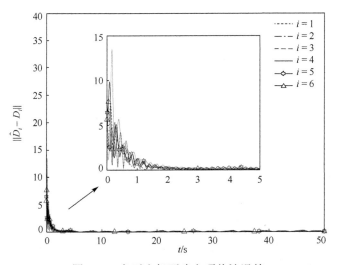

图 8.17　各无人机不确定项估计误差

8.4　本章小结

　　相比基于观测器的间接自适应方法，基于神经网络的直接自适应方法不需要增加额外的结构就能在设计的控制器中直接构造神经网络，使其自适应的估计并补偿集成不确定项，但是直接自适应方法估计不确定项的能力较弱，其估计误差相比基于观测器的间接自适应方法较大，因此造成的同步姿态误差也较大。主要原因是间接自适应方法使用的神经网络，其输入参数为同步误差，受相邻机体姿态的影响较大，相比之下，使用由观测器得到的观测误差就能有效避免相邻机体带来的影响。本章中的两种方法除解决伴随干扰、测量误差、模型或参数不确定、控制器微小故障外，还为状态时延与包含控制器卡死故障的无人机姿态同步问题提供了相应的理论及仿真基础。

第9章 具有集成不确定项及状态时延的多无人机姿态同步控制

本章研究了干扰、测量误差、模型或参数不确定、控制器微小故障及状态时延下多固定翼无人机姿态同步控制问题。在第 8 章设计的基于神经网络的直接自适应分布式姿态同步控制器的基础上，结合 Lyapunov-Krasovskii 函数，以补偿姿态同步过程中状态时延造成的剧烈波动，并通过 Lyapunov 稳定性理论及仿真对比有无结合 Lyapunov-Krasovskii 函数时的姿态同步效果验证该方法的有效性。

9.1 多无人机姿态同步控制器

考虑集成不确定项及状态时延的影响，多无人机姿态运动模型可以表示为以下状态方程：

$$\begin{cases} \dot{h}_i(t) = C_{nb}(h_i(t))x_i(t) \\ \dot{x}_i(t) = F_i(x_i(t-\tau_i))x_i(t-\tau_i) + G_i(t)u_i(t) + Q_i(t) + D_i(t) \\ i = 1,2,\cdots,N \end{cases} \tag{9-1}$$

定义领航者的状态方程为

$$\begin{cases} h_l(t) = G_l(t) \\ x_l(t) = F_l(t) = C_{bn}(h_l(t))\dot{G}_l(t) \\ \dot{x}_l(t) = \dot{F}_l(t) = f_l(t) \end{cases} \tag{9-2}$$

由式(9-1)，式(9-2)可得无人机 i 与领航者之间的误差动力学方程为

$$\begin{cases} \xi_i(t) = h_i(t) - h_l(t) \\ \mu_i(t) = x_i(t) - x_l(t) \\ \dot{\mu}_i(t) = F_i(x_i(t-\tau_i))x_i(t-\tau_i) + G_i(t)u_i(t) + Q_i(t) + D_i(t) - f_l(t) \\ i = 1,2,\cdots,N \end{cases} \tag{9-3}$$

根据式(9-3)可得各无人机主从式同步误差为

$$\begin{cases} e_i(t) = \sum_{j=1}^{n}(a_{ij}(\xi_i(t) - \xi_j(t)) + b_{ij}\xi_i(t)) + \sum_{j=1}^{n}(a_{ij}(\mu_i(t) - \mu_j(t)) + b_{ij}\mu_i(t)) \\ i,j = 1,2,\cdots,N \end{cases} \tag{9-4}$$

其中，$a_{ij} \in A$，A 为无人机群拓扑结构的邻接矩阵；$b_{ij} \in B$，B 为无人机与领航者之间的通信权重矩阵。式(9-4)的紧凑形式为

$$\begin{aligned} e &= (\tilde{L} \otimes I_m)\xi + (\tilde{L} \otimes I_m)\mu \\ &= (\tilde{L} \otimes I_m)(\xi + \mu) \end{aligned} \tag{9-5}$$

其中

$$\begin{cases} \xi = [\xi_1^{\mathrm{T}}(t), \xi_2^{\mathrm{T}}(t), \cdots, \xi_N^{\mathrm{T}}(t)]^{\mathrm{T}} \\ \mu = [\mu_1^{\mathrm{T}}(t), \mu_2^{\mathrm{T}}(t), \cdots, \mu_N^{\mathrm{T}}(t)]^{\mathrm{T}} \\ e = [e_1^{\mathrm{T}}(t), e_2^{\mathrm{T}}(t), \cdots, e_N^{\mathrm{T}}(t)]^{\mathrm{T}} \\ \tilde{L} = L + B \end{cases} \tag{9-6}$$

其中，L 为 A 的 Laplace 矩阵。

定义 Lyapunov 函数为

$$V(t) = \frac{1}{2}(\xi + \mu)^{\mathrm{T}}(\tilde{L} \otimes I_m)(\xi + \mu) \tag{9-7}$$

对式(9-7)求导，并将式(9-3)代入可得：

$$\begin{aligned} \dot{V}(t) &= (\xi(t) + \mu(t))^{\mathrm{T}}(\tilde{L} \otimes I_m)(\dot{\xi}(t) + \dot{\mu}(t)) \\ &= \sum_{i=1}^{N} e_i^{\mathrm{T}}(t)(\dot{\xi}(t) + \dot{\mu}(t)) \\ &= \sum_{i=1}^{N} e_i^{\mathrm{T}}(t)(\lambda_i(t - \tau_i) + G_i(t)u_i(t) + Q_i(t) + D_i(t) - f_l(t) + \dot{\xi}(t)) \end{aligned} \tag{9-8}$$

其中，$\lambda_i(t - \tau_i) = F_i(x_i(t - \tau_i))x_i(t - \tau_i)$；$\|-f_l(t) + \dot{\xi}(t)\| \le \varepsilon$，$\varepsilon$ 为正常数。基于引理 8.1，则有：

$$\begin{cases} e_i^{\mathrm{T}}(t)(-f_l(t) + \dot{\xi}(t)) \le \|-f_l(t) + \dot{\xi}(t)\|\|e_i(t)\| \le \varepsilon\|e_i(t)\| \le \varepsilon^2/\lambda_i + \|e_i(t)\|^2/\rho_i \\ e_i^{\mathrm{T}}(t)\lambda_i(t - \tau_i) \le \|e_i(t)\|\|\lambda_i(t - \tau_i)\| \le \dfrac{\|e_i(t)\|^2}{\xi_i} + \dfrac{\|\lambda_i(t - \tau_i)\|^2}{\zeta_i} \\ 1/\lambda_i + 1/\rho_i = 1, \ 1/\xi_i + 1/\zeta_i = 1 \\ \lambda_i \in \mathbf{R}^+, \rho_i \in \mathbf{R}^+, \xi_i \in \mathbf{R}^+, \zeta_i \in \mathbf{R}^+, i = 1, 2, \cdots, N \end{cases} \tag{9-9}$$

将式(9-9)代入式(9-8)可得：

$$\dot{V}_1(t) \le \sum_{i=1}^{N}\left(\begin{aligned} &e_i^{\mathrm{T}}(t)G_i(t)u_i(t) + e_i^{\mathrm{T}}(t)D_i(t) + \frac{\|\lambda_i(t - \tau_i)\|^2}{\zeta_i} \\ &+ e_i^{\mathrm{T}}(t)Q_i(t) + \frac{\|e_i(t)\|^2}{\rho_i} + \frac{\|e_i(t)\|^2}{\xi_i} \end{aligned} \right) + \sum_{i=1}^{N}\frac{\varepsilon^2}{\lambda_i} \tag{9-10}$$

引入 Lyapunov-Krasovskii 函数:

$$V_k(t) = \sum_{i=1}^{N} \frac{1}{\zeta_i} \int_{t-\tau_{max}}^{t} \left\| \lambda_i(s) \right\|^2 \mathrm{d}s \tag{9-11}$$

其中, $\tau_{max} \geqslant \tau_i, i \in [1, N]$。对式 (9-11) 求导可得:

$$\dot{V}_k = \sum_{i=1}^{N} \frac{1}{\zeta_i} \left(\left\| \lambda_i(t) \right\|^2 - \left\| \lambda_i(t-\tau_{max}) \right\|^2 \right) \tag{9-12}$$

结合式 (9-11) 和式 (9-7), 定义 Lyapunov 函数为

$$\begin{aligned} V_e(t) &= V(t) + V_k(t) \\ &= \frac{1}{2}(\xi+\mu)^{\mathrm{T}}(\tilde{L} \otimes I_m)(\xi+\mu) + \sum_{i=1}^{N} \frac{1}{\zeta_i} \int_{t-\tau_{max}}^{t} \left\| \lambda_i(s) \right\|^2 \mathrm{d}s \end{aligned} \tag{9-13}$$

对式 (9-13) 求导, 并结合式 (9-10) 和式 (9-12) 可得:

$$\begin{aligned} \dot{V}_e(t) \leqslant & \sum_{i=1}^{N} \left(\begin{array}{l} e_i^{\mathrm{T}}(t)G_i(t)u_i(t) + e_i^{\mathrm{T}}(t)D_i(t) + \dfrac{\left\| \lambda_i(t) \right\|^2}{\zeta_i} \\ + e_i^{\mathrm{T}}(t)Q_i(t) + \dfrac{\left\| e_i(t) \right\|^2}{\rho_i} + \dfrac{\left\| e_i(t) \right\|^2}{\xi_i} \end{array} \right) \\ & + \sum_{i=1}^{N} \dfrac{\varepsilon^2}{\lambda_i} + \sum_{i=1}^{N} \left(\dfrac{\left\| \lambda_i(t-\tau_i) \right\|^2}{\zeta_i} - \dfrac{\left\| \lambda_i(t-\tau_{max}) \right\|^2}{\zeta_i} \right) \end{aligned} \tag{9-14}$$

在式 (9-14) 基础上引入神经网络补偿集成不确定项 $D_i(t)$ 带来的干扰。集成不确定项 $D_i(t)$ 及其估计器 $\hat{D}_i(t)$ 可以表示为

$$\begin{cases} D_i(t) = w_i^{*\mathrm{T}} \eta_i(z_i) + \varepsilon_i(z_i) \\ \hat{D}_i(t) = \hat{w}_i^{\mathrm{T}} \eta_i(z_i) \\ \quad i = 1, \cdots, N \end{cases} \tag{9-15}$$

其中, 当权重 $\left\| \hat{w} - w^* \right\| \to 0$ 时, 估计器 $\hat{D}_i(t)$ 可以用于精确地逼近未知项 $D_i(t)$; $\varepsilon_i(z_i)$, $z_i = e_i$ 为估计误差, 且 $\left\| \varepsilon_i(z_i) \right\| \leqslant \sigma$, σ 为正常数。

令 $\tilde{w} = \hat{w} - w^*$, 为了设计神经网络权值自适应律, 在式 (9-13) 的基础上设计 Lyapunov 函数为

$$\begin{aligned} V(t) &= V_e(t) + \frac{1}{2} \sum_{i=1}^{n} k_i^{-1} \mathrm{tr}(\tilde{w}_i^{\mathrm{T}} \tilde{w}_i) \\ &= V(t) + V_k(t) + \frac{1}{2} \sum_{i=1}^{n} k_i^{-1} \mathrm{tr}(\tilde{w}_i^{\mathrm{T}} \tilde{w}_i) \end{aligned} \tag{9-16}$$

对式(9-16)求导，并结合式(9-14)和式(9-15)可得：

$$
\dot{V}(t) \le \sum_{i=1}^{N} \left(\begin{array}{l} e_i^{\mathrm{T}}(t)G_i(t)u_i(t) + e_i^{\mathrm{T}}(t)(w_i^{*\mathrm{T}}\eta_i(z_i) + \varepsilon_i(z_i)) + \dfrac{\left\|\dot{\lambda}_i(t)\right\|^2}{\zeta_i} \\[2mm] + e_i^{\mathrm{T}}(t)Q_i(t) + \dfrac{\left\|e_i(t)\right\|^2}{\rho_i} + \dfrac{\left\|e_i(t)\right\|^2}{\xi_i} \end{array} \right)
$$
$$
+ \sum_{i=1}^{N} \frac{\varepsilon^2}{\lambda_i} + \sum_{i=1}^{N} \left(\frac{\left\|\dot{\lambda}_i(t-\tau_i)\right\|^2}{\zeta_i} - \frac{\left\|\dot{\lambda}_i(t-\tau_{\max})\right\|^2}{\zeta_i} \right) + \sum_{i=1}^{n} k_i^{-1}\mathrm{tr}(\tilde{w}_i^{\mathrm{T}}\dot{\tilde{w}}_i) \qquad (9\text{-}17)
$$

与式(9-9)类似，有：

$$
\begin{cases} e_i^{\mathrm{T}}(t)\varepsilon_i(z_i) \le \left\|e_i(t)\right\|\left\|\varepsilon_i(z_i)\right\| \le \dfrac{\left\|e_i(t)\right\|^2}{\vartheta_i} + \dfrac{\left\|\varepsilon_i(z_i)\right\|^2}{\zeta_i} \\[3mm] \dfrac{1}{\vartheta_i} + \dfrac{1}{\zeta_i} = 1,\ \vartheta_i \in \mathbf{R}^+, \zeta_i \in \mathbf{R}^+,\quad i=1,2,\cdots,N \end{cases} \qquad (9\text{-}18)
$$

将式(9-18)代入式(9-17)可得：

$$
\dot{V}(t) \le \sum_{i=1}^{N} \left(\begin{array}{l} e_i^{\mathrm{T}}(t)G_i(t)u_i(t) + e_i^{\mathrm{T}}(t)w_i^{*\mathrm{T}}\eta_i(z_i) + \dfrac{\left\|\dot{\lambda}_i(t)\right\|^2}{\zeta_i} \\[2mm] + e_i^{\mathrm{T}}(t)Q_i(t) + \dfrac{\left\|e_i(t)\right\|^2}{\rho_i} + \dfrac{\left\|e_i(t)\right\|^2}{\xi_i} + \dfrac{\left\|e_i(t)\right\|^2}{\vartheta_i} \end{array} \right)
$$
$$
+ \sum_{i=1}^{N} \frac{\varepsilon^2}{\lambda_i} + \sum_{i=1}^{N} \left(\frac{\left\|\dot{\lambda}_i(t-\tau_i)\right\|^2}{\zeta_i} - \frac{\left\|\dot{\lambda}_i(t-\tau_{\max})\right\|^2}{\zeta_i} + \frac{\left\|\varepsilon_i(z_i)\right\|^2}{\zeta_i} \right)
$$
$$
+ \sum_{i=1}^{n} k_i^{-1}\mathrm{tr}(\tilde{w}_i^{\mathrm{T}}\dot{\tilde{w}}_i) \qquad (9\text{-}19)
$$

控制器 $u_i(t)$ 可以设计为

$$
u_i(t) = -K_i(t)e_i(t) - G_i^+(t)\hat{w}_i^{\mathrm{T}}\eta_i(z_i) - G_i^+(t)Q_i(t) - G_i^+(t)\frac{e_i^+(t)\left\|\dot{\lambda}_i(t)\right\|^2}{\zeta_i} \qquad (9\text{-}20)
$$

其中

$$
K_i(t) = \gamma_i \left(\frac{\lambda_{\max}(\varDelta)}{2} + \frac{1}{\zeta_i\left\|e_i(t)\right\|^2}\int_{t-\tau_{\max}}^{t}\left\|\dot{\lambda}_i(s)\right\|^2\,\mathrm{d}s + \frac{1}{\gamma_i\rho_i} + \frac{1}{\gamma_i\xi_i} + \frac{1}{\gamma_i\vartheta_i} \right) G_i^+
$$

将式(9-20)代入式(9-19)可得：

$$\dot{V}(t) \leqslant \sum_{i=1}^{N} \left(-\frac{\lambda_{\max}(\Delta)}{2} \gamma_i e_i^{\mathrm{T}} e_i - \frac{\gamma_i}{\zeta_i} \int_{t-\tau_{\max}}^{t} \left\| \dot{\lambda}_i(s) \right\|^2 \mathrm{d}s - e_i^{\mathrm{T}}(t) \tilde{w}_i^{\mathrm{T}} \eta_i(z_i) \right)$$

$$+ \sum_{i=1}^{N} \frac{\varepsilon^2}{\lambda_i} + \sum_{i=1}^{N} \left(\frac{\left\| \dot{\lambda}_i(t-\tau_i) \right\|^2}{\zeta_i} - \frac{\left\| \dot{\lambda}_i(t-\tau_{\max}) \right\|^2}{\zeta_i} + \frac{\left\| \varepsilon_i(z_i) \right\|^2}{\varsigma_i} \right)$$

$$+ \sum_{i=1}^{n} k_i^{-1} \mathrm{tr}(\tilde{w}_i^{\mathrm{T}} \dot{\tilde{w}}_i) \tag{9-21}$$

神经网络权值自适应律 $\dot{\hat{w}}_i$ 满足：

$$\dot{\hat{w}}_i = \dot{\tilde{w}}_i = k_i(\eta_i(z_i) e_i(t)^{\mathrm{T}} - \sigma_i \hat{w}_i) \tag{9-22}$$

将式(9-22)代入式(9-21)可得：

$$\dot{V}(t) \leqslant \sum_{i=1}^{N} \left(-\frac{\lambda_{\max}(\Delta)}{2} \gamma_i e_i^{\mathrm{T}} e_i - \frac{\gamma_i}{\zeta_i} \int_{t-\tau_{\max}}^{t} \left\| \dot{\lambda}_i(s) \right\|^2 \mathrm{d}s - \sum_{i=1}^{N} \sigma_i \mathrm{tr}(\tilde{w}_i^{\mathrm{T}} \hat{w}_i) \right)$$

$$+ \sum_{i=1}^{N} \frac{\varepsilon^2}{\lambda_i} + \sum_{i=1}^{N} \left(\frac{\left\| \dot{\lambda}_i(t-\tau_i) \right\|^2}{\zeta_i} - \frac{\left\| \dot{\lambda}_i(t-\tau_{\max}) \right\|^2}{\zeta_i} + \frac{\left\| \varepsilon_i(z_i) \right\|^2}{\varsigma_i} \right) \tag{9-23}$$

其中

$$-\tilde{w}_i^{\mathrm{T}} \hat{w}_i = -\frac{\tilde{w}_i^{\mathrm{T}} \tilde{w}_i}{2} - \frac{\hat{w}_i^{\mathrm{T}} \hat{w}_i}{2} + \frac{w_i^{*\mathrm{T}} w_i^{*}}{2}$$

$$\leqslant -\frac{1}{2} \tilde{w}_i^{\mathrm{T}} \tilde{w}_i + \frac{1}{2} w_i^{*\mathrm{T}} w_i^{*} \tag{9-24}$$

将式(9-24)代入式(9-23)可得：

$$\dot{V}(t) \leqslant -\frac{1}{2} \sum_{i=1}^{N} \gamma_i \lambda_{\max}(\Delta) \left\| e_i(t) \right\|^2 - \frac{1}{2} \sum_{i=1}^{N} \sigma_i \mathrm{tr}(\tilde{w}_i^{\mathrm{T}} \tilde{w}_i)$$

$$- \sum_{i=1}^{N} \frac{\gamma_i}{\zeta_i} \int_{t-\tau_{\max}}^{t} \left\| \dot{\lambda}_i(s) \right\|^2 \mathrm{d}s + \sum_{i=1}^{N} \left(\begin{array}{c} \dfrac{\left\| \dot{\lambda}_i(t-\tau_i) \right\|^2}{\zeta_i} - \dfrac{\left\| \dot{\lambda}_i(t-\tau_{\max}) \right\|^2}{\zeta_i} \\ + \dfrac{\left\| \varepsilon_i(z_i) \right\|^2}{\varsigma_i} + \dfrac{1}{2} \sum_{i=1}^{N} \sigma_i \mathrm{tr}(w_i^{*\mathrm{T}} w_i^{*}) + \dfrac{\varepsilon^2}{k_i} \end{array} \right) \tag{9-25}$$

令

$$\left\{ \begin{array}{l} \bar{\beta} = \min(\gamma_i, \sigma_i k_i), \quad i = 1, 2, \cdots, N \\[2mm] \bar{\theta} = \sum_{i=1}^{N} \left(\begin{array}{c} \dfrac{\left\| \dot{\lambda}_i(t-\tau_i) \right\|^2}{\zeta_i} - \dfrac{\left\| \dot{\lambda}_i(t-\tau_{\max}) \right\|^2}{\zeta_i} \\ + \dfrac{\left\| \varepsilon_i(z_i) \right\|^2}{\varsigma_i} + \dfrac{1}{2} \sum_{i=1}^{N} \sigma_i \mathrm{tr}(w_i^{*\mathrm{T}} w_i^{*}) + \dfrac{\varepsilon^2}{k_i} \end{array} \right) \end{array} \right. \tag{9-26}$$

由式 (9-26) 和式 (9-25) 可得：

$$\dot{V}(t) \leqslant -\bar{\beta} V(t) + \bar{\theta} \tag{9-27}$$

由式 (9-27) 可得：

$$V(t) \leqslant V(0)e^{-\bar{\beta}t} + \frac{\bar{\theta}}{\bar{\beta}}(1 - e^{-\bar{\beta}t}) = \frac{\bar{\theta}}{\bar{\beta}} + \left(V(0) - \frac{\bar{\theta}}{\bar{\beta}}\right)e^{-\bar{\beta}t} \tag{9-28}$$

式 (9-28) 表明：包含神经网络估计误差及时延项的参数 $\bar{\theta}$ 能够收敛到足够小并选择合适的参数，Lyapunov 函数 $V(t)$ 就能收敛到足够小，进而确保无人机姿态同步误差收敛到足够小。

9.2 仿 真 结 果

本节采用 6 架无人机在无向连通拓扑条件下通过局域信息交换实现其跟随领航者的姿态同步仿真，其中仿真步长设定为 0.01s。无人机姿态动力学模型所需参数如表 2.1 所示。无人机群与领航者的通信拓扑如图 8.1 所示。各无人机运行过程中伴随的外部干扰 $f_i(t)$、测量误差 $\delta x_i(t)$、模型或参数不确定（$\delta F_i(x_i(t))$、$\delta G_i(t)$、$\delta Q_i(t)$）及控制器微小故障 $\delta u_i(t)$ 如式 (8-47) 所示。控制器构造所需相关增益或参数见表 9.1。以 8.1 节提出的基于神经网络的直接自适应控制方法作为对照方法，其基本控制参数见表 8.1。各无人机模型的状态时延见表 9.2。各无人机的初始姿态取值皆为–1 到 1 之间的随机数。

定义相对于惯性坐标系的领航者姿态为

$$h_l = \begin{bmatrix} \phi_l \\ \theta_l \\ \psi_l \end{bmatrix} = \begin{bmatrix} \sin(t/2)/3 \\ (1-\exp(-t/4))/2 \\ \cos(t/2)/3 \end{bmatrix}$$

表 9.1　各无人机所需控制增益

参数	取值	参数	取值
γ_i	5	ρ_i	2
ζ_i	2	k_i	0.5
σ_i	0.001	ξ_i	2
ϑ_i	2	τ_{max}	3

表 9.2　各无人机模型的状态时延

参数	取值/s	参数	取值/s
τ_1	2.5	τ_2	2.6
τ_3	2.4	τ_4	2.3
τ_5	2.8	τ_6	2.7

　　根据 8.1 节提出的基于神经网络的直接自适应同步方法的仿真结果如图 9.1～图 9.8 所示。图 9.1 和图 9.2 分别展示了各无人机相对于惯性坐标系的姿态与相对于机体坐标系的角速度对领航者姿态及角速度的跟踪效果。图 9.3 展示了各无人机在跟随领航者完成姿态同步过程中，其控制力矩随时间的变化。图 9.4 展示了各无人机主从式同步误差随时间的变化。图 9.5～图 9.7 展示了无人机 1～6 的集成不确定项及估计值随时间的变化。图 9.8 为各无人机不确定项估计误差随时间的变化。

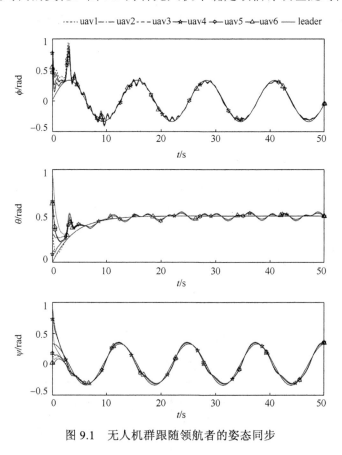

图 9.1　无人机群跟随领航者的姿态同步

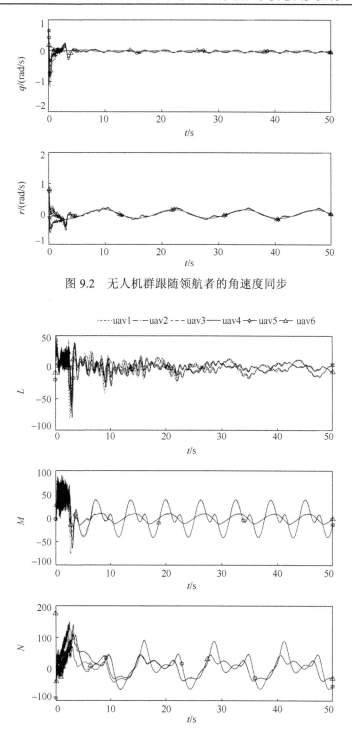

图 9.2　无人机群跟随领航者的角速度同步

图 9.3　各无人机控制力矩

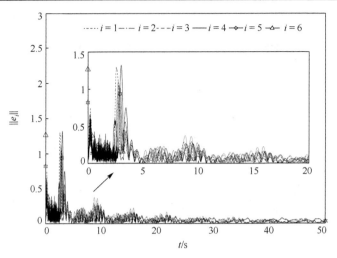

图 9.4　各无人机主从式同步误差

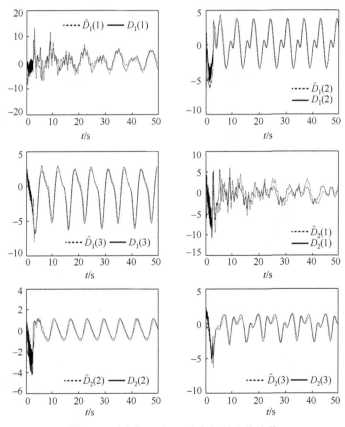

图 9.5　无人机 1 和 2 不确定项及估计值

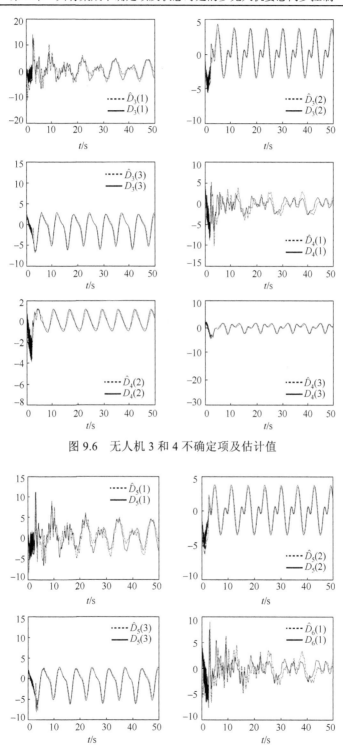

图 9.6 无人机 3 和 4 不确定项及估计值

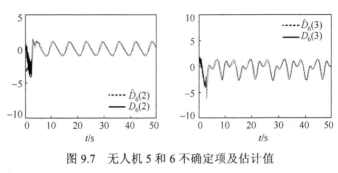

图 9.7　无人机 5 和 6 不确定项及估计值

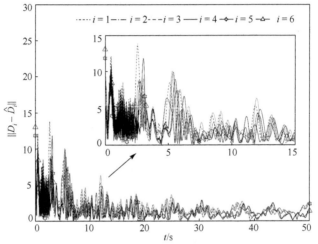

图 9.8　各无人机不确定项估计误差

　　根据 5.1 节提出的基于 Lyapunov-Krasovskii 函数与神经网络的间接自适应同步方法的仿真结果如图 9.9～图 9.16 所示。图 9.9 和图 9.10 分别展示了各无人机相对于惯性坐标系的姿态与相对于机体坐标系的角速度对领航者姿态及角速度的跟踪效果。图 9.11 展示了各无人机在跟随领航者完成姿态同步过程中，其控制力矩随时间的变化。图 9.12 展示了各无人机主从式同步误差随时间的变化。图 9.13～图 9.15 展示了无人机 1～6 的集成不确定项及估计值随时间的变化。图 9.16 为各无人机不确定项估计误差随时间的变化。

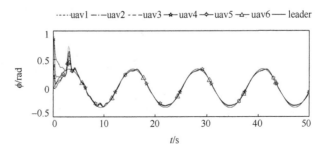

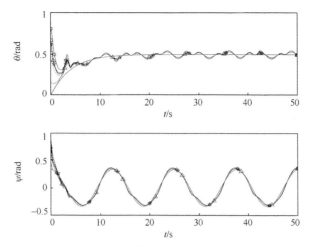

图 9.9　无人机群跟随领航者的姿态同步

----- uav1 ---·--- uav2 - - - uav3 -★- uav4 -◇- uav5 -△- uav6 —— leader

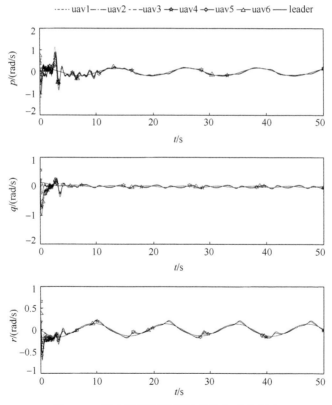

图 9.10　无人机群跟随领航者的角速度同步

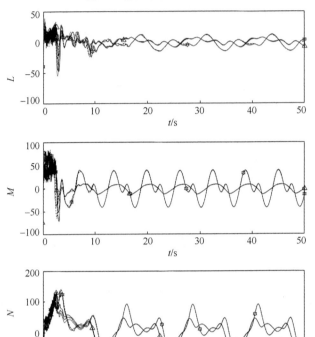

图 9.11　各无人机控制力矩

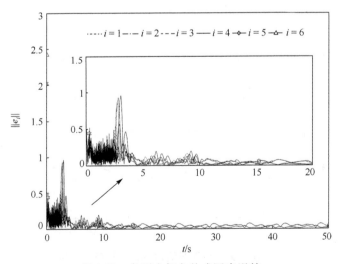

图 9.12　各无人机主从式同步误差

对比图 9.5～图 9.8 与图 9.13～图 9.15 可知：在无 Lyapunov-Krasovskii 函数的情况下，受状态时延的影响，基于神经网络设计的直接不确定项估计方法对不确定项的估计效果初期虽都伴随剧烈抖动，但加入 Lyapunov-Krasovskii 函数的一组在 5s 之后，估计效果逐渐趋于平稳，在 10s 之后，其估计效果与图 8.6～图 8.9 无状态时延的一组基本一致。因此造成的结果是在图 9.1～图 9.4 与图 9.9～图 9.12 表现的姿态同步跟踪效果为：无 Lyapunov-Krasovskii 函数的一组姿态同步控制效果明显较差，相比有 Lyapunov-Krasovskii 函数的一组，其姿态在同步过程中有明显的波动，且各无人机主从式同步误差也较大。

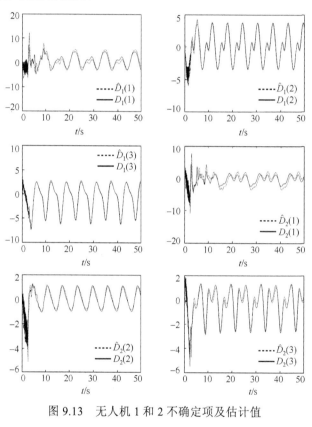

图 9.13　无人机 1 和 2 不确定项及估计值

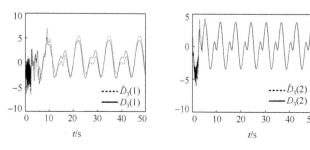

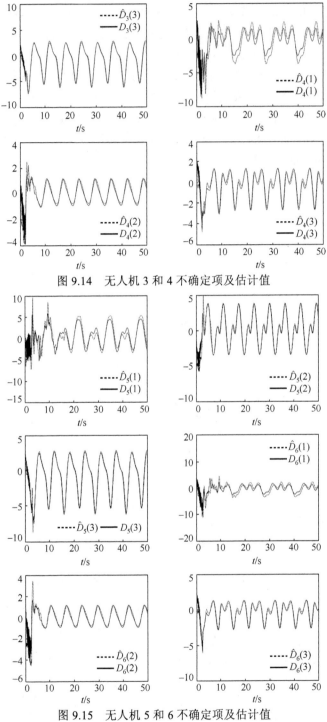

图 9.14　无人机 3 和 4 不确定项及估计值

图 9.15　无人机 5 和 6 不确定项及估计值

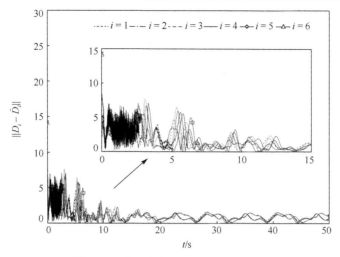

图 9.16　各无人机不确定项估计误差

9.3　本 章 小 结

　　针对集成不确定项(外部干扰、模型或参数不确定、测量误差、状态时延、控制器微小故障)及状态时延的多无人机姿态同步控制问题,本章在 8.1 节提出的基于神经网络的直接自适应姿态同步分布式控制方法的基础上,结合 Lyapunov-Krasovskii 函数重新设计控制器。相比 8.1 节算法的控制效果,本章算法在使无人机姿态稳定在期望值附近的同时有效地抑制了由时延在姿态控制过程中造成的激烈波动。

第10章 具有集成不确定项及控制器故障的多无人机姿态同步控制

本章考虑各无人机在具有集成不确定项(干扰、测量误差、模型或参数不确定、控制器微小故障)的同时,还伴随控制器卡死故障的情形下多无人机姿态同步问题。将基于扩展卡尔曼滤波器的故障检测和 8.2 节提出的基于观测器的不确定项估计相结合,克服模型中的集成不确定项会对故障检测的准确性造成的不利影响,提高故障检测的准确性。最后,在检测出控制器故障位置的同时,结合基于控制分配方法设计控制器重构模块,重构除故障控制器的所有健康控制器,使无人机控制力矩能够恢复到无控制器故障时的附近,最终使无人机的姿态稳定到预定姿态附近。

10.1 可重构飞行控制方案

针对无人机控制器卡死故障,设计可重构飞行控制方案。该方案包括控制器卡死故障检测模块和控制器重构模块,能在故障发生时及时检测到故障并结合无人机自适应控制器重构无人机翼面控制器,使无人机能够按照预定的姿态稳定飞行,其基本结构如图 10.1 所示。

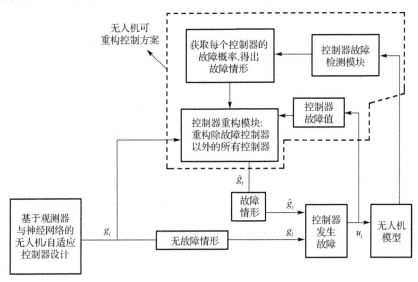

图 10.1　无人机可重构控制飞行方案

在图 10.1 中，当不发生控制器卡死故障时，$\hat{g}_i = g_i$；在控制器发生卡死故障后，立即通过控制分配方法重构健康控制器，进而重构控制器向量 $\hat{g}_i$，用以替代向量 g_i 在控制过程中的作用，g_i 和 u_i 的具体形式如 2.3.2 节中式(2-46)和式(2-47)所示。定义重构控制器向量为

$$\hat{g}_i = \left[\hat{\delta}_i^1, \hat{\delta}_i^2, \hat{\delta}_i^3, \hat{\delta}_i^4, \hat{\delta}_i^5 \right]^{\mathrm{T}} \tag{10-1}$$

10.1.1　控制器故障检测

根据 2.3.2 节的相关定义，沿用式(2-48)并结合 8.2 节式(8-21)的输出方程，在集成不确定项及控制器卡死故障的情况下，一类非线性多无人机姿态运动模型可以建模为

$$\begin{cases} \dot{h}_i(t_k) = C_{nb}(h_i(t_k))x_i(t_k) \\ \dot{x}_i(t_k) = F_i(x_i(t_k))x_i(t_k) + G_i(t_k)u_i(t_k) + Q_i(t_k) + D_i(t_k) + w_i(t_k) \\ y_i(t_k) = C_i x_i(t_k) + v_i(t_k) \\ u_i(t_k) = g_i(t_k) + \hbar_i(\overline{u}_i(t_k) - g_i(t_k)) \\ \qquad i = 1,2,\cdots,N \end{cases} \tag{10-2}$$

其中，当前时刻为 $t_k = kT_s$，T_s 为积分步长；w_i 为零均值离散随机噪声，用以描述姿态系统中的不确定性，可近似地使用协方差矩阵 R_{wi} 描述；v_i 为零均值离散随机噪声，用以描述测量过程中的不确定性，可近似地使用协方差矩阵 R_{vi} 描述；$D_i(t)$ 为集成不确定项，其具体形式见 2.3.2 节的式(2-42)；$\overline{u}_i(t_k)$ 为无人机 i 发生控制器卡死故障时的控制器卡死量，$u_i(t_k)$ 为加载在无人机 i 姿态系统上的实际控制信号，$g_i(t_k)$ 为无人机 i 的控制输入量，具体形式如 2.3.2 节中式(2-46)和式(2-47)所示。

基于 8.2 节的式(8-40)，$g_i(t)$ 可设计为

$$g_i(t_k) = G_i^+(t_k) \left(\begin{array}{l} -\gamma_i \left(\dfrac{\lambda_{\max}(\Delta)}{2} + \dfrac{1}{\gamma_i \rho_i} \right) e_i(t_k) \\ -(F_i(x_i(t_k))x_i(t_k) + Q_i(t_k) + \hat{D}_i(t_k)) \end{array} \right) \tag{10-3}$$

其中，$\gamma_i, \rho_i \in \mathbf{R}^+$ 为正常数；$e_i(t_k)$ 为无人机 i 的主从式同步误差，其具体形式见 8.1 节中的式(8-3)；$\hat{D}_i(t_k)$ 为基于观测器及神经网络设计的对无人机 i 集成不确定项的估计器，其具体形式及相关自适应律见 8.2 节中的式(8-26)和式(8-31)。

控制器向量 u_i 中包含 5 个控制器，需要构建 6 组扩展卡尔曼滤波器，包括 1 组控制器无故障和 5 组控制器故障滤波器，以实现对故障概率的准确估计，其基本结构如图 10.2 所示。

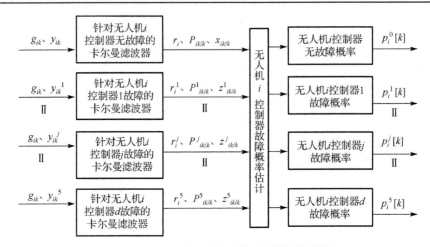

图 10.2　无人机 i 单一控制器故障的故障检测方案

根据式（10-2），针对控制器无故障时设计如下滤波器：

$$
\begin{cases}
\dot{x}_{ik+1/k} = F_{ik}x_{ik/k} + G_{ik}g_{ik} + Q_{ik} + \hat{D}_{ik} \\
P_{ik+1/k} = F_{ik}P_{ik/k}F_{ik}^{\mathrm{T}} + R_{wi} \\
L_{ik} = C_i P_{ik+1/k}^{\mathrm{T}} (C_i P_{ik+1/k}^{\mathrm{T}} C_i^{\mathrm{T}} + R_{vi})^{-1} \\
x_{ik+1/k+1} = x_{ik+1/k} + L_{ik}(y_i - C_i x_{ik+1/k}) \\
P_{ik+1/k+1} = P_{ik+1/k} - L_{ik}C_i P_{ik+1/k} \\
r_{ik} = y_{ik} - C_i x_{ik+1/k} \\
i = 1, 2, \cdots, N
\end{cases}
\tag{10-4}
$$

其中，$F_{ik} = F_i(x_i(t_k))$，$G_{ik} = G_i(t_k)$，$Q_{ik} = Q_i(t_k)$，$\hat{D}_{ik} = \hat{D}_i(t_k)$ 为无人机 i 在 t_k 时刻的相关系统矩阵和向量，$g_{ik} = g_i(t_k)$ 为 t_k 时刻无人机 i 的控制输入量；由于模型中存在未知项 $D_{ik} = D_i(t_k)$，在式（10-4）中使用式（10-3）中未知项估计值 $\hat{D}_{ik} = \hat{D}_i(t_k)$ 提升无人机状态预测的准确性，进而抵消故障检测过程中由不确定项产生的不利影响；$P_{ik/k}$ 为 t_k 时刻状态向量误差协方差矩阵估计值，$P_{ik+1/k}$ 为 t_k 时刻对 t_{k+1} 时刻时状态向量误差协方差矩阵预测值，$P_{ik+1/k+1}$ 为对 t_{k+1} 时刻状态向量误差协方差矩阵估计值；$x_{ik/k}$、$x_{ik+1/k}$ 和 $x_{ik+1/k+1}$ 分别为 t_k 时刻状态估计值、t_k 时刻时对 t_{k+1} 时刻时状态预测值和 t_{k+1} 时刻状态估计值；$y_{ik} = y_i(t_k)$ 为无人机 i 在 t_k 时刻的状态测量向量。

针对控制器故障情形，扩展卡尔曼滤波器设计过程如下。

首先，设计包含待检测控制器的状态向量为

$$
\begin{cases}
z_i^j = [x_i^{\mathrm{T}}, \breve{\delta}_i^j]^{\mathrm{T}} \\
i = 1, 2, \cdots, N; \quad j = 1, 2, \cdots, 5
\end{cases}
\tag{10-5}
$$

其中，$\breve{\delta}_i^j$ 为向量 u_i 中的第 j 个控制器。此时，系统矩阵或向量重新构造为

$$
\begin{cases}
F_i^j(x_i(t_k)) = \begin{bmatrix} F_i(x_i(t_k)) & G_i^{(j)}(t_k) \\ 0 & 1 \end{bmatrix} \\
G_i^j(t_k) = \begin{bmatrix} G_i^{(0,j)}(t_k) \\ 0 \end{bmatrix} \\
\overline{Q}_i(t_k) = \begin{bmatrix} Q_i(t_k) \\ 0 \end{bmatrix}, \ \overline{D}_i(t_k) = \begin{bmatrix} \hat{D}_i(t_k) \\ 0 \end{bmatrix} \\
i = 1,2,\cdots,N; \ j = 1,2,\cdots,5
\end{cases} \tag{10-6}
$$

其中，$G_i^{(j)}(t_k)$ 表示 $G_i(t_k)$ 的第 j 列，$G_i^{(0,j)}(t_k)$ 表示 $G_i(t_k)$ 的第 j 列置零。结合式(10-5)和式(10-6)，式(10-1)可重构为

$$
\begin{cases}
\dot{z}_i^j(t_k) = F_i^j(x_i(t_k))z_i^j(t_k) + G_i^j(t_k)u_i(t_k) + \overline{Q}_i(t_k) + \overline{D}_i(t_k) + w_i^j(t_k) \\
u_i(t_k) = g_i(t_k) + \hbar_i(\overline{u}_i(t_k) - g_i(t_k)) \\
y_i^j(t_k) = C_i^j z_i^j(t_k) + v_i^j(t_k) \\
i = 1,2,\cdots,N; \ j = 1,2,\cdots,5
\end{cases} \tag{10-7}
$$

根据式(10-7)，针对控制器故障滤波器设计如下：

$$
\begin{cases}
\dot{z}_{ik+1/k}^j = F_{ik}^j z_{ik/k}^j + G_{ik}^j g_{ik} + \overline{Q}_{ik} + \overline{D}_{ik} \\
P_{ik+1/k}^j = F_i^j P_{ik/k}^j (F_i^j)^{\mathrm{T}} + R_{w_i}^j \\
L_{ik}^j = C_i^j (P_{ik+1/k}^j)^{\mathrm{T}} (C_i^j (P_{ik+1/k}^j)^{\mathrm{T}} (C_i^j)^{\mathrm{T}} + R_{v_i}^j)^{-1} \\
z_{ik+1/k+1}^j = z_{ik+1/k}^j + L_{ik}^j(y_i^j - C_i^j z_{ik+1/k}^j) \\
P_{ik+1/k+1}^j = P_{ik+1/k}^j - L_{ik}^j C_i^j P_{ik+1/k}^j \\
r_{ik}^j = y_{ik}^j - C_i^j z_{ik+1/k}^j \\
i = 1,2,\cdots,N; \ j = 1,2,\cdots,5
\end{cases} \tag{10-8}
$$

根据式(2-46)和式(2-47)中的相关定义，令控制器故障情形为 $\breve{\delta}_i^j$，控制器无故障情形为 $\breve{\delta}_i^0$。针对故障情形，在 $t_k = kT_s$ 时刻，根据式(10-8)中 t_k 时刻的残差值 r_{ik}^j 和协方差矩阵 $P_{ik/k}^j$，可在测量序列 Y_{ik-1} 下获得 y_{ik} 的概率：

$$
\begin{cases}
p\left[y = y_{ik}\middle|\breve{\delta}_i^j = \breve{\delta}_i^j, Y_{ik-1}\right] = \dfrac{1}{(2\pi)^{m/2}|P_{ik/k}^j|^{1/2}} e^{-\frac{1}{2}(r_i^j)^{\mathrm{T}}(P_{ik/k}^j)^{-1}r_i^j} \\
i = 1,2,\cdots,N; \ j = 1,2,\cdots,5
\end{cases} \tag{10-9}
$$

其中，$Y_{ik-1} = [y_{ik-1}, y_{ik-2}, \cdots, y_{i0}]$。

针对无故障情形，在 $t_k = kT_s$ 时刻，根据式(10-4)中 t_k 时刻的残差值 r_i 和协方差矩阵 $P_{ik/k}$，可在测量序列 Y_{ik-1} 下获得 y_{ik} 的概率：

$$\begin{cases} p\left[y=y_{ik}\middle|\breve{\delta}_i^0=\overline{\delta}_i^0,Y_{ik-1}\right]=\dfrac{1}{(2\pi)^{m/2}\left|P_{ik/k}\right|^{1/2}}e^{-\frac{1}{2}r_{ik}^{\mathrm{T}}P_{ik/k}^{-1}r_{ik}} \\ i=1,2,\cdots,N \end{cases} \tag{10-10}$$

在 t_k 时刻，无人机 i 的控制器故障状态 $\overline{\delta}_i^n$ 的概率 $p_i^n[k]$ 可表示为后验概率 $p_i^n[k]=p[\breve{\delta}_i^n=\overline{\delta}_i^n|Y_{ik}]$，即在测量序列 Y_{ik} 下控制器 δ_i^n 发生故障的概率。根据贝叶斯定理，有

$$\begin{cases} p_i^n[k]=p\left[\breve{\delta}_i^n=\overline{\delta}_i^n\middle|Y_{ik}\right]=\dfrac{p\left[Y_{ik}\middle|\breve{\delta}_i^n=\overline{\delta}_i^n\right]p\left[\breve{\delta}_i^n=\overline{\delta}_i^n\right]}{p[Y_{ik}]} \\ i=1,2,\cdots,N;\ n=0,1,2,\cdots,5 \end{cases} \tag{10-11}$$

其中，$p[\breve{\delta}_i^n=\overline{\delta}_i^n]$ 为故障 $\overline{\delta}_i^n$ 发生的先验概率；概率 $p[Y_{ik}]$ 可以分解为

$$\begin{cases} p[Y_{ik}]=\displaystyle\sum_{h=0}^{5}p\left[Y_{ik}\middle|\breve{\delta}_i^h=\overline{\delta}_i^h\right]p\left[\breve{\delta}_i^h=\overline{\delta}_i^h\right] \\ i=1,2,\cdots,N \end{cases} \tag{10-12}$$

结合式(10-12)，式(10-11)可以重写为

$$\begin{cases} p_i^n[k]=p\left[\delta=\overline{\delta}_i^n\middle|Y_{ik}\right]=\dfrac{p\left[Y_{ik}\middle|\breve{\delta}_i^n=\overline{\delta}_i^n\right]p\left[\breve{\delta}_i^n=\overline{\delta}_i^n\right]}{\displaystyle\sum_{h=0}^{5}p\left[Y_{ik}\middle|\breve{\delta}_i^h=\overline{\delta}_i^h\right]p\left[\breve{\delta}_i^h=\overline{\delta}_i^h\right]} \\ i=1,2,\cdots,N;\ n=0,1,2,\cdots,5 \end{cases} \tag{10-13}$$

为了获得概率计算的递归形式，测量数据 Y_{ik} 可以写作 $Y_{ik}=\{y_{ik},Y_{ik-1}\}$，则有：

$$\begin{cases} p\left[Y_{ik}\middle|\breve{\delta}_i^n=\overline{\delta}_i^n\right]=p\left[y_{ik},Y_{ik-1}\middle|\breve{\delta}_i^n=\overline{\delta}_i^n\right] \\ \qquad =p\left[y_{ik}\middle|\left(Y_{ik-1},\breve{\delta}_i^n=\overline{\delta}_i^n\right)\right]p\left[Y_{ik-1}\middle|\breve{\delta}_i^n=\overline{\delta}_i^n\right] \\ \qquad =p\left[y_{ik}\middle|\left(\breve{\delta}_i^n=\overline{\delta}_i^n,Y_{ik-1}\right)\right]p\left[\breve{\delta}_i^n=\overline{\delta}_i^n\middle|Y_{ik-1}\right] \\ \qquad =p\left[y_{ik}\middle|\left(\breve{\delta}_i^n=\overline{\delta}_i^n,Y_{ik-1}\right)\right]p_i^n[k-1] \\ i=1,2,\cdots,N;\ n=0,1,2,\cdots,5 \end{cases} \tag{10-14}$$

将式(10-14)代入式(10-13)可得：

$$\begin{cases} p_i^n[k]=p\left[\delta=\overline{\delta}_i^n\middle|Y_{ik}\right]=\dfrac{p\left[y_{ik}\middle|\left(\breve{\delta}_i^n=\overline{\delta}_i^n,Y_{ik-1}\right)\right]p_i^n[k-1]p\left[\breve{\delta}_i^n=\overline{\delta}_i^n\right]}{\displaystyle\sum_{h=0}^{5}p\left[y_{ik}\middle|\left(\breve{\delta}_i^h=\overline{\delta}_i^h,Y_{ik-1}\right)\right]p_i^h[k-1]p\left[\breve{\delta}_i^h=\overline{\delta}_i^h\right]} \\ i=1,2,\cdots,N;\ n=0,1,2,\cdots,5 \end{cases} \tag{10-15}$$

对于每一个控制器，故障都可能随时会发生。因此，可对所有故障指定相同的先验发生概率，即令 $p\left[\breve{\delta}_i^k = \overline{\delta}_i^k\right] = 1/6, k \in [0,5]$。基于此，式(10-15)可以简化为

$$\begin{cases} p_i^n[k] = p\left[\breve{\delta}_i^n = \overline{\delta}_i^n \middle| Y_{ik}\right] = \dfrac{p\left[y = y_{ik} \middle| \left(\breve{\delta}_i^n = \overline{\delta}_i^n, Y_{ik-1}\right)\right] p_i^n[k-1]}{\displaystyle\sum_{h=0}^{5} p\left[y = y_{ik} \middle| \left(\breve{\delta}_i^h = \overline{\delta}_i^h, Y_{ik-1}\right)\right] p_i^h[k-1]} \\ i = 1,2,\cdots,N;\ n = 0,1,2,\cdots,5 \end{cases} \tag{10-16}$$

特别注意的是，在式(10-4)～式(10-8)基础上应用图 10.2 的故障检测方案，相同时间内只能检测出无人机 i 上的单个控制器故障。假设无人机 i 的控制器 δ_i^j 发生故障的同时，无人机 i 的其他控制器也发生故障，此时需要在监控控制器 δ_i^j 的同时也要监控其他控制器故障情形。为了实现相同时间内同时检测多个控制器故障，此时需重构控制器故障检测方案，如图 10.3 所示。在图 10.3 中，p_i^{jk} 表示无人机 i 中控制器 j 和 k 同时发生故障的概率，p_i^{jj} 表示无人机 i 中仅控制器 j 发生故障的概率；$\overline{g}_{ik} = [\delta_i^1, \cdots, \breve{\delta}_i^j, \cdots, \delta_i^5]$。

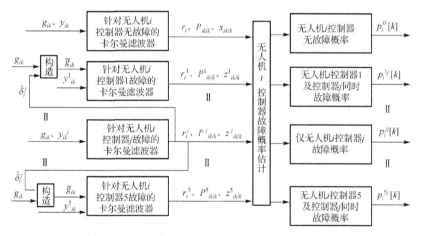

图 10.3　无人机 i 双控制器故障的故障检测方案

图 10.3 表明：为了同时在无人机 i 中检测出控制器 j 及其他控制器故障，需要将除控制器 j 对应外的滤波器，其输入向量由原先的 g_{ik} 构造为 $\overline{g}_{ik}$，具体操作是将向量 g_{ik} 中的控制器 δ_i^j 替换为 $\breve{\delta}_i^j$，δ_i^j 和 $\breve{\delta}_i^j$ 的具体定义如式(2-47)所示。以此类推，针对 m 个控制器卡死故障同时发生的情形，在检测到其中 $m-1$ 个故障的同时，按照上述方式将这 $m-1$ 个故障控制器对应的卡尔曼滤波器，其输入向量 g_{ik} 重新构造，即可同时检测 m 个控制器卡死故障。

10.1.2　控制器重构

根据 2.3.2 节的式(2-30)，可以得出控制向量中几个控制器的耦合关系，结合

式 (2-47)和式(10-3)，定义无控制器卡死故障情形下无人机 i 的虚拟控制指令为

$$C_{vi} = \begin{bmatrix} C_{Lvi}^d \\ C_{Mvi}^d \\ C_{Nvi}^d \end{bmatrix} = \begin{pmatrix} C_{La}(\delta_i^2 - \delta_i^1)+C_{Le}(\delta_i^4 - \delta_i^3) \\ C_{Ma}(\delta_i^2 + \delta_i^1)+C_{Me}(\delta_i^4 + \delta_i^3) \\ C_{N\delta_r}\delta_i^5 + C_{Ndrag}(\delta_i^2 + \delta_i^1) \end{pmatrix} \tag{10-17}$$

其中

$$\begin{cases} C_{La} = C_{La2} = -C_{La1} > 0 \\ C_{Le} = C_{Le2} = -C_{Le1} > 0 \\ C_{Ma} = C_{Ma2} = C_{Ma1} > 0 \\ C_{Me} = C_{Me2} = C_{Me1} > 0 \\ C_{N\delta_r} = C_{Ndrag} \end{cases} \tag{10-18}$$

式中，形如 C_Δ 的参数均由 2.3.1 节的表 2.1 给出。

在故障检测模块检测到故障控制器后，结合式(10-17)、控制器故障值和控制分配方法，设计控制器重构模块，通过重构无人机健康控制器，使无人机控制力矩能够恢复到期望值附近，进而使无人机姿态能够恢复到期望值附近。如图 10.1 所示，若控制器向量 g_i 中发生控制器卡死故障，此时需要将健康控制器单独提取出来，结合已经得出的控制器故障值，重构健康控制器，使其控制力矩尽量恢复到无控制器卡死故障时的情形，且重构后的健康控制器会被放入向量 $\hat{g}_i$ 中的对应位置，以替代原有向量 g_i 在控制过程中的作用。针对各种可能会发生的控制器故障情形，设计控制器重构方案如下。

(1)针对相同时间内单个控制器发生故障的情形。以无人机 i 中仅控制器 1 发生卡死故障为例，此时通过故障检测模块获得的故障概率存在 $p_i^1[k] \geqslant 0.6$ 或 $p_i^{11}[k] \geqslant 0.6$，可以通过重构剩余的健康控制器 2、3、4 和 5，重构后的健康控制器会被放入向量 $\hat{g}_i$ 中，并使用 $\hat{g}_i$ 替代 g_i 在控制过程中的作用，以此修正控制器 1 故障产生的不期望力矩。

针对仅控制器 1 故障情形，其控制器重构方案如下：

$$\begin{cases} \hat{\delta}_i^2 = \breve{\delta}_i^1 - C_{Lvi}^d/C_{La} \\ \hat{\delta}_i^3 = ((C_{Mvi}^d - C_{Ma}(\breve{\delta}_i^1 + \hat{\delta}_i^2))/C_{Me} - (C_{Lvi}^d - C_{La}(\hat{\delta}_i^2 - \breve{\delta}_i^1))/C_{Le})/2 \\ \hat{\delta}_i^4 = ((C_{Mvi}^d - C_{Ma}(\breve{\delta}_i^1 + \hat{\delta}_i^2))/C_{Me} + (C_{Lvi}^d - C_{La}(\hat{\delta}_i^2 - \breve{\delta}_i^1))/C_{Le})/2 \\ \hat{\delta}_i^5 = (C_{Nvi}^d - C_{Ndrag}(\breve{\delta}_i^1 + \hat{\delta}_i^2))/C_{N\delta_r} \end{cases} \tag{10-19}$$

同理，针对无人机 i 中仅控制器 2 发生卡死故障的情形，其控制分配方案为

$$\begin{cases} \hat{\delta}_i^1 = \breve{\delta}_i^2 + C_{Lvi}^d/C_{La} \\ \hat{\delta}_i^3 = ((C_{Mvi}^d - C_{Ma}(\breve{\delta}_i^1 + \hat{\delta}_i^2))/C_{Me} - (C_{Lvi}^d - C_{La}(\hat{\delta}_i^2 - \breve{\delta}_i^1))/C_{Le})/2 \\ \hat{\delta}_i^4 = ((C_{Mvi}^d - C_{Ma}(\breve{\delta}_i^1 + \hat{\delta}_i^2))/C_{Me} + (C_{Lvi}^d - C_{La}(\hat{\delta}_i^2 - \breve{\delta}_i^1))/C_{Le})/2 \\ \hat{\delta}_i^5 = (C_{Nvi}^d - C_{Ndrag}(\breve{\delta}_i^1 + \hat{\delta}_i^2))/C_{N\delta_r} \end{cases} \tag{10-20}$$

针对无人机 i 中仅控制器 3 发生卡死故障的情形，其控制分配方案为

$$
\begin{cases}
\hat{\delta}_i^4 = C_{Mvi}^d / C_{Me} - \breve{\delta}_i^3 \\
\hat{\delta}_i^1 = ((C_{Mvi}^d - C_{Me}(\breve{\delta}_i^3 + \hat{\delta}_i^4)) / C_{Ma} - (C_{Lvi}^d - C_{Le}(\hat{\delta}_i^4 - \breve{\delta}_i^3)) / C_{La}) / 2 \\
\hat{\delta}_i^2 = ((C_{Mvi}^d - C_{Me}(\breve{\delta}_i^3 + \hat{\delta}_i^4)) / C_{Ma} + (C_{Lvi}^d - C_{Le}(\hat{\delta}_i^4 - \breve{\delta}_i^3)) / C_{La}) / 2 \\
\hat{\delta}_i^5 = (C_{Nvi}^d - C_{Ndrag}(\hat{\delta}_i^1 + \hat{\delta}_i^2)) / C_{N\delta_r}
\end{cases}
\tag{10-21}
$$

针对无人机 i 中仅控制器 4 发生卡死故障的情形，其控制分配方案为

$$
\begin{cases}
\hat{\delta}_i^3 = C_{Mvi}^d / C_{Me} - \breve{\delta}_i^4 \\
\hat{\delta}_i^1 = ((C_{Mvi}^d - C_{Me}(\breve{\delta}_i^3 + \hat{\delta}_i^4)) / C_{Ma} - (C_{Lvi}^d - C_{Le}(\hat{\delta}_i^4 - \breve{\delta}_i^3)) / C_{La}) / 2 \\
\hat{\delta}_i^2 = ((C_{Mvi}^d - C_{Me}(\breve{\delta}_i^3 + \hat{\delta}_i^4)) / C_{Ma} + (C_{Lvi}^d - C_{Le}(\hat{\delta}_i^4 - \breve{\delta}_i^3)) / C_{La}) / 2 \\
\hat{\delta}_i^5 = (C_{Nvi}^d - C_{Ndrag}(\hat{\delta}_i^1 + \hat{\delta}_i^2)) / C_{N\delta_r}
\end{cases}
\tag{10-22}
$$

针对无人机 i 中仅控制器 5 发生卡死故障的情形，其控制分配方案为

$$
\begin{cases}
\hat{\delta}_i^1 = \dfrac{1}{2}(C_{Nvi}^d - C_{N\delta_r}\breve{\delta}_i^5) / C_{Ndrag} - \dfrac{1}{4}(C_{Lvi}^d / C_{La}) \\[2mm]
\hat{\delta}_i^2 = \dfrac{1}{2}(C_{Nvi}^d - C_{N\delta_r}\breve{\delta}_i^5) / C_{Ndrag} + \dfrac{1}{4}(C_{Lvi}^d / C_{La}) \\[2mm]
\hat{\delta}_i^3 = \dfrac{1}{2}(C_{Mvi}^d - C_{Ma}(C_{Nvi}^d - C_{N\delta_r}\breve{\delta}_i^5) / C_{Ndrag}) / C_{Me} - \dfrac{1}{4}(C_{Lvi}^d / C_{Le}) \\[2mm]
\hat{\delta}_i^4 = \dfrac{1}{2}(C_{Mvi}^d - C_{Ma}(C_{Nvi}^d - C_{N\delta_r}\breve{\delta}_i^5) / C_{Ndrag}) / C_{Me} + \dfrac{1}{4}(C_{Lvi}^d / C_{Le})
\end{cases}
\tag{10-23}
$$

(2)针对相同时间内两个控制器同时发生故障的情形。以无人机 i 中控制器 1 发生故障的同时，控制器 2 也发生故障为例，此时通过故障检测模块获得的故障概率存在 $p_i^{12}[k] \geqslant 0.6$ 或 $p_i^{21}[k] \geqslant 0.6$，可以通过重构剩余的健康控制器 3、4 和 5，重构后的健康控制器会被放入向量 $\hat{g}_i$ 中，并使用 $\hat{g}_i$ 替代 g_i 在控制过程中的作用，以此修正控制器 1、2 故障产生的不期望控制力矩。

针对控制器 1 和 2 同时故障情形，其控制器重构方案设为

$$
\begin{cases}
\hat{\delta}_i^3 = ((C_{Mvi}^d - C_{Ma}(\breve{\delta}_i^1 + \breve{\delta}_i^2)) / C_{Me} - (C_{Lvi}^d - C_{La}(\breve{\delta}_i^2 - \breve{\delta}_i^1)) / C_{Le}) / 2 \\
\hat{\delta}_i^4 = ((C_{Mvi}^d - C_{Ma}(\breve{\delta}_i^1 + \breve{\delta}_i^2)) / C_{Me} + (C_{Lvi}^d - C_{La}(\breve{\delta}_i^2 - \breve{\delta}_i^1)) / C_{Le}) / 2 \\
\hat{\delta}_i^5 = (C_{Nvi}^d - C_{Ndrag}(\breve{\delta}_i^1 + \breve{\delta}_i^2)) / C_{N\delta_r}
\end{cases}
\tag{10-24}
$$

同理，针对无人机 i 中控制器 1 和 3 同时故障情形，其控制器重构方案设为

$$\begin{cases} \hat{\delta}_i^2 = \dfrac{(C_{Me}(C_{Lvi}^d + C_{La}\breve{\delta}_i^1 + C_{Le}\breve{\delta}_i^3) - C_{Le}(C_{Mvi}^d - C_{Ma}\breve{\delta}_i^1 - C_{Me}\breve{\delta}_i^3))}{(C_{Me}C_{La} - C_{Le}C_{Ma})} \\[4mm] \hat{\delta}_i^4 = \dfrac{(C_{Ma}(C_{Lvi}^d + C_{La}\breve{\delta}_i^1 + C_{Le}\breve{\delta}_i^3) - C_{La}(C_{Mvi}^d - C_{Ma}\breve{\delta}_i^1 - C_{Me}\breve{\delta}_i^3))}{(C_{Ma}C_{Le} - C_{La}C_{Me})} \\[4mm] \hat{\delta}_i^5 = \dfrac{(C_{Nvi}^d - C_{N\mathrm{drag}}(\breve{\delta}_i^1 + \hat{\delta}_i^2))}{C_{N\delta_r}} \end{cases} \tag{10-25}$$

针对无人机 i 中控制器 1 和 4 同时故障情形，其控制器重构方案设为

$$\begin{cases} \hat{\delta}_i^2 = \dfrac{(C_{Me}(C_{Lvi}^d + C_{La}\breve{\delta}_i^1 - C_{Le}\breve{\delta}_i^4) + C_{Le}(C_{Mvi}^d - C_{Ma}\breve{\delta}_i^1 - C_{Me}\breve{\delta}_i^4))}{(C_{Me}C_{La} + C_{Le}C_{Ma})} \\[4mm] \hat{\delta}_i^3 = \dfrac{(C_{Ma}(C_{Lvi}^d + C_{La}\breve{\delta}_i^1 - C_{Le}\breve{\delta}_i^4) - C_{La}(C_{Mvi}^d - C_{Ma}\breve{\delta}_i^1 - C_{Me}\breve{\delta}_i^4))}{(C_{La}C_{Me} + C_{Ma}C_{Le})} \\[4mm] \hat{\delta}_i^5 = \dfrac{(C_{Nvi}^d - C_{N\mathrm{drag}}(\breve{\delta}_i^1 + \hat{\delta}_i^2))}{C_{N\delta_r}} \end{cases} \tag{10-26}$$

针对无人机 i 中控制器 1 和 5 同时故障情形，其控制器重构方案设为

$$\begin{cases} \hat{\delta}_i^2 = (C_{Nvi}^d - C_N\breve{\delta}_i^1 - C_{N\delta_r}\breve{\delta}_i^1)\big/C_{N\mathrm{drag}} \\[2mm] \hat{\delta}_i^3 = \dfrac{1}{2}((C_{Mvi}^d - C_{Ma}(\breve{\delta}_i^1 + \hat{\delta}_i^2))\big/C_{Me} - (C_{Lvi}^d - C_{La}(\hat{\delta}_i^2 - \breve{\delta}_i^1))\big/C_{Le}) \\[2mm] \hat{\delta}_i^4 = \dfrac{1}{2}((C_{Mvi}^d - C_{Ma}(\breve{\delta}_i^1 + \hat{\delta}_i^2))\big/C_{Me} + (C_{Lvi}^d - C_{La}(\hat{\delta}_i^2 - \breve{\delta}_i^1))\big/C_{Le}) \end{cases} \tag{10-27}$$

针对无人机 i 中控制器 2 和 3 同时故障情形，其控制器重构方案设为

$$\begin{cases} \hat{\delta}_i^1 = \dfrac{(C_{Le}(C_{Mvi}^d - C_{Ma}\breve{\delta}_i^2 - C_{Me}\breve{\delta}_i^3) - C_{Me}(C_{Lvi}^d - C_{La}\breve{\delta}_i^2 + C_{Le}\breve{\delta}_i^3))}{(C_{La}C_{Me} + C_{Ma}C_{Le})} \\[4mm] \hat{\delta}_i^4 = \dfrac{(C_{Ma}(C_{Mvi}^d - C_{Ma}\breve{\delta}_i^2 - C_{Me}\breve{\delta}_i^3) + C_{La}(C_{Lvi}^d - C_{La}\breve{\delta}_i^2 + C_{Le}\breve{\delta}_i^3))}{(C_{La}C_{Me} + C_{Ma}C_{Le})} \\[4mm] \hat{\delta}_i^5 = \dfrac{(C_{Nvi}^d - C_{N\mathrm{drag}}(\hat{\delta}_i^1 + \breve{\delta}_i^2))}{C_{N\delta_r}} \end{cases} \tag{10-28}$$

针对无人机 i 中控制器 2 和 4 同时故障情形，其控制器重构方案设为

$$\begin{cases}\hat{\delta}_i^1=\dfrac{(C_{Le}(C_{Mvi}^d-C_{Ma}\breve{\delta}_i^2-C_{Me}\breve{\delta}_i^4)+C_{Me}(C_{Lvi}^d-C_{La}\breve{\delta}_i^2+C_{Le}\breve{\delta}_i^4))}{(C_{Ma}C_{Le}-C_{La}C_{Me})}\\[4mm]\hat{\delta}_i^3=\dfrac{(C_{Ma}(C_{Mvi}^d-C_{Ma}\breve{\delta}_i^2-C_{Me}\breve{\delta}_i^4)+C_{La}(C_{Lvi}^d-C_{La}\breve{\delta}_i^2+C_{Le}\breve{\delta}_i^4))}{(C_{La}C_{Me}-C_{Ma}C_{Le})}\\[4mm]\hat{\delta}_i^5=\dfrac{(C_{Nvi}^d-C_{Ndrag}(\hat{\delta}_i^1+\hat{\delta}_i^2))}{C_{N\delta_r}}\end{cases}\tag{10-29}$$

针对无人机 i 中控制器 2 和 5 同时故障情形，其控制器重构方案设为

$$\begin{cases}\hat{\delta}_i^1=(C_{Nvi}^d-C_{Ndrag}\breve{\delta}_i^2-C_{N\delta_r}\breve{\delta}_i^5)\big/C_{Ndrag}\\[3mm]\hat{\delta}_i^3=\dfrac{1}{2}((C_{Mvi}^d-C_{Ma}(\breve{\delta}_i^2+\hat{\delta}_i^1))\big/C_{Me}-(C_{Lvi}^d-C_{La}(\breve{\delta}_i^2-\hat{\delta}_i^1))\big/C_{Le})\\[3mm]\hat{\delta}_i^4=\dfrac{1}{2}((C_{Mvi}^d-C_{Ma}(\breve{\delta}_i^2+\hat{\delta}_i^1))\big/C_{Me}+(C_{Lvi}^d-C_{La}(\breve{\delta}_i^2-\hat{\delta}_i^1))\big/C_{Le})\end{cases}\tag{10-30}$$

针对无人机 i 中控制器 3 和 4 同时故障情形，其控制器重构方案设为

$$\begin{cases}\hat{\delta}_i^1=\dfrac{1}{2}((C_{Mvi}^d-C_{Me}(\breve{\delta}_i^3+\breve{\delta}_i^4))\big/C_{Ma}-(C_{Lvi}^d-C_{Le}(\breve{\delta}_i^4-\breve{\delta}_i^3))\big/C_{La})\\[3mm]\hat{\delta}_i^2=\dfrac{1}{2}((C_{Mvi}^d-C_{Me}(\breve{\delta}_i^3+\breve{\delta}_i^4))\big/C_{Ma}+(C_{Lvi}^d-C_{Le}(\breve{\delta}_i^4-\breve{\delta}_i^3))\big/C_{La})\\[3mm]\hat{\delta}_i^5=(C_{Nvi}^d-C_{Ndrag}(\hat{\delta}_i^1+\hat{\delta}_i^2))\big/C_{N\delta_r}\end{cases}\tag{10-31}$$

针对无人机 i 中控制器 3 和 5 同时故障情形，其控制器重构方案设为

$$\begin{cases}\hat{\delta}_i^1=\dfrac{1}{2}((C_{Nvi}^d-C_{N\delta_r}\breve{\delta}_i^5)\big/C_{Ndrag}-(C_{Lvi}^d-C_{Le}(\hat{\delta}_i^4-\breve{\delta}_i^3))\big/C_{La})\\[3mm]\hat{\delta}_i^2=\dfrac{1}{2}((C_{Nvi}^d-C_{N\delta_r}\breve{\delta}_i^5)\big/C_{Ndrag}+(C_{Lvi}^d-C_{Le}(\hat{\delta}_i^4-\breve{\delta}_i^3))\big/C_{La})\\[3mm]\hat{\delta}_i^4=\dfrac{1}{2}((C_{Mvi}^d-C_{Ma}(\hat{\delta}_i^1+\hat{\delta}_i^2))\big/C_{Me}+(C_{Lvi}^d-C_{La}(\hat{\delta}_i^2-\hat{\delta}_i^1))\big/C_{Le})\end{cases}\tag{10-32}$$

针对无人机 i 中控制器 4 和 5 同时故障情形，其控制器重构方案设为

$$\begin{cases}\hat{\delta}_i^1=(C_{Nvi}^d-C_{N\delta_r}\hat{\delta}_i^2-C_{N\delta_r}\breve{\delta}_i^5)\big/C_{Ndrag}\\[3mm]\hat{\delta}_i^2=(C_{Nvi}^d-C_{N\delta_r}\hat{\delta}_i^1-C_{N\delta_r}\breve{\delta}_i^5)\big/C_{Ndrag}\\[3mm]\hat{\delta}_i^3=(C_{Mvi}^d-C_{Ma}(\hat{\delta}_i^1+\hat{\delta}_i^2)-C_{Me}\breve{\delta}_i^4)\big/C_{Me}\end{cases}\tag{10-33}$$

(3)针对相同时间内 3 个控制器同时发生故障的情形。特别值得注意的是,如果控制器 1、2 和 5 同时发生故障,通过观察式(10-17)中向量的最后一项发现,此时已无冗余的健康控制器可以用来构造,即无法通过重新构造健康控制器的方式来抵消不期望控制力矩,除此之外的其余情形,都可以仿照情形(1)和情形(2)的方式重新构造健康控制器。

(4)针对相同时间内 4 个控制器同时发生故障的情形。与情形(3)类似,需要观察,当这 4 个控制器发生故障后,是否在式(10-17)中向量的各项中都有冗余的健康控制器可以构造,如果有,其构造方式与情形(1)和情形(2)类似,如果没有,则无法通过构造健康控制器的方式来抵消不期望控制力矩。

(5)针对相同时间内 5 个控制器同时发生故障的情形。此时在式(10-17)中向量的各项都没有冗余的健康控制器可供构造,控制无人机的所有控制器都已经发生卡死故障,无人机必然会坠毁,此时只能通过其他方法减小无人机坠毁带来的损失。

最后值得注意的是式(10-19)～式(10-33)中,$\hat{\delta}_i^1$、$\hat{\delta}_i^2$、$\hat{\delta}_i^3$、$\hat{\delta}_i^4$ 和 $\hat{\delta}_i^5$ 为无人机健康控制器,当无人机不发生控制器卡死故障时,其值等于控制器向量 g_i 中的 δ_i^1、δ_i^2、δ_i^3、δ_i^4 和 δ_i^5;当控制器发生卡死故障时,结合其原值、式(10-17)以及控制器发生卡死故障时的实际值 $\bar{\delta}_i^1$、$\bar{\delta}_i^2$、$\bar{\delta}_i^3$、$\bar{\delta}_i^4$ 和 $\bar{\delta}_i^5$ 重新构造其值,并放入向量 $\hat{g}_i$ 中,用以替代 g_i 在控制过程中的作用。

10.2　仿　真　结　果

本节采用 6 架无人机在无向连通拓扑条件下通过局域信息交换实现其跟随领航者的姿态同步仿真,其中仿真步长设定为 0.01s。无人机姿态动力学模型所需参数如表 2.1 所示。无人机群与领航者的通信拓扑如图 8.1 所示。各无人机运行过程中伴随的外部干扰 $f_i(t)$、测量误差 $\delta x_i(t)$、模型或参数不确定($\delta F_i(x_i(t))$、$\delta G_i(t)$、$\delta Q_i(t)$)及控制器微小故障 $\delta u_i(t)$ 如式(8-47)所示。构造控制器所需相关增益或参数如表 8.2 所示。各无人机的初始姿态取值皆为–1 到 1 之间的随机数。

定义相对于惯性坐标系的领航者姿态为

$$h_l = \begin{bmatrix} \phi_l \\ \theta_l \\ \psi_l \end{bmatrix} = \begin{bmatrix} \sin(t/2)/3 \\ (1-\exp(-t/4))/2 \\ \cos(t/2)/3 \end{bmatrix}$$

根据式(10-2),针对 6 架无人机分别设置不同的故障情形如下。
各无人机控制器故障值向量分别为

$$\begin{cases} \overline{u}_1(t) = \left[\overline{\delta}_1^1, \overline{\delta}_1^2, \overline{\delta}_1^3, \overline{\delta}_1^4, \overline{\delta}_1^5 \right]^{\mathrm{T}} = [-0.5, 0.4, 0.4, 0.4, -0.4]^{\mathrm{T}} \\ \overline{u}_2(t) = \left[\overline{\delta}_2^1, \overline{\delta}_2^2, \overline{\delta}_2^3, \overline{\delta}_2^4, \overline{\delta}_2^5 \right]^{\mathrm{T}} = [0.4, -0.4, -0.5, 0.4, 0.5]^{\mathrm{T}} \\ \overline{u}_3(t) = \left[\overline{\delta}_3^1, \overline{\delta}_3^2, \overline{\delta}_3^3, \overline{\delta}_3^4, \overline{\delta}_3^5 \right]^{\mathrm{T}} = [-0.3, 0.7, 0.4, -0.5, 0.7]^{\mathrm{T}} \\ \overline{u}_4(t) = \left[\overline{\delta}_4^1, \overline{\delta}_4^2, \overline{\delta}_4^3, \overline{\delta}_4^4, \overline{\delta}_4^5 \right]^{\mathrm{T}} = [0.4, -0.2, -0.4, 0.4, 0.4]^{\mathrm{T}} \\ \overline{u}_5(t) = \left[\overline{\delta}_5^1, \overline{\delta}_5^2, \overline{\delta}_5^3, \overline{\delta}_5^4, \overline{\delta}_5^5 \right]^{\mathrm{T}} = [-0.5, -0.3, -0.8, 0.7, -0.4]^{\mathrm{T}} \\ \overline{u}_6(t) = \left[\overline{\delta}_6^1, \overline{\delta}_6^2, \overline{\delta}_6^3, \overline{\delta}_6^4, \overline{\delta}_6^5 \right]^{\mathrm{T}} = [0.4, 0.4, 0.4, -0.4, 0.4]^{\mathrm{T}} \end{cases} \tag{10-34}$$

各无人机故障选择矩阵 $\hbar_i(t), i = 1, 2, \cdots, 6$ 在各时刻的值分别为

$$\hbar_1(t) = \begin{cases} \mathrm{diag}([0,1,0,0,0]), 30 < t \leqslant 60 \\ \mathrm{diag}([0,0,0,0,1]), 80 < t \leqslant 110 \\ \mathrm{diag}([0,0,1,0,0]), 130 < t \leqslant 160 \\ \mathrm{diag}([1,0,0,0,0]), 180 < t \leqslant 210 \\ \mathrm{diag}([0,0,0,1,0]), 230 < t \leqslant 260 \end{cases} \tag{10-35}$$

$$\hbar_2(t) = \begin{cases} \mathrm{diag}([1,0,0,0,0]), 30 < t \leqslant 80 \cup 110 < t \leqslant 130 \cup 160 < t \\ \qquad \leqslant 180 \cup 210 < t \leqslant 230 \cup 260 < t \leqslant 280 \\ \mathrm{diag}([1,1,0,0,0]), 80 < t \leqslant 110 \\ \mathrm{diag}([1,0,1,0,0]), 130 < t \leqslant 160 \\ \mathrm{diag}([1,0,0,1,0]), 180 < t \leqslant 210 \\ \mathrm{diag}([1,0,0,0,1]), 230 < t \leqslant 260 \end{cases} \tag{10-36}$$

$$\hbar_3(t) = \begin{cases} \mathrm{diag}([0,1,0,0,0]), 30 < t \leqslant 50 \cup 80 < t \leqslant 120 \cup 150 < t \\ \qquad \leqslant 180 \cup 210 < t \leqslant 230 \cup 260 < t \leqslant 280 \\ \mathrm{diag}([1,1,0,0,0]), 50 < t \leqslant 80 \\ \mathrm{diag}([0,1,0,0,1]), 120 < t \leqslant 150 \\ \mathrm{diag}([0,1,0,1,0]), 180 < t \leqslant 210 \\ \mathrm{diag}([0,1,1,0,0]), 230 < t \leqslant 260 \end{cases} \tag{10-37}$$

$$\hbar_4(t) = \begin{cases} \mathrm{diag}([0,0,1,0,0]), 30 < t \leqslant 60 \cup 90 < t \leqslant 130 \cup 160 < t \\ \qquad \leqslant 180 \cup 210 < t \leqslant 230 \cup 260 < t \leqslant 280 \\ \mathrm{diag}([1,0,1,0,0]), 60 < t \leqslant 90 \\ \mathrm{diag}([0,1,1,0,0]), 130 < t \leqslant 160 \\ \mathrm{diag}([0,0,1,1,0]), 180 < t \leqslant 210 \\ \mathrm{diag}([0,0,1,0,1]), 230 < t \leqslant 260 \end{cases} \tag{10-38}$$

$$\hbar_5(t) = \begin{cases} \text{diag}([0,0,0,1,0]), 30 < t \leqslant 60 \cup 90 < t \leqslant 120 \cup 150 < t \\ \qquad \leqslant 180 \cup 210 < t \leqslant 240 \cup 270 < t \leqslant 280 \\ \text{diag}([1,0,0,1,0]), 180 < t \leqslant 210 \\ \text{diag}([0,1,0,1,0]), 120 < t \leqslant 150 \\ \text{diag}([0,0,1,0,1]), 60 < t \leqslant 90 \\ \text{diag}([0,0,1,1,0]), 240 < t \leqslant 270 \end{cases} \tag{10-39}$$

$$\hbar_6(t) = \begin{cases} \text{diag}([0,0,0,0,1]), 30 < t \leqslant 40 \cup 70 < t \leqslant 120 \cup 150 < t \\ \qquad \leqslant 170 \cup 200 < t \leqslant 220 \cup 250 < t \leqslant 280 \\ \text{diag}([1,0,0,0,1]), 40 < t \leqslant 70 \\ \text{diag}([0,0,1,0,1]), 120 < t \leqslant 150 \\ \text{diag}([0,0,0,1,1]), 170 < t \leqslant 200 \\ \text{diag}([0,1,0,0,1]), 220 < t \leqslant 250 \end{cases} \tag{10-40}$$

应用提出的可重构控制方案，得到仿真结果如图 10.4～图 10.21 所示。图 10.4 和图 10.5 分别展示了各无人机相对于惯性坐标系的姿态与相对于机体坐标系的角

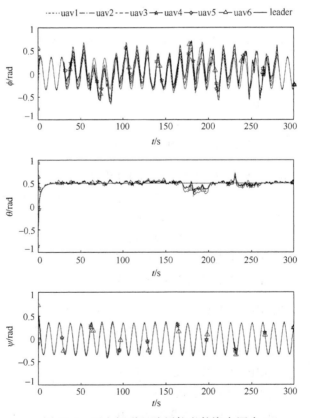

图 10.4　无人机群跟随领航者的姿态同步

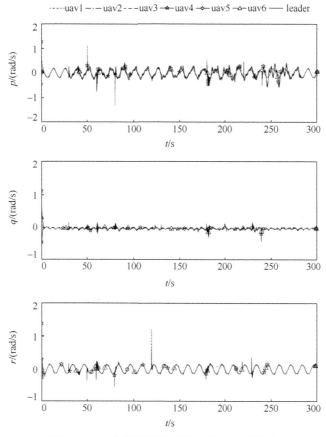

图 10.5 无人机群跟随领航者的角速度同步

速度对领航者姿态及角速度的跟踪效果。图 10.6 展示了各无人机在跟随领航者完成姿态同步过程中,控制力矩随时间的变化。图 10.7 展示了各无人机主从式同步误差随时间的变化。图 10.8~图 10.10 展示了无人机 1~6 的集成不确定项及估计值随时间的变化。图 10.11 为各无人机不确定项估计误差随时间的变化。图 10.12~图 10.17 展示了无人机 1~6 各个控制器的故障概率随时间的变化。图 10.18~图 10.23 展示了无人机 1~6 控制器重构后的控制力矩随时间的变化。

在图 10.8~图 10.10 中,实线为作用在无人机上的集成不确定项随时间的变化,虚线为集成不确定项估计值随时间的变化。对比二者可以看出,8.2 节中提出的基于观测器与神经网络的间接自适应方法在控制器发生故障时,仍能在极短的时间内实现对不确定项的准确估计。进一步结合图 10.11 可以看出,控制器发生故障时,估计误差会产生较大波动,但都会在极短的时间内实现收敛。

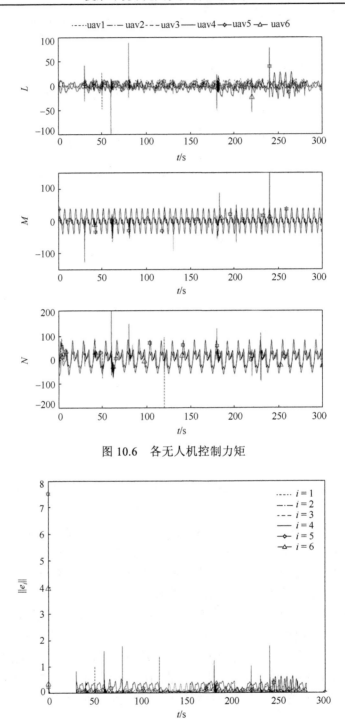

图 10.6　各无人机控制力矩

图 10.7　各无人机主从式同步误差

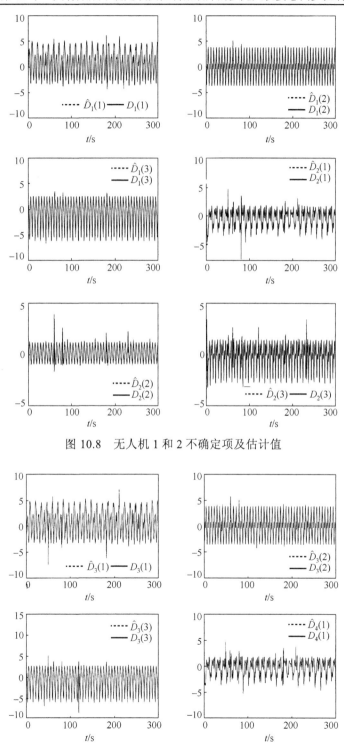

图 10.8　无人机 1 和 2 不确定项及估计值

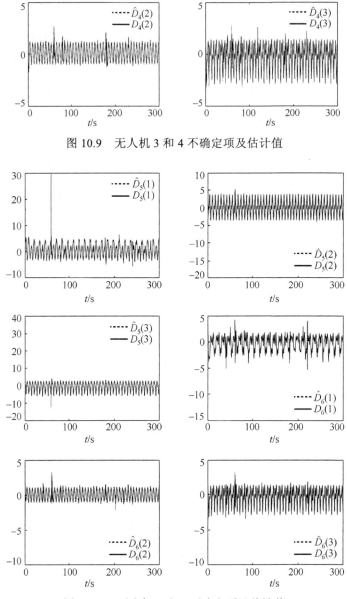

图 10.9　无人机 3 和 4 不确定项及估计值

图 10.10　无人机 5 和 6 不确定项及估计值

在图 10.12～图 10.17 中，实线为各无人机实际控制器故障概率随时间的变化，该故障概率由式(10-35)～式(10-40)中的故障选择矩阵确定，当故障选择矩阵中对角线的某一项取值为 1，则表示其对应的控制器发生故障，故障值为式(10-34)中的对应项，对应的故障概率为 1；虚线为应用 10.1.1 节中的控制器故障检测方法得到的控制器故障估计概率随时间的变化。对比这二者可以得出，控制器发生故障时提出的控制器故障检测方法可以在较短时间内检测出控制器故障位置，并且在控制器故障结束后也能较快地排除故障。

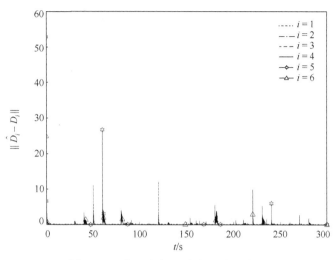

图 10.11　各无人机不确定项估计误差

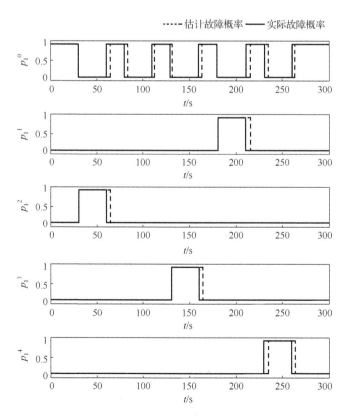

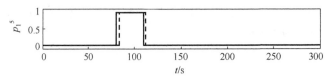

图 10.12　无人机 1 控制器故障概率估计

　　在图 10.18～图 10.23 中，虚线为控制器无故障时力矩随时间的变化；点虚线为控制器故障时力矩随时间的变化；实线为应用 10.1.2 节中的控制器重构方法后力矩随时间的变化。结合图 10.12～图 10.17，对比这三者可以看出，控制器发生故障后，无人机控制力矩相对于无故障时会产生较大偏离，在使用提出的控制器重构方法后，无人机控制力矩相对于控制器发生故障时的力矩会近似地恢复到控制器无故障时的力矩，由此带来的控制效果见图 10.5。

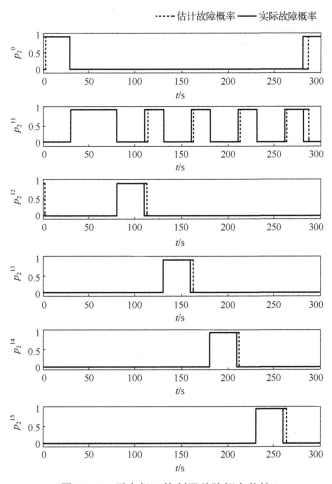

图 10.13　无人机 2 控制器故障概率估计

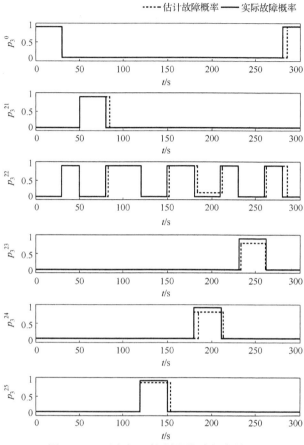

图 10.14　无人机 3 控制器故障概率估计

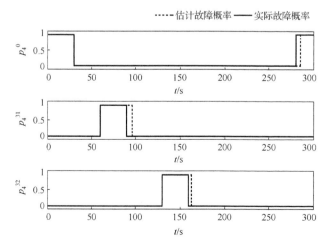

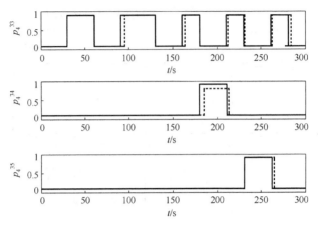

图 10.15　无人机 4 控制器故障概率估计

‑‑‑‑估计故障概率 ——实际故障概率

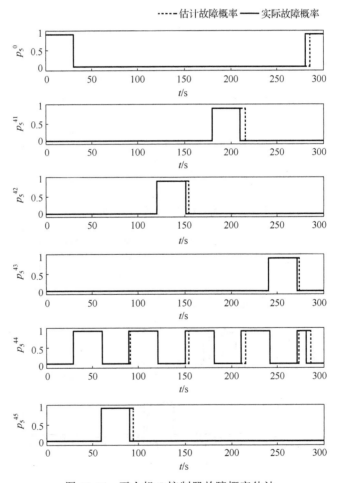

图 10.16　无人机 5 控制器故障概率估计

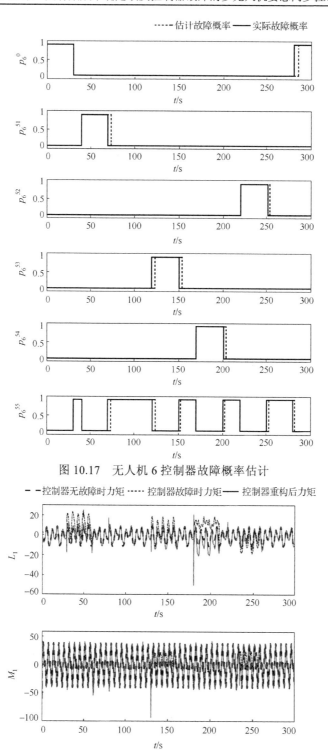

图 10.17　无人机 6 控制器故障概率估计

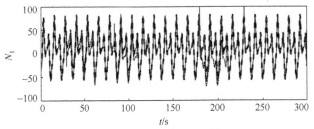

图 10.18 无人机 1 控制器重构后力矩

- - 控制器无故障时力矩 ····· 控制器故障时力矩 —— 控制器重构后力矩

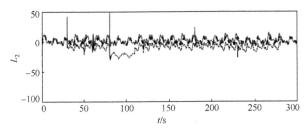

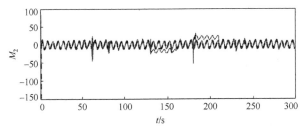

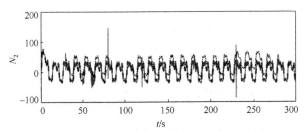

图 10.19 无人机 2 控制器重构后力矩

- - 控制器无故障时力矩 ····· 控制器故障时力矩 —— 控制器重构后力矩

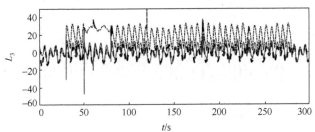

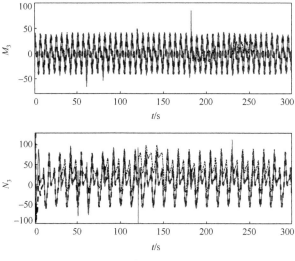

图 10.20　无人机 3 控制器重构后力矩

- - 控制器无故障时力矩　······ 控制器故障时力矩　—— 控制器重构后力矩

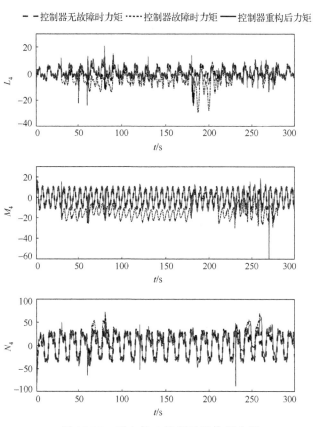

图 10.21　无人机 4 控制器重构后力矩

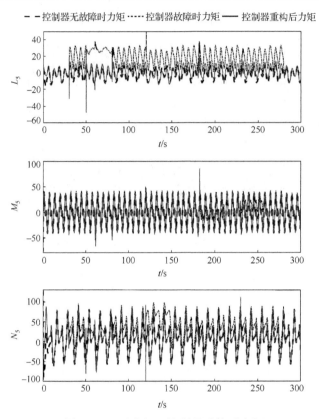

图 10.22　无人机 5 控制器重构后力矩

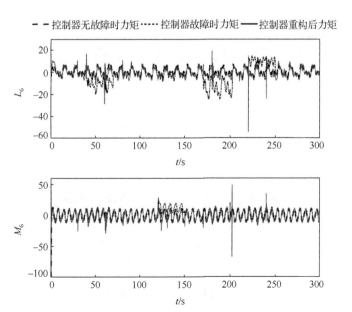

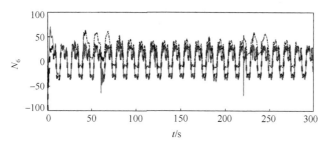

图 10.23　无人机 6 控制器重构后力矩

图 10.4 和图 10.5 分别展示了无人机姿态及姿态角速度随时间的变化，结合图 10.12～图 10.17 可以看出：当控制器发生故障时，无人机姿态角速度会偏离期望值。在使用 10.1.2 节中提出的控制器重构方法后，无人机姿态角速度会近似收敛到期望值。基于此，在图 10.4 中，控制器产生故障时，无人机姿态虽然会偏离期望姿态，但都会稳定在期望姿态附近。

10.3　本 章 小 结

本章针对在伴随外部干扰、模型或参数不确定、测量误差、状态时延、控制器微小故障的同时，无人机发生控制器卡死故障时的多无人机姿态同步控制问题。在 8.2 节中提出的基于观测器与神经网络的间接自适应姿态同步分布式控制方法的基础上，结合基于组合扩展卡尔曼滤波器设计的故障检测模块和基于控制分配方法设计的控制器重构模块，在检测到控制器故障的同时及时重构健康控制器指令，使无人机的控制力矩尽量恢复到无故障时的状态，从而使无人机的姿态稳定在领航者附近。

第 11 章　基于 LMI 的混合 H_2/H_∞ 四旋翼飞行器控制

本章首先进行四旋翼无人飞行器的系统建模，而后针对四旋翼无人飞行器的稳定性控制问题，利用鲁棒控制与极点配置原理，设计出一种基于线性矩阵不等式 (linear matrix inequality，LMI) 的 H_2/H_∞ 混合鲁棒控制器，来应对四旋翼飞行器在模型参数不确定情况下的稳定飞行问题。仿真结果表明，该控制器不仅可以解决外界阵风和传感器测量噪声对飞行器的不确定性干扰，而且能够解决飞行器本身模型参数不精确带来的控制发散等问题，具有良好的稳定性和鲁棒性。

11.1　四旋翼飞行器的系统建模

四旋翼无人飞行器可以看作是一个具有三个轴向旋转自由度，三个轴向平移自由度和四个输入项的欠驱动的运动刚体，在此用一个整齐的公式组合描述其动力学模型。这四个输入项 $U_i(i=1,2,3,4)$ 与四个电机的旋转角速度 $\omega_i(i=1,2,3,4)$ 的关系如下：

$$U=\begin{bmatrix} U_1 \\ U_2 \\ U_3 \\ U_4 \end{bmatrix}=\begin{bmatrix} b(\omega_1^2+\omega_2^2+\omega_3^2+\omega_4^2) \\ b(\omega_3^2+\omega_4^2-\omega_1^2-\omega_2^2) \\ b(\omega_1^2+\omega_4^2-\omega_2^2-\omega_3^2) \\ d(\omega_2^2+\omega_4^2-\omega_1^2-\omega_3^2) \end{bmatrix} \tag{11-1}$$

式中，U_1 代表四旋翼的升力，U_2 代表的是滚动力，U_3 代表的是俯仰力，U_4 代表无人飞行器的偏航力，b 代表升力系数，d 代表力矩系数。

本章我们做出了如下假设：①飞行器是刚性对称的；②螺旋桨是刚体；③电机的推力和阻力正比于转子转速的平方；④电机转动轴平行于 Z 轴方向；⑤忽略地面效应；⑥惯性矩阵时不变；⑦忽略飞行器的弹性形变及冲力。

为了便于后续对无人飞行器的位置、航向、速度、角度以及角速度的研究，根据上述假设，我们可以通过 Newton-Euler 方程，获得飞行器的空气动力学方程：

$$\begin{bmatrix} mI & 0 \\ 0 & I \end{bmatrix}\begin{bmatrix} \dot{v}^{\mathrm{B}} \\ \dot{\Omega}^{\mathrm{B}} \end{bmatrix}+\begin{bmatrix} \Omega^{\mathrm{B}}\times mv^{\mathrm{B}} \\ \Omega^{\mathrm{B}}\times I\Omega^{\mathrm{B}} \end{bmatrix}=\begin{bmatrix} f^{\mathrm{B}} \\ \tau^{\mathrm{B}} \end{bmatrix} \tag{11-2}$$

其中，f^B，τ^B 分别是四旋翼无人飞行器机体坐标系的外力和扭矩，I 代表惯性矩阵，即

$$I = \begin{bmatrix} I_x & -I_{xy} & -I_{xz} \\ -I_{yx} & I_y & -I_{yz} \\ -I_{zx} & -I_{zy} & I_z \end{bmatrix} \tag{11-3}$$

当机体主轴与机体坐标系坐标轴互相重合，则式 (11-3) 可改写为

$$I = \begin{bmatrix} I_x & 0 & 0 \\ 0 & I_y & 0 \\ 0 & 0 & I_z \end{bmatrix} \tag{11-4}$$

$SE(3)$ 配置空间中的运动方程为

$$\begin{cases} \dot{P}^E = V^E \\ \dot{V}^E = \dfrac{R_B^E f^B}{m} \\ \dot{R}_B^E = R_B^E \hat{\Omega}^B \\ I\dot{\Omega}^B = -\dot{\Omega}^B \times (I\Omega^B) + \tau^B \end{cases} \tag{11-5}$$

式中，"×"为向量之间的叉乘符号，V^E 代表惯性导航坐标系下的四旋翼无人飞行器在三个方向上的速度矢量，P^E 为惯性导航坐标系下的四旋翼无人飞行器的位移矢量，Ω^B 为四旋翼无人飞行器绕三个方向旋转的角速度矩阵，即

$$\Omega^B = \begin{bmatrix} 1 & 0 & -\sin\theta \\ 0 & \cos\phi & \sin\phi\cos\theta \\ 0 & -\sin\phi & \cos\phi\cos\theta \end{bmatrix} \begin{bmatrix} \dot{\phi} \\ \dot{\theta} \\ \dot{\psi} \end{bmatrix} \tag{11-6}$$

考虑到飞行器飞行时的角度较小，故 $\Omega^B = [\dot{\phi}, \dot{\theta}, \dot{\psi}]^T$，其中，$\phi$ 为横滚角、θ 为俯仰角、ψ 为航向角。$\hat{\Omega}^B$ 是向量 Ω^B 的斜对称矩阵，即

$$\hat{\Omega}^B = \begin{bmatrix} 0 & -\dot{\psi} & \dot{\theta} \\ \dot{\psi} & 0 & -\dot{\phi} \\ -\dot{\theta} & \dot{\phi} & 0 \end{bmatrix}$$

通过以上公式，我们可以针对四旋翼无人飞行器的线性运动和旋转运动进行较为精确的数学建模。因为在惯性导航坐标系中，列写四旋翼无人飞行器的线性运动方程式相对简单，而且在机体坐标系中列写无人飞行器的旋转运动方程也比较方便，所以我们可以围绕四旋翼无人飞行器的重心来表示旋转，即

$$\begin{cases} \ddot{x} = (\cos\phi\sin\theta\cos\psi + \sin\phi\sin\psi)\dfrac{U_1}{m} \\[2mm] \ddot{y} = (\cos\phi\sin\theta\cos\psi - \sin\phi\sin\psi)\dfrac{U_1}{m} \\[2mm] \ddot{z} = (\cos\phi\cos\theta)\dfrac{U_1}{m} - g \\[2mm] \ddot{\phi} = \dot{\theta}\dot{\psi}\left(\dfrac{I_y - I_z}{I_x}\right) + \dfrac{J_r}{I_x}\dot{\theta}\omega_d + \dfrac{bl}{I_x}U_2 \\[2mm] \ddot{\theta} = \dot{\phi}\dot{\psi}\left(\dfrac{I_z - I_x}{I_y}\right) - \dfrac{J_r}{I_y}\dot{\phi}\omega_d + \dfrac{bl}{I_y}U_3 \\[2mm] \ddot{\psi} = \dot{\phi}\dot{\theta}\left(\dfrac{I_x - I_y}{I_z}\right) + \dfrac{d}{I_z}U_4 \end{cases} \tag{11-7}$$

式中，$\omega_d = \omega_4 + \omega_2 - \omega_1 - \omega_3$。

我们将系统的非线性动力学模型转换成状态方程，并且令

$$X = [x, \dot{x}, y, \dot{y}, z, \dot{z}, \phi, \dot{\phi}, \theta, \dot{\theta}, \psi, \dot{\psi}]^T$$

其中，$X_i\,(i = 1 \sim 12)$ 分别对应状态向量 X 中 12 个具体的状态。假设模型参数确定的情况下，有

$$\dot{X} = AX + BU + F \tag{11-8}$$

式中，$U = [U_1, U_2, U_3, U_4]^T$，

$$A = \begin{bmatrix} 0 & 1 & 0 & 0 & 0 & 0 & 0 & 0 & 0 & 0 & 0 & 0 \\ 0 & 0 & 0 & 0 & 0 & 0 & 0 & 0 & 0 & 0 & 0 & 0 \\ 0 & 0 & 0 & 1 & 0 & 0 & 0 & 0 & 0 & 0 & 0 & 0 \\ 0 & 0 & 0 & 0 & 0 & 0 & 0 & 0 & 0 & 0 & 0 & 0 \\ 0 & 0 & 0 & 0 & 0 & 1 & 0 & 0 & 0 & 0 & 0 & 0 \\ 0 & 0 & 0 & 0 & 0 & 0 & 0 & 0 & 0 & 0 & 0 & 0 \\ 0 & 0 & 0 & 0 & 0 & 0 & 0 & 1 & 0 & 0 & 0 & 0 \\ 0 & 0 & 0 & 0 & 0 & 0 & 0 & 0 & 0 & a_2\omega_d & 0 & 0 \\ 0 & 0 & 0 & 0 & 0 & 0 & 0 & 0 & 0 & 1 & 0 & 0 \\ 0 & 0 & 0 & 0 & 0 & 0 & 0 & a_4\omega_d & 0 & 0 & 0 & 0 \\ 0 & 0 & 0 & 0 & 0 & 0 & 0 & 0 & 0 & 0 & 0 & 1 \\ 0 & 0 & 0 & 0 & 0 & 0 & 0 & 0 & 0 & 0 & 0 & 0 \end{bmatrix}$$

$$B = \begin{bmatrix} 0 & 0 & 0 & 0 \\ \dfrac{u_x}{m} & 0 & 0 & 0 \\ 0 & 0 & 0 & 0 \\ \dfrac{u_y}{m} & 0 & 0 & 0 \\ 0 & 0 & 0 & 0 \\ \dfrac{\cos X_7 \cos X_9}{m} & 0 & 0 & 0 \\ 0 & 0 & 0 & 0 \\ 0 & b_1 & 0 & 0 \\ 0 & 0 & 0 & 0 \\ 0 & 0 & b_2 & 0 \\ 0 & 0 & 0 & 0 \\ 0 & 0 & 0 & b_3 \end{bmatrix}$$

$$F = [0,0,0,0,0,-g,0,X_{10}X_{12}a_1,0,X_8X_{12}a_3,0,X_8X_{10}a_5]^{\mathrm{T}}$$

$$\begin{cases} a_1 = \dfrac{I_y - I_z}{I_x} \\ a_2 = \dfrac{J_r}{I_x} \\ a_3 = \dfrac{I_z - I_x}{I_y} \\ a_4 = -\dfrac{J_r}{I_y} \\ a_5 = \dfrac{I_x - I_y}{I_z} \end{cases}, \quad \begin{cases} b_1 = b/I_x \\ b_2 = b/I_y \\ b_3 = 1/I_z \\ u_x = \cos X_7 \sin X_9 \cos X_{11} + \sin X_7 \sin X_{11} \\ u_y = \cos X_7 \sin X_9 \cos X_{11} - \sin X_7 \sin X_{11} \end{cases}$$

根据文献[138]，经过小角度假设以及线性简化，由公式(11-7)可得

$$\ddot{z} = \frac{U_1}{m}, \quad \ddot{\phi} = \frac{lU_2}{I_x}, \quad \ddot{\theta} = \frac{lU_3}{I_y}, \quad \ddot{\psi} = \frac{U_4}{I_z} \tag{11-9}$$

11.2 H_2/H_∞鲁棒控制

自从 1769 年 James Watt 发明了飞球调速器，鲁棒性就成为控制系统设计当中

的一个非常重要的问题。尽管系统动力学和工作环境存在一定程度的不确定性，但是一个成功的控制系统的设计必须保证系统的稳定性以及能够达到某种性能要求。在经典的频域控制技术当中，增益和相位范围等设计要求几乎都是为了控制系统的鲁棒性能。20 世纪 20 年代，面对具有摄动的精确系统，Black 提出了大增益反馈这样一种思想。但是这一思想的控制系统是动态不稳定的，因为当年无从得知控制系统的稳定性和反馈增益之间的关系。一直到 1932 年，Nyquist 提出了基于 Nyquist 曲线的频域稳定性判据后，反馈增益与控制系统稳定性之间的关系变得明朗起来。20 世纪 40 年代中期，Bode 针对单输入单输出反馈控制系统的鲁棒性问题，提出运用相位稳定裕量与幅值得到系统可以包容的不确定性范围，并且通过加入微分灵敏度函数来衡量时变参数的系统性能[139]。20 世纪 60～70 年代期间，由于控制系统的模型可以在时域范围内通过数学优化更准确地描述，所以鲁棒性问题并没有着重考虑。然而，因为鲁棒性十分重要，所以对其研究也丝毫没有停下脚步。直到 20 世纪 70～80 年代，Zames 和 Francis 开创了如今的 H_∞ 最优控制理论[140]。后来，H_∞ 优化方法和 μ 合成/分析方法也都得以发展，这两种方法都为线性系统提供了鲁棒控制器的系统设计程序[141]。近年来，鲁棒控制理论与工程应用问题以及数学相互结合，取得了较为快速的发展。

自 1960 年起，基于状态空间方法的现代控制理论得以大力推广与发展，涌现了以卡尔曼滤波器和最优二次调节为基础的 H_2 控制(也称为 LQG 反馈)方法，但是该方法要求对象模型是较为精确的，而且假设外界干扰信号为高斯白噪声等统计特性是已知的。直至 20 世纪 80 年代，H_∞ 控制的出现解决了 H_2 控制方法对干扰信号的不合理限制。总之，H_∞ 鲁棒控制方法适合解决系统的稳定性，但是动态品质相对不好；然而 H_2 控制方法适合处理动态性能好但是鲁棒性能差的问题[142]。

1989 年 H_2/H_∞ 问题首先由 Bernstein 和 Haddad 提出[143]。现如今，混合 H_2/H_∞ 指标分析以及控制系统的设计等都得到了发展。混合 H_2/H_∞ 控制将系统的鲁棒性能和最优性能相结合，通过求解一个最优的控制器，使系统获得控制器设计者想要得到的系统特性。

线性系统的控制问题大多可以归结为线性矩阵不等式(linear matrix inequality, LMI)问题, 而且 LMI 擅长求解具有多个约束的闭环系统的设计问题，解决 LMI 问题同时也是一个凸优化的问题，需要内点算法才能求得有效解。在 Gahient 开发出 Matlab LMI 工具箱之后，越来越多的科研人员开始使用 LMI 来解决系统的控制问题，并逐渐地应用 LMI 来解决 H_2/H_∞ 混合优化问题。Zhang[144]将一种改进的 LMI 方法用于解决混合 H_2/H_∞ 飞行控制问题。

11.2.1　H_2 标准控制

图 11.1 为 H_2 标准控制结构图。

　　图中，W 为外部输入信号，可以看作是干扰或者是传感器噪声之类；Z 为被控的输出信号，也称作评价信号；U 为控制信号，Y 为测量输出信号；$G(s)$ 为广义的被控对象，由系统给定；$K(s)$ 则为需要设计的 H_2 控制器。

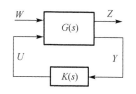

图 11.1　H_2 标准控制结构框图

　　广义的被控对象 $G(s)$ 的状态空间形式表示为

$$\begin{cases} \dot{X} = AX + B_1W + B_2U \\ Z = C_1X + D_{11}W + D_{12}U \\ Y = C_2X + D_{21}W + D_{22}U \end{cases} \tag{11-10}$$

其中，X、W、U、Z 和 Y 均为实数向量值信号。式(11-10)对应的传递函数矩阵为

$$\begin{aligned} G(s) &= \begin{bmatrix} G_{11}(s) & G_{12}(s) \\ G_{21}(s) & G_{22}(s) \end{bmatrix} \\ &= \begin{bmatrix} A & B_1 & B_2 \\ C_1 & D_{11} & D_{12} \\ C_2 & D_{21} & D_{22} \end{bmatrix} \end{aligned} \tag{11-11}$$

即

$$\begin{bmatrix} Z \\ Y \end{bmatrix} = G(s) \begin{bmatrix} W \\ U \end{bmatrix} = \begin{bmatrix} G_{11}(s) & G_{12}(s) \\ G_{21}(s) & G_{22}(s) \end{bmatrix} \begin{bmatrix} W \\ U \end{bmatrix} \tag{11-12}$$

那么，便可得到从 W 到 Z 的闭环传递函数为

$$T_{wz} = G_{11} + G_{12}K(I - G_{22}K)^{-1}G_{21} \tag{11-13}$$

　　定义 11.1　求一个正的并且为有理的控制器 $K(s)$，使得闭环系统稳定而且其传递函数矩阵的 H_2 范数极其小，也就是

$$\min_K \|T_{wz}\|_2 \tag{11-14}$$

这也被称为 H_2 最优控制问题。

　　定义 11.2　给定 $\gamma > \min_K \|T_{wz}\|_2$，求一个正的且为实有理的 $K(s)$，使得闭环系统是稳定的而且 $\|T_{wz}\|_2 < \gamma$，这也被称作是 H_2 次优控制问题。

11.2.2　H_∞ 标准控制

　　图 11.2 为 H_∞ 标准控制结构框图。其中的 W 为外部干扰信号；Z 为被控的输出信号，也称作评价信号；U 是控制输入信号，Y 是观测输出信号；由 U、W 到 Z、Y 的传递函数矩阵 $G(s)$ 是增广的被控对象；$K(s)$ 则为需要被设计的 H_∞ 控制器。

　　传递函数矩阵 $G(s)$ 具体表示为

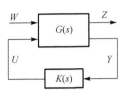

图 11.2　H_∞ 标准控制结构框图

$$\begin{cases} \dot{X} = AX + B_1W + B_2U \\ Z = C_1X + D_{11}W + D_{12}U \\ Y = C_2X + D_{21}W + D_{22}U \end{cases} \quad (11\text{-}15)$$

式中，X、W、U、Z 和 Y 均为多维的实数向量值信号。式（11-15）还可以表示为

$$G(s) = \begin{bmatrix} G_{11}(s) & G_{12}(s) \\ G_{21}(s) & G_{22}(s) \end{bmatrix} = \begin{bmatrix} A & B_1 & B_2 \\ C_1 & D_{11} & D_{12} \\ C_2 & D_{21} & D_{22} \end{bmatrix} \quad (11\text{-}16)$$

那么从 W 到 Z 的闭环传递函数就等于 $T_{wz} = G_{11} + G_{12}K(I - G_{22}K)^{-1}G_{21}$。

定义 11.3　对于已知的增广的受控对象 $G(s)$，求 H_∞ 最优控制器 $K(s)$，使闭环系统的内部是稳定的而且 $\|T_{wz}\|_\infty$ 是最小的，也即 $\min\limits_K \|T_{wz}\|_\infty = \gamma_0$。

定义 11.4　针对已知的增广的受控对象 $G(s)$ 和 γ，求 H_∞ 次优反馈控制器 $K(s)$，使得系统的内部是稳定的而且 $\|T_{wz}\|_\infty < \gamma (\gamma \geqslant \gamma_0)$。

如果针对已知传递函数 $G(s)$，H_∞ 次优控制器 $K(s)$ 有解，那么就可以通过反复递减 γ 数值来不断寻求最优控制器的逼近解，也就是 $\gamma \to \gamma_0$。

定义 11.5　针对已知的传递函数 $G(s)$，要判断反馈控制器 $K(s)$ 是否有解，那么需要判断闭环系统内部是否稳定以及 $\|T_{wz}\|_\infty < 1$ 是否成立，如果稳定且成立则有解。

11.3　模型参数确定的四旋翼飞行器的混合 H_2/H_∞ 控制器

本章采用的 H_2/H_∞ 混合鲁棒控制方法，是一种基于线性矩阵不等式（LMI）算法的静态反馈控制，其中包含了两个已知且应用比较广泛的控制器，即 H_2 和 H_∞ 控制器。将这两个控制器混合的好处是，既可以体现出 H_∞ 控制方法能够良好地解决飞行器的鲁棒稳定性，而且可以保证飞行器在受到脉冲、白噪声等干扰，即不确定性输入时，不丢失鲁棒性。控制结构如图 11.3 所示。图中，$G(s)$ 是广义线性时不变被控对象，$K(s)$ 为 H_2/H_∞ 控制器。

$G(s)$ 可以由下面的状态方程进行描述：

$$\begin{cases} \dot{X} = AX + B_1W + B_2U \\ Z_\infty = C_1X + D_{11}W + D_{12}U \\ Z_2 = C_2X + D_{21}W + D_{22}U \end{cases} \quad (11\text{-}17)$$

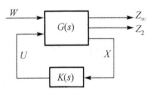

图 11.3　H_2/H_∞ 控制结构框图

其中，U 是控制信号，W 是外部输入信号，Z_∞ 和 Z_2 分别代表 H_∞ 控制指标和 H_2 控制指标的被控输出。

设计出一个状态反馈控制率 $U = KX$，则式（11-17）可写为

$$\begin{cases} \dot{X} = (A + B_2K)X + B_1W \\ Z_\infty = (C_1 + D_{12}K)X + D_{11}W \\ Z_2 = (C_2 + D_{22}K)X + D_{21}W \end{cases} \tag{11-18}$$

参数确定情况下的 H_2/H_∞ 控制器设计需要满足如下性能指标。

(1) 式 (11-18) 渐近稳定,也就是系统特征值全部在左半开复平面内。

(2) 为了保证系统针对不确定性具有鲁棒性,W 到 Z_∞ 的传递函数 T_{wz_∞} 的 H_∞ 范数小于上界 γ(γ 是系统给定的扰动抑制且大于 0)。

(3) 为了保证 H_2 范数度量的系统性能较好,W 到 Z_2 的传递函数 T_{wz_∞} 的 H_2 范数越小越好。

表述成公式形式如下所示:

$$\begin{cases} \begin{pmatrix} AP + B_2M + (AP + \bar{B}_2M)^{\mathrm{T}} & B_1 & (C_1P + D_{12}M)^{\mathrm{T}} \\ B_1^{\mathrm{T}} & -\gamma I & D_{11}^{\mathrm{T}} \\ C_1P + D_{12}M & D_{11} & -\gamma I \end{pmatrix} < 0 \\ \begin{pmatrix} \bar{A}P + \bar{B}_2M + (\bar{A}P + \bar{B}_2M)^{\mathrm{T}} & B_1 \\ B_1^{\mathrm{T}} & -I \end{pmatrix} < 0 \\ \begin{pmatrix} Q & C_1P + D_{12}M \\ (C_1P + D_{12}M)^{\mathrm{T}} & P \end{pmatrix} < 0 \\ \min(\mathrm{Trace}(Q)) \end{cases} \tag{11-19}$$

11.4　参数不确定的四旋翼飞行器的混合 H_2/H_∞ 控制器

由于本章在对飞行器进行建模时,采用了一些线性化近似的计算,忽略了一些要素,这就导致系统模型存在参数不确定的可能性,因此 $G(s)$ 可由以下方程描述:

$$\begin{cases} \dot{X} = \bar{A}X + B_1W + \bar{B}_2U \\ Z_\infty = C_1X + D_{11}W + D_{12}U \\ Z_2 = C_2X + D_{21}W + D_{22}U \end{cases} \tag{11-20}$$

式中,W 为干扰噪声等;U 为式 (11-1) 给出的控制输入;Z_∞ 和 Z_2 分别代表控制器 H_∞ 指标和 H_2 指标的相关输出;$\bar{A} = A + \Delta A$,$\bar{B}_2 = B_2 + \Delta B_2$,其中,$\Delta A$ 和 ΔB_2 是反应系统模型参数不确定的扰动项。

针对系统 (11-20) 设计状态反馈控制率 $U = KX$,那么对应的闭环控制系统为

$$\begin{cases} \dot{X} = (\bar{A} + \bar{B}_2K)X + B_1W \\ Z_\infty = (C_1 + D_{12}K)X + D_{11}W \\ Z_2 = (C_2 + D_{22}K)X + D_{21}W \end{cases} \tag{11-21}$$

　　为了得出上述控制率，需要考虑参数的不确定性，故先介绍几个引理及其证明。假设 ΔA 和 ΔB_2 的范数有界，以及 $[\Delta A, \Delta B_2] = HF[E_1, E_2]$。其中 $F \in \mathbf{R}^{i \times j}$ 为不确定项，且满足 $F^T F \leqslant I$，而 H、E_1、E_2 为常数已知项，反映出不确定模型的相关信息。

　　引理 11.1[145]　假设已知适当维数的 D、E 和对称的 Y 矩阵，则 $DFE + Y + E^T F^T D^T < 0$ 针对满足 $F^T F \leqslant I$ 的所有矩阵 F 均成立，当且仅当存在一个大于 0 的常数 ε，使得 $\varepsilon DD^T + Y + \varepsilon^{-1} E^T E < 0$ 成立。

　　引理 11.2[145]　假设适当维数的常数矩阵 D、E，$x \in R^p$ 和 $y \in R^q$，对满足 $F^T F \leqslant I$ 的任何适当维数矩阵 F，存在 $\varepsilon x^T DD^T x + \varepsilon^{-1} y^T E^T Ey \geqslant 2x^T DFEy$，且 ε 为任意正的标量。由于 $F^T F \leqslant I$，所以可以得到

$$
\begin{aligned}
0 &\leqslant (D^T x - FEy)^T (D^T x - FEy) \\
&= x^T DD^T x - 2x^T DFEy + y^T E^T F^T FEy \\
&\leqslant x^T DD^T x - 2x^T DFEy + y^T E^T Ey
\end{aligned} \tag{11-22}
$$

　　引理 11.3[145]　假设已知任意 $x \in R^p$ 和 $y \in R^q$ 向量，则存在

$$
\max\{(x^T Fy)^2 : F \in \mathbf{R}^{p \times q}, F^T F \leqslant I\} = (x^T x)(y^T y)
$$

　　引理 11.4[145]　假设已知 X、Y、Z 是 $k*k$ 阶的实对称矩阵，当 $X > 0$，而且
(i) 对所有非零向量 $x \in \mathbf{R}^k$，$\delta(x) = (x^T Yx)^2 - 4(x^T Xx)(x^T Zx) > 0$；
(ii) 对使得 $x^T Zx > 0$ 的所有非零向量 $x \in \mathbf{R}^k$，$x^T Yx < 0$；
则存在大于 0 的常数 λ 使得 $M(\lambda) = \lambda^2 X + \lambda Y + Z \leqslant 0$。

　　引理 11.5[145]　假设已知 X、Y、Z 是 $k*k$ 阶的实对称矩阵，当 $X > 0$，且对使得 $x^T Zx \geqslant 0$ 的任意非零向量 $x \in \mathbf{R}^k$：
(i) $x^T Yx \geqslant 0$；
(ii) $\delta(x) = (x^T Yx)^2 - 4(x^T Xx)(x^T Zx) > 0$；
那么存在大于 0 的常数 λ，使得 $M(\lambda) = \lambda^2 X + \lambda Y + Z < 0$。

　　定理 11.1[145]　若系统 (11-18) 稳定，而且 W 到 Z_∞ 的闭环传递函数 T_{wz_∞} 的 H_∞ 范数小于一个保证闭环系统对不确定性具有鲁棒性预先设定的数值 γ ($\gamma > 0$)，当且仅下式成立：

$$
\begin{cases}
\begin{pmatrix}
(\bar{A} + \bar{B}_2 K)P_1 + P_1(\bar{A} + \bar{B}_2 K)^T & B_1 & P_1(C_1 + D_{12}K)^T \\
B_1^T & -\gamma I & D_{11}^T \\
(C_1 + D_{12}K)P_1 & D_{11} & -\gamma I
\end{pmatrix} < 0 \\
P_1 = P_1^T > 0
\end{cases} \tag{11-23}
$$

　　定理 11.2[145]　若系统 (11-18) 稳定，且从 W 到 Z_2 的闭环传递函数 T_{wz_2} 的 H_2 范数

小于 $\nu(\nu>0)$，且 $D_{22}=0$，使以 H_2 范数为性能指标的系统保持良好的性能输出，当且仅当下式成立：

$$\begin{cases} \begin{pmatrix} (\bar{A}+\bar{B}_2K)P_2+P_2(\bar{A}+\bar{B}_2K)^{\mathrm{T}} & B_1 \\ B_1^{\mathrm{T}} & -I \end{pmatrix}<0 \\ \begin{pmatrix} Q & (C_1+D_{12}K)P_2 \\ P_2(C_1+D_{12}K)^{\mathrm{T}} & P_2 \end{pmatrix}<0 \\ \mathrm{Trace}(Q)<\nu^2 \\ P_2=P_2^{\mathrm{T}}>0 \end{cases} \tag{11-24}$$

从式 (11-23) 和式 (11-24) 两组线性矩阵不等式中，可以发现增益矩阵 $(\bar{A}+\bar{B}_2K)$、P_1 与 P_2 相耦合。为方便求解，这里引入一个公共的 Lyapunov 矩阵 P，使得 $P=P_1=P_2$，并且也引入矩阵 M，使得 $K=MP^{-1}$。

定理 11.3[145]　考虑一个 LMI 区域 δ，即 $\delta=\{z\in\mathbb{C}:L+Mz+M^{\mathrm{T}}\bar{z}<0\}$，且 $L=L^{\mathrm{T}}=\{\lambda_{ij}\}_{1\leqslant i,j\leqslant n}$、$M=\{\mu_{ij}\}_{1\leqslant i,j\leqslant n}$，当且仅当

$$(\lambda_{ij}P+\mu_{ij}(\bar{A}+\bar{B}_2K)P+\mu_{ij}P+P(\bar{A}+\bar{B}_2K)^{\mathrm{T}}\mu_{ij}{}^{\mathrm{T}})_{1\leqslant i,j\leqslant n}<0 \tag{11-25}$$

成立时，使得矩阵 $(\bar{A}+\bar{B}_2K)$ 的特征值位于区域 δ 内。

运用 H_2/H_∞ 混合鲁棒控制器来求解状态控制器 K，需要上述中区域极点配置的限制、H_∞ 的性能指标小于 γ，在此基础上尽可能地将 H_2 性能指标 ν 降低到最小。从而得到系统 (11-17) 的 H_2/H_∞ 状态反馈控制率 $U=MP^{-1}X$。

因此，运用上述定理与引理，便可推导出模型参数不确定的 H_2/H_∞ 的控制方法要求，即

$$\begin{cases} \min_{\gamma,P,Q}(\alpha\gamma^2+\beta(\mathrm{Trace}(Q))) \\ \begin{pmatrix} \bar{A}P+\bar{B}_2M+(\bar{A}P+\bar{B}_2M)^{\mathrm{T}} & B_1 & (C_1P+D_{12}M)^{\mathrm{T}} \\ B_1^{\mathrm{T}} & -\gamma I & D_{11}^{\mathrm{T}} \\ C_1P+D_{12}M & D_{11} & -\gamma I \end{pmatrix}<0 \\ \begin{pmatrix} \bar{A}P+\bar{B}_2M+(\bar{A}P+\bar{B}_2M)^{\mathrm{T}} & B_1 \\ B_1^{\mathrm{T}} & -I \end{pmatrix}<0 \\ \begin{pmatrix} Q & C_1P+D_{12}M \\ (C_1P+D_{12}M)^{\mathrm{T}} & P \end{pmatrix}<0 \\ \min(\mathrm{Trace}(Q)) \\ (\lambda_{ij}P+\mu_{ij}(\bar{A}+\bar{B}_2K)P+\mu_{ij}P+P(\bar{A}+\bar{B}_2K)^{\mathrm{T}}\mu_{ij}{}^{\mathrm{T}})_{1\leqslant i,j\leqslant n}<0 \end{cases} \tag{11-26}$$

11.5　仿　真　结　果

本章的实验仿真平台为 MATLAB，程序以 m 文件进行编写。仿真中用到的四旋翼无人飞行器的模型参数见表 11.1。系统(11-18)中的相关符号及参数见式(11-27)。初始设置 $z = \psi = 0.5, \phi = \theta = 0.6$，其余为 0。为保证闭环控制系统的渐近稳定性，将 LMI 极点区域配置为以原点为中心，半径为 60 的左半平面的角度为 $\pi/8$ 的圆盘，且在实轴为–1 的左边，具体见图 11.4。这里的 d 代表外界环境阵风等干扰，n 代表传感器测量到的高斯白噪声等干扰。

表 11.1　四轴飞行器物理模型参数

符号	数值	物理意义
m	2.0	飞行器的质量/kg
l	0.2	机臂的长度/m
I_x	0.005	X 轴的转动惯量/$(\text{kg} \cdot \text{m}^2)$
I_y	0.005	Y 轴的转动惯量/$(\text{kg} \cdot \text{m}^2)$
I_z	0.01	Z 轴的转动惯量/$(\text{kg} \cdot \text{m}^2)$
J_r	0.00002	转子惯量/$(\text{kg} \cdot \text{m}^2)$
g	9.81	重力加速度/(m/s^2)
h	0.01	采样时间/s
b	0.00003	升力系数
d	0.0000007	阻力系数

$$X = [z, \dot{z}, \phi, \dot{\phi}, \theta, \dot{\theta}, \psi, \dot{\psi}]^{\mathrm{T}}, \quad W = [d, n]^{\mathrm{T}}, \quad Z_2 = [\phi, \theta, \psi]^{\mathrm{T}}, \quad Z_\infty = [\dot{z}, \dot{\phi}, \dot{\theta}, \dot{\psi}]^{\mathrm{T}}$$

$$B_1 = \begin{bmatrix} 0 & 1 & 0 & 1 & 0 & 1 & 0 & 1 \\ 1 & 0 & 1 & 0 & 1 & 0 & 1 & 0 \end{bmatrix}^{\mathrm{T}}, \quad D_{22} = 0_{3\times 4}$$

$$D_{11} = D_{y1} = 0_{4\times 2}, \quad D_{12} = D_{y2} = 0_{4\times 4}, \quad D_{21} = 0_{3\times 2}$$

$$A = \begin{bmatrix} 0 & 1 & 0 & 0 & 0 & 0 & 0 & 0 \\ 0 & 0 & 0 & 0 & 0 & 0 & 0 & 0 \\ 0 & 0 & 0 & 1 & 0 & 0 & 0 & 0 \\ 0 & 0 & 0 & 0 & 0 & 0 & 0 & 0 \\ 0 & 0 & 0 & 0 & 0 & 1 & 0 & 0 \\ 0 & 0 & 0 & 0 & 0 & 0 & 0 & 0 \\ 0 & 0 & 0 & 0 & 0 & 0 & 0 & 1 \\ 0 & 0 & 0 & 0 & 0 & 0 & 0 & 0 \end{bmatrix}, \quad B_2 = \begin{bmatrix} 0 & 0 & 0 & 0 \\ 1/m & 0 & 0 & 0 \\ 0 & 0 & 0 & 0 \\ 0 & l/I_x & 0 & 0 \\ 0 & 0 & 0 & 0 \\ 0 & 0 & l/I_y & 0 \\ 0 & 0 & 0 & 0 \\ 0 & 0 & 0 & 1/I_z \end{bmatrix} \quad (11\text{-}27)$$

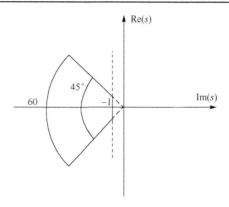

图 11.4　极点配置

我们假定实际高度 2m 作为垂直方向原点 0 位置。当模型参数确定时，运用 MATLAB 里的 LMI 工具箱，求出控制增益(11-28)。由图 11.5 和图 11.6 可以看出在无干扰时，飞行器的三个姿态角以及角速度都可以在 0.5s 以内迅速稳定，且高度位移及垂直方向的速度也可以在 1s 左右稳定，展现出良好的动态性能。

$$K=\begin{bmatrix} -32.6319 & -22.6103 & -159.9331 & -3.1657 & -159.9331 & -3.1657 & -159.9331 & -3.1657 \\ -0.0075 & -0.0059 & -26.7759 & -1.9018 & -2.7167 & -0.0553 & -2.7167 & -0.0553 \\ -0.0075 & -0.0059 & -2.7167 & -0.0553 & -26.7759 & -1.9018 & -2.7167 & -0.0553 \\ -0.0030 & -0.0023 & -1.0867 & -0.0221 & -1.0867 & -0.0221 & -10.7104 & -0.7607 \end{bmatrix}$$

$$(11\text{-}28)$$

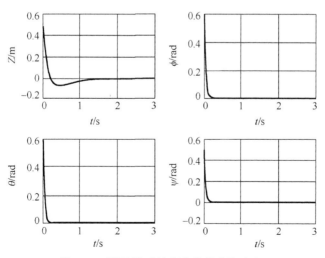

图 11.5　无干扰时的高度位移和姿态角

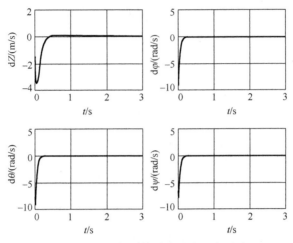

图 11.6　无干扰时的垂直速度和角速度

图 11.7 和图 11.8 表示有干扰的情况,这里的干扰见式(11.29),仿真时间为 30s。从图中可以清晰地看出飞行器在模型参数确定且存在干扰的情况下,无论是高度位移及速度还是姿态角及角速度都在干扰出现的对应时间受到了相应的影响,但是在干扰消除后,均快速地返回到稳定点,证明本章节的 H_2/H_∞ 混合控制具有较强的鲁棒性和动态性能。

$$W=\begin{cases}[10,0.5]^T, & 5\leqslant t\leqslant 6\\[30,1.5]^T, & 15\leqslant t\leqslant 18\end{cases} \tag{11-29}$$

当模型参数不确定时,假设 $\Delta A=1_{8\times8}$,$\Delta B_2=1_{8\times4}$,为了均衡 H_2 和 H_∞ 的性能指标,故选取 $\alpha=0.5$,$\beta=0.5$。H_2/H_∞ 混合控制器如式(11-30)。飞行器在不受外界干扰时,

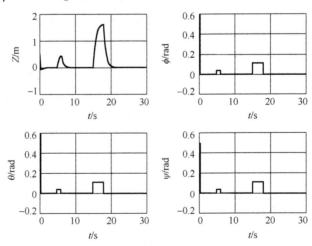

图 11.7　有干扰时的高度位移和姿态角

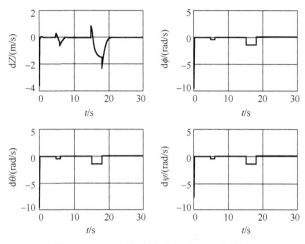

图 11.8　有干扰时的垂直速度和角速度

三个姿态角及角速度都可以在 1s 左右稳定,高度位移及速度则在 2s 左右完成稳定,结果见图 11.9 和图 11.10。

$$K=\begin{bmatrix} -12.5131 & -3.8006 & -9.2213 & 0.1451 & -9.2213 & 0.1451 & -23.6413 & -0.8635 \\ 1.1592 & 1.0722 & -17.7249 & -1.6692 & 6.4878 & 0.1801 & 6.6295 & 0.1428 \\ 1.1592 & 1.0722 & 6.4878 & 0.1801 & -17.7249 & -1.6692 & 6.6295 & 0.1428 \\ 0.4195 & 0.4262 & 2.6091 & 0.0729 & 2.6091 & 0.0729 & -7.0179 & -0.6816 \end{bmatrix}$$

$$(11\text{-}30)$$

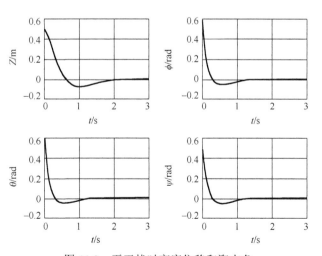

图 11.9　无干扰时高度位移和姿态角

在模型参数不确定且有干扰时,干扰由式(11.29)给出,这里引入 H_∞ 控制和 H_2 控制并做比较,其控制器如式(11-31)和式(11-32)所示。从图 11.11~图 11.14 中可

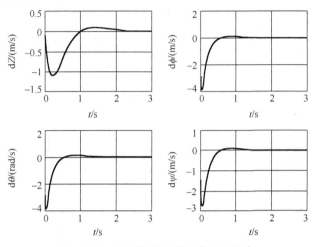

图 11.10　无干扰时垂直速度和角速度

以看出，飞行器采用传统的 H_∞ 控制和 H_2 控制时，会随着时间最终发散，说明传统的 H_∞ 控制和 H_2 控制在面对干扰和模型参数不确定两个困难时，难以发挥其鲁棒性能，无法完成设计人员对控制器的基本要求。采用本章设计的 H_2/H_∞ 混合控制方法，当飞行控制器在遇到上述两个难题时，依旧可以体现出控制器的鲁棒性，且稳定的时间均保持在 2s 左右，动态性能较好，结果见图 11.15 和图 11.16。

$$K_\infty = \begin{bmatrix} -24.1030 & 2.9577 & -18.5600 & -0.0285 & -18.5600 & -0.0285 & -19.8946 & -1.0614 \\ 0.3031 & 1.1029 & -2.7366 & -1.4190 & -0.3048 & 0.0083 & -0.3291 & -0.0355 \\ 0.3031 & 1.1029 & -0.3048 & 0.0083 & -2.7366 & -1.4190 & -0.3291 & -0.0355 \\ 0.1113 & 0.4330 & -0.1082 & 0.0035 & -0.1082 & 0.0035 & -1.0897 & -0.5846 \end{bmatrix}$$

$$(11\text{-}31)$$

$$K_2 = \begin{bmatrix} -0.9108 & -1.1442 & -238.2575 & -5.9701 & 70.3524 & -2.9992 & 102.2408 & 8.3449 \\ -0.0372 & 0.0601 & 76.9956 & 0.8657 & -28.2050 & 1.4647 & -47.6805 & -3.7369 \\ -0.0372 & 0.0601 & 100.3825 & 2.7025 & -51.5919 & -0.3721 & -47.6805 & -3.7369 \\ -0.0149 & 0.0240 & 40.2753 & 1.0838 & -11.1597 & 0.5887 & -28.6715 & -2.2351 \end{bmatrix}$$

$$(11\text{-}32)$$

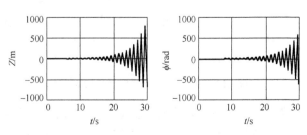

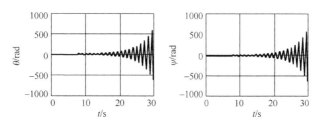

图 11.11　有干扰时，H_∞ 控制下的高度位移和姿态角

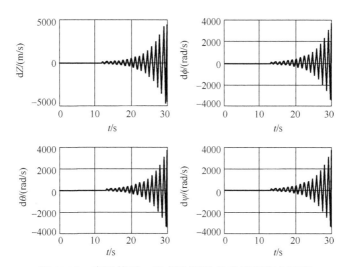

图 11.12　有干扰时，H_∞ 控制下的垂直速度和角速度

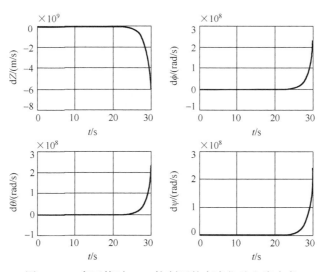

图 11.13　有干扰时，H_2 控制下的高度位移和姿态角

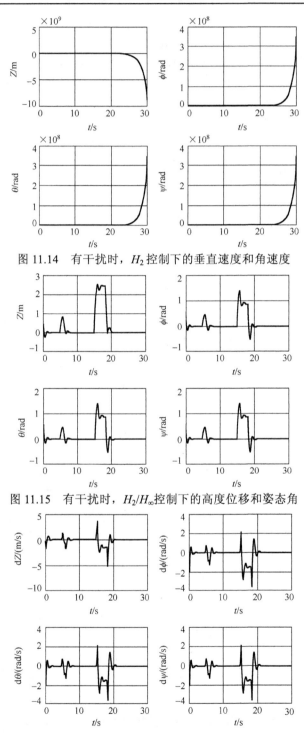

图 11.14　有干扰时，H_2 控制下的垂直速度和角速度

图 11.15　有干扰时，H_2/H_∞ 控制下的高度位移和姿态角

图 11.16　有干扰时，H_2/H_∞ 控制下的垂直速度和角速度

11.6　本 章 小 结

本章设计的一种基于线性不等式矩阵(LMI)的 H_2/H_∞ 混合鲁棒控制算法，在模型参数不确定并受到外界阵风和测量噪声等不确定性因素干扰时，可以使四旋翼无人飞行器的三个姿态角、角速度、高度位移与垂直速度均迅速做出响应，较快地稳定下来。与传统的鲁棒 H_∞ 控制和 H_2 控制方法相比，本算法具有更好的动态响应特性和鲁棒稳定性。

第 12 章　基于自适应积分反步的四旋翼飞行器控制

本章将积分反步的控制方法用于四旋翼飞行器的轨迹跟踪上。考虑到四旋翼飞行器在执行任务期间，有可能会受到外界阵风等的干扰，因此我们重新对模型进行修改，加入阵风等因素，并通过运用自适应积分反步的控制方法控制四旋翼飞行器，最后进行仿真实验并分析结果。

12.1　基于积分反步法的四旋翼飞行器轨迹跟踪控制

12.1.1　控制器的设计

四旋翼无人机是一种耦合性很强、非线性的以及欠驱动的系统。本章采用的控制策略如图 12.1 所示。

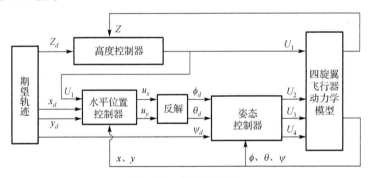

图 12.1　控制流程图

本节采用的积分型反步控制法是在传统的反步控制算法基础上引入跟踪误差的积分项，以此来更好地消除稳态误差。

首先，设计如下的基于积分的反步控制器的四轴无人飞行器高度位置控制器。针对二阶系统

$$\begin{cases} \dot{X}_5 = X_6 \\ \dot{X}_6 = \dfrac{U_1 \cos X_7 \cos X_9}{m} - g \end{cases} \tag{12-1}$$

定义一个跟踪误差及其积分项：

$$\begin{cases} e_5 = X_{5d} - X_5 \\ K_5 = \displaystyle\int_0^t e_5(\tau)\mathrm{d}\tau \end{cases} \tag{12-2}$$

定义一个 Lyapunov 函数

$$V(K_5, e_5) = \frac{1}{2}e_5^2 + \frac{1}{2}\lambda_5 K_5^2, \quad \lambda_5 > 0 \tag{12-3}$$

从式(12-3)中可以很明显看出 $V(K_5, e_5) \geqslant 0$，即正定。对式(12-3)进行求导可得：

$$\begin{aligned} \dot{V}(K_5, e_5) &= e_5(\lambda_5 K_5 + \dot{e}_5) \\ &= e_5(\lambda_5 K_5 + \dot{X}_{5d} - f_1) \end{aligned} \tag{12-4}$$

其中，f_1 是虚拟控制量，令

$$f_1 = \lambda_5 K_5 + \dot{X}_{5d} + \alpha_5 e_5, \quad \alpha_5 > 0 \tag{12-5}$$

将式(12-5)代入式(12.4)可得 $\dot{V}(K_5, e_5) = -\alpha_5 e_5^2 < 0$，负定。由 Lyapunov 稳定性可知其稳定。

其次，定义一个二阶的跟踪误差：

$$\begin{aligned} e_6 &= f_1 - X_6 \\ &= \lambda_5 K_5 + \dot{X}_{5d} + \alpha_5 e_5 - \dot{X}_5 \end{aligned} \tag{12-6}$$

那么

$$\begin{aligned} \dot{e}_5 &= \dot{X}_{5d} - \dot{X}_5 \\ &= e_6 - \alpha_5 e_5 - \lambda_5 K_5 \end{aligned} \tag{12-7}$$

$$\begin{aligned} \dot{e}_6 &= \lambda_5 e_5 + \ddot{X}_{5d} + \alpha_5(e_6 - \alpha_5 e_5 - \lambda_5 K_5) \\ &\quad - \frac{U_1 \cos X_7 \cos X_9}{m} + g \end{aligned} \tag{12-8}$$

在这里，定义一个 Lyapunov 函数

$$V(K_5, e_5, e_6) = \frac{1}{2}e_5^2 + \frac{1}{2}\lambda_5 K_5^2 + \frac{1}{2}e_6^2 \tag{12-9}$$

该函数显然是正定的，同样求导可得：

$$\begin{aligned} \dot{V}(K_5, e_5, e_6) &= e_5(\lambda_5 K_5 + \dot{e}_5) + e_6 \dot{e}_6 \\ &= -\alpha_5 e_5^2 + e_6(\dot{e}_6 + e_5) \end{aligned} \tag{12-10}$$

为使 $\dot{V}(K_5, e_5, e_6) = -\alpha_5 e_5^2 - \alpha_6 e_6^2 < 0$ 负定，令

$$-\alpha_6 e_6 = e_5 + \lambda_5 e_5 + \ddot{X}_{5d} + \alpha_5(e_6 - \alpha_5 e_5 - \lambda_5 K_5) - \frac{U_1 \cos X_7 \cos X_9}{m} + g, \quad \alpha_6 > 0 \tag{12-11}$$

系统稳定, 此时可得:

$$U_1 = \frac{m((1+\lambda_5-\alpha_5^2)e_5 + \ddot{X}_{5d} + (\alpha_5+\alpha_6)e_6 - \alpha_5\lambda_5 K_5 + g)}{\cos X_7 \cos X_9} \tag{12-12}$$

水平位置控制器分为 X 方向控制与 Y 方向控制, 由于两者算法推导类似于 Z 方向, 故这里只给出 X 与 Y 方向控制方法的结论:

$$u_y = \frac{m}{U_1}((1+\lambda_3-\alpha_3^2)e_3 + \ddot{X}_{3d} + (\alpha_3+\alpha_4)e_4 - \alpha_3\lambda_3 K_3) \tag{12-13}$$

$$u_x = \frac{m}{U_1}((1+\lambda_1-\alpha_1^2)e_1 + \ddot{X}_{1d} + (\alpha_1+\alpha_2)e_2 - \alpha_1\lambda_1 K_1) \tag{12-14}$$

其中

$$\begin{cases} e_3 = X_{3d} - X_3 \\ K_3 = \int_0^t e_3(\tau)\mathrm{d}\tau & \lambda_3, \alpha_3, \alpha_4 > 0 \\ e_4 = \lambda_3 K_3 + \dot{X}_{3d} + \alpha_3 e_3 - \dot{X}_3 \end{cases}$$

$$\begin{cases} e_1 = X_{1d} - X_1 \\ K_1 = \int_0^t e_1(\tau)\mathrm{d}\tau & \alpha_1, \alpha_2, \lambda_1 > 0 \\ e_2 = \dot{X}_{1d} + \lambda_1 e_1 + \alpha_1 e_1 - \dot{X}_1 \end{cases}$$

最后, 通过反解模块就可将俯仰角和横滚角的期望值求出, 即

$$\begin{cases} \phi_d = \arcsin(u_x \sin\psi - u_y \cos\psi) \\ \theta_d = \arcsin\left(\dfrac{u_x - \sin\phi_d \sin\psi}{\cos\phi_d \cos\psi}\right) \end{cases} \tag{12-15}$$

其中, $u_x = \cos\phi\sin\theta\cos\psi + \sin\phi\sin\psi, u_y = \cos\phi\sin\theta\cos\psi - \sin\phi\sin\psi$。

内环的姿态控制中, 亦采用基于积分型的反步控制, 且由于对俯仰角、航向角和横滚角的算法推导近似, 故只列写俯仰角 θ 的推导公式。

假设二阶虚拟系统

$$\begin{cases} \dot{X}_9 = X_{10} \\ \dot{X}_{10} = X_8 X_{12} a_3 + X_8 a_4 \omega_d + b_2 U_3 \end{cases} \tag{12-16}$$

同理可定义并推导得到如下一系列公式:

$$e_9 = X_{9d} - X_9, \quad K_9 = \int_0^t e_9(\tau)\mathrm{d}\tau \tag{12-17}$$

$$V(K_9, e_9) = \frac{1}{2}e_9^2 + \frac{1}{2}\lambda_9 K_9^2, \quad \lambda_9 > 0 \tag{12-18}$$

$$\dot{V}(K_9, e_9) = -\alpha_9 e_9^2 < 0, \quad \alpha_9 > 0 \tag{12-19}$$

$$e_{10} = \lambda_9 K_9 + \dot{X}_{9d} + \alpha_9 e_9 - \dot{X}_9 \tag{12-20}$$

$$\dot{e}_9 = \dot{X}_{9d} - \dot{X}_9 = e_{10} - \alpha_9 e_9 - \lambda_9 K_9 \tag{12-21}$$

$$\dot{e}_{10} = \lambda_9 e_9 + \ddot{X}_{9d} + \alpha_9 (e_{10} - \alpha_9 e_9 - \lambda_9 K_9) \\ - X_8 X_{12} a_3 - X_8 a_4 \omega_d - b_2 U_3 \tag{12-22}$$

在这里，定义如下 Lyapunov 函数：

$$V(K_9, e_9, e_{10}) = \frac{1}{2} e_9^2 + \frac{1}{2} e_{10}^2 + \frac{1}{2} \lambda_9 K_9^2 \tag{12-23}$$

该函数显然是正定的。同样求导可得：

$$\begin{aligned} \dot{V}(K_9, e_9, e_{10}) &= e_9 (\lambda_9 K_9 + \dot{e}_9) + e_{10} \dot{e}_{10} \\ &= -\alpha_9 e_9^2 + e_{10} (\dot{e}_{10} + e_9) \end{aligned} \tag{12-24}$$

为使 $\dot{V}(K_9, e_9, e_{10}) = -\alpha_9 e_9^2 - \alpha_{10} e_{10}^2 < 0$ 负定，令

$$-\alpha_{10} e_{10} = e_9 + \lambda_9 e_9 + \ddot{X}_{9d} + \alpha_9 (e_{10} - \alpha_9 e_9 - \lambda_9 K_9) \\ - X_8 X_{12} a_3 - X_8 a_4 \omega_d - b_2 U_3, \quad \alpha_{10} > 0 \tag{12-25}$$

同理可知，该系统是稳定的。由式 (12-25) 可知：

$$U_3 = \frac{(1 + \lambda_9 - \alpha_9^2) e_9 + \ddot{X}_{9d} + (\alpha_9 + \alpha_{10}) e_{10} - \alpha_9 \lambda_9 K_9 - X_8 X_{12} a_3 - X_8 a_4 \omega_d}{b_2} \tag{12-26}$$

同理可得

$$\begin{cases} U_2 = \dfrac{(1 + \lambda_7 - \alpha_7^2) e_7 + \ddot{X}_{7d} + (\alpha_7 + \alpha_8) e_8 - \alpha_7 \lambda_7 K_7 - X_{10} X_{12} a_1 - X_{10} a_2 \omega_d}{b_1} \\ U_4 = \dfrac{(1 + \lambda_{11} - \alpha_{11}^2) e_{11} + \ddot{X}_{11d} + (\alpha_{11} + \alpha_{12}) e_{12} - \alpha_{11} \lambda_{11} K_{11} - X_8 X_{10} a_5}{b_3} \end{cases} \tag{12-27}$$

其中

$$\begin{cases} e_7 = X_{7d} - X_7 \\ K_7 = \displaystyle\int_0^t e_7(\tau) \mathrm{d}\tau \\ e_8 = \dot{X}_{7d} + \lambda_7 e_7 + \alpha_7 e_7 - \dot{X}_7 \end{cases} \quad , \quad \alpha_7, \alpha_8, \lambda_7 > 0$$

$$\begin{cases} e_{11} = X_{11d} - X_{11} \\ K_{11} = \displaystyle\int_0^t e_{11}(\tau) \mathrm{d}\tau \\ e_{12} = \dot{X}_{11d} + \lambda_{11} e_{11} + \alpha_{11} e_{11} - \dot{X}_{11} \end{cases} \quad , \quad \alpha_{11}, \alpha_{12}, \lambda_{11} > 0$$

最后通过式(11-1)反解并开方可得飞行器的四个电机的运转速度，即

$$
\begin{cases}
\omega_1 = \sqrt{\dfrac{U_1}{4b} - \dfrac{U_3}{2b} - \dfrac{U_4}{4d}} \\[2mm]
\omega_2 = \sqrt{\dfrac{U_1}{4b} - \dfrac{U_2}{2b} + \dfrac{U_4}{4d}} \\[2mm]
\omega_3 = \sqrt{\dfrac{U_1}{4b} + \dfrac{U_3}{2b} - \dfrac{U_4}{4d}} \\[2mm]
\omega_4 = \sqrt{\dfrac{U_1}{4b} + \dfrac{U_2}{2b} + \dfrac{U_4}{4d}}
\end{cases}
\tag{12-28}
$$

12.1.2　仿真结果

本章实验仿真平台为 MATLAB，程序以 m 文件的格式进行编写。四轴无人飞行器的相关物理参数见表 11.1。为了验证本节控制算法的收敛性以及控制性能，我们设定了期望轨迹如下：

$$
\begin{cases}
x = 20\left(1 - \cos\left(\dfrac{\pi t}{20}\right)\right) \\[2mm]
y = -14\sin\left(\dfrac{\pi t}{10}\right), \qquad 0 \leqslant t \leqslant 50 \\[2mm]
z = 5
\end{cases}
\tag{12-29}
$$

其中，初始状态确定为：$X = [\mathbf{0}_{12 \times 1}]$。

经过反复调试，最终运用仿真参数见表 12.1 和表 12.2。

表 12.1　IB 法仿真参数

符号	数值
$\alpha_i (i = 1 \sim 12)$	10
$\lambda_j (j = 1, 7, 9, 11)$	2
$\lambda_j (j = 3, 5)$	3

表 12.2　Backstepping 法仿真参数

符号	数值
$\alpha_i (i = 1 \sim 4, 7 \sim 12)$	1
$\alpha_i (i = 5, 6)$	5

从图 12.2～图 12.11 给出的两种算法的仿真结果可以看出，采用传统的反步(Backstepping)控制算法时的 Z 方向位置和航向角均存在一定的稳态误差，数值为

0.2 和 0.05，其余姿态角也存在小幅波动的静态误差，而积分反步(integral backstepping，IB)控制效果较为理想，无论是速度、位置还是姿态和角速度，跟踪的绝对误差极小，且保持在很小的范围内。仿真结果表明，应用本节设计的 IB 控制算法的飞行器，飞行更加稳定，轨迹跟踪性更好。

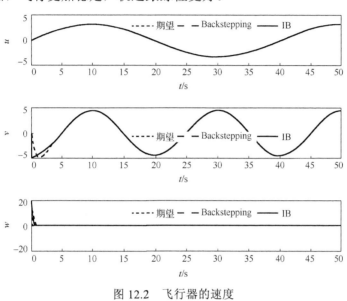

图 12.2　飞行器的速度

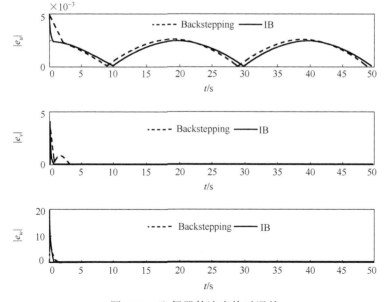

图 12.3　飞行器的速度绝对误差

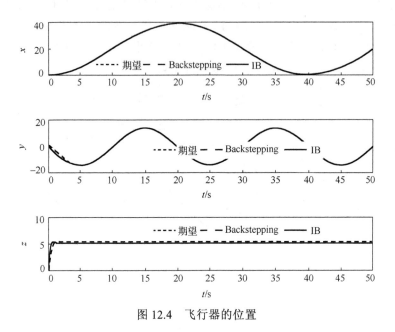

图 12.4　飞行器的位置

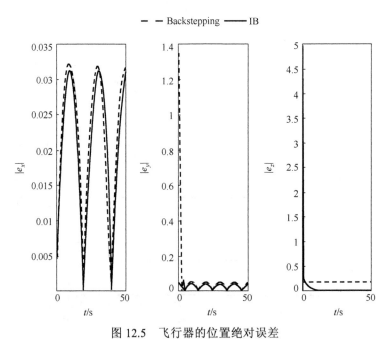

图 12.5　飞行器的位置绝对误差

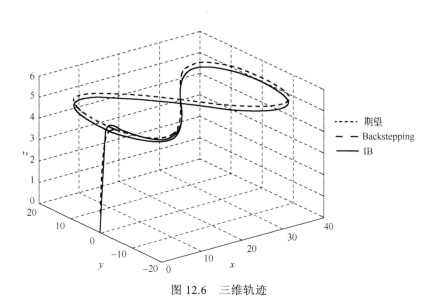

图 12.6　三维轨迹

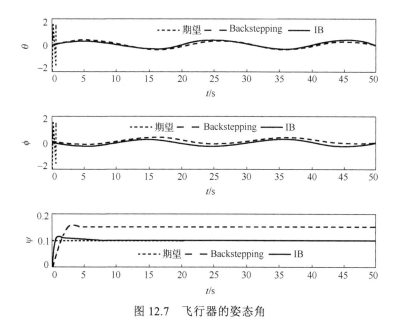

图 12.7　飞行器的姿态角

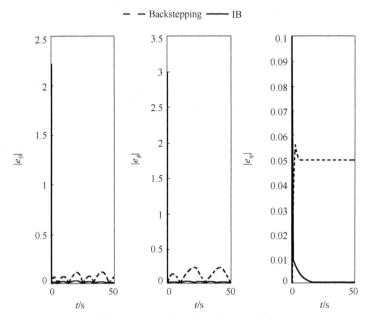

图 12.8　飞行器的姿态角绝对误差

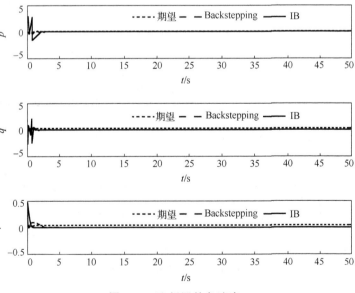

图 12.9　飞行器的角速度

— — Backstepping —— IB

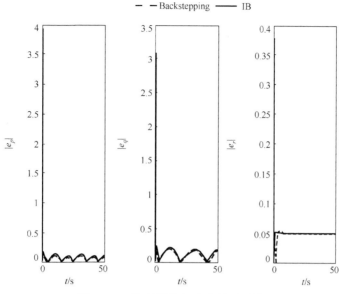

图 12.10 飞行器的角速度绝对误差

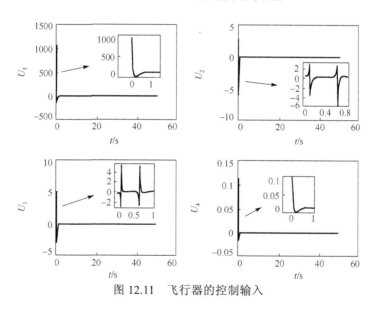

图 12.11 飞行器的控制输入

12.2 基于自适应积分反步的四旋翼飞行器控制

12.2.1 控制器设计

考虑到四旋翼无人飞行器在执行任务过程中受到 x、y、z 三个方向的阵风扰动

D_x、D_y、D_z。模型参数确定的情况下，见式(12-30)；模型参数不确定的情况，见式(12-31)：

$$\dot{X} = AX + BU + F \tag{12-30}$$

$$\dot{X} = (A + \Delta A)X + (B + \Delta B)U + F + \Delta F \tag{12-31}$$

其中

$$U = [U_1, U_2, U_3, U_4]^{\mathrm{T}}$$

$$
A = \begin{bmatrix}
0 & 1 & 0 & 0 & 0 & 0 & 0 & 0 & 0 & 0 & 0 & 0 \\
0 & 0 & 0 & 0 & 0 & 0 & 0 & 0 & 0 & 0 & 0 & 0 \\
0 & 0 & 0 & 1 & 0 & 0 & 0 & 0 & 0 & 0 & 0 & 0 \\
0 & 0 & 0 & 0 & 0 & 0 & 0 & 0 & 0 & 0 & 0 & 0 \\
0 & 0 & 0 & 0 & 0 & 1 & 0 & 0 & 0 & 0 & 0 & 0 \\
0 & 0 & 0 & 0 & 0 & 0 & 0 & 0 & 0 & 0 & 0 & 0 \\
0 & 0 & 0 & 0 & 0 & 0 & 0 & 1 & 0 & 0 & 0 & 0 \\
0 & 0 & 0 & 0 & 0 & 0 & 0 & 0 & 0 & a_2\omega_d & 0 & 0 \\
0 & 0 & 0 & 0 & 0 & 0 & 0 & 0 & 0 & 1 & 0 & 0 \\
0 & 0 & 0 & 0 & 0 & 0 & a_4\omega_d & 0 & 0 & 0 & 0 & 0 \\
0 & 0 & 0 & 0 & 0 & 0 & 0 & 0 & 0 & 0 & 0 & 1 \\
0 & 0 & 0 & 0 & 0 & 0 & 0 & 0 & 0 & 0 & 0 & 0
\end{bmatrix}
$$

$$
B = \begin{bmatrix}
0 & 0 & 0 & 0 \\
\dfrac{u_x}{m} & 0 & 0 & 0 \\
0 & 0 & 0 & 0 \\
\dfrac{u_y}{m} & 0 & 0 & 0 \\
0 & 0 & 0 & 0 \\
\dfrac{\cos X_7 \cos X_9}{m} & 0 & 0 & 0 \\
0 & 0 & 0 & 0 \\
0 & b_1 & 0 & 0 \\
0 & 0 & 0 & 0 \\
0 & 0 & b_2 & 0 \\
0 & 0 & 0 & 0 \\
0 & 0 & 0 & b_3
\end{bmatrix}, \qquad
F = \begin{bmatrix}
0 \\
\dfrac{D_x}{m} \\
0 \\
\dfrac{D_y}{m} \\
0 \\
\dfrac{D_z}{m} - g \\
0 \\
X_{10}X_{12}a_1 \\
0 \\
X_8 X_{12} a_3 \\
0 \\
X_8 X_{10} a_5
\end{bmatrix}
$$

$\Delta A = \varepsilon_1 A$、 $\Delta B = \varepsilon_2 B$、 $\Delta F = \varepsilon_3 F$ 是模型对应的扰动不确定项，此处 ε_1、 ε_2、 ε_3 均是数值较小的随机数。

本节首先设计基于积分型的自适应反步控制器的四轴无人飞行器高度位置控制器如下。

针对二阶系统

$$\begin{cases} \dot{X}_5 = X_6 \\ \dot{X}_6 = \dfrac{U_1 \cos X_7 \cos X_9 + D_z}{m} - g \end{cases} \tag{12-32}$$

首先，定义一个跟踪误差及其积分项：

$$e_5 = X_{5d} - X_5, \quad K_5 = \int_0^t e_5(\tau)\mathrm{d}\tau \tag{12-33}$$

定义 $\hat{D}_z$ 为 Z 方向上扰动的估计值， $\tilde{D}_z$ 为实际的扰动值与扰动估计值的误差，即

$$\tilde{D}_z = D_z - \hat{D}_z \tag{12-34}$$

一般情况，阵风扰动是未知的和不可测量的，而且是时不变的，故

$$\dot{\tilde{D}}_z = -\dot{\hat{D}}_z \tag{12-35}$$

定义一个 Lyapunov 函数：

$$V(K_5, e_5) = \frac{1}{2}e_5^2 + \frac{1}{2}\lambda_5 K_5^2, \quad \lambda_5 > 0 \tag{12-36}$$

可以很明显看出 $V(K_5, e_5) \geqslant 0$ ，即正定。对其进行求导可得：

$$\begin{aligned} \dot{V}(K_5, e_5) &= e_5(\lambda_5 K_5 + \dot{e}_5) \\ &= e_5(\lambda_5 K_5 + \dot{X}_{5d} - f_1) \end{aligned} \tag{12-37}$$

其中， f_1 是虚拟控制量，令

$$f_1 = \lambda_5 K_5 + \dot{X}_{5d} + \alpha_5 e_5, \quad \alpha_5 > 0 \tag{12-38}$$

将式 (12-38) 代入式 (12-37)，即 $\dot{V}(K_5, e_5) = -\alpha_5 e_5^2 < 0$ ，负定。由 Lyapunov 稳定性可知，稳定。

其次，定义一个二阶的跟踪误差：

$$e_6 = f_1 - X_6 = \lambda_5 K_5 + \dot{X}_{5d} + \alpha_5 e_5 - \dot{X}_5 \tag{12-39}$$

那么

$$\dot{e}_5 = \dot{X}_{5d} - \dot{X}_5 = e_6 - \alpha_5 e_5 - \lambda_5 K_5 \tag{12-40}$$

$$\dot{e}_6 = \lambda_5 e_5 + \ddot{X}_{5d} + \alpha_5(e_6 - \alpha_5 e_5 - \lambda_5 K_5) - \frac{U_1 \cos X_7 \cos X_9 + D_z}{m} + g \tag{12-41}$$

在这里，定义一个 Lyapunov 函数：

$$V(K_5, e_5, e_6, \tilde{D}_z) = \frac{1}{2}e_5^2 + \frac{1}{2}\lambda_5 K_5^2 + \frac{1}{2}e_6^2 + \frac{\tilde{D}_z^2}{2m\gamma_z}, \quad \gamma_z > 0 \tag{12-42}$$

该函数显然是正定的。同样求导可得：

$$\dot{V}(K_5, e_5, e_6, \tilde{D}_z) = e_5(\lambda_5 K_5 + \dot{e}_5) + e_6 \dot{e}_6 + \frac{\tilde{D}_z \dot{\tilde{D}}_z}{m \gamma_z}$$

$$= -\alpha_5 e_5^2 + e_6(\dot{e}_6 + e_5) + \frac{\tilde{D}_z \dot{\tilde{D}}_z}{m \gamma_z} \tag{12-43}$$

为使 $\dot{V}(K_5, e_5, e_6, \tilde{D}_z) = -\alpha_5 e_5^2 - \alpha_6 e_6^2 < 0$ 负定，令

$$-\alpha_6 e_6 = e_5 + \lambda_5 e_5 + \ddot{X}_{5d} + \alpha_5(e_6 - \alpha_5 e_5 - \lambda_5 K_5)$$

$$- \frac{U_1 \cos X_7 \cos X_9 + D_z}{m} + g + \frac{\tilde{D}_z \dot{\tilde{D}}_z}{m \gamma_z e_6}, \ \alpha_6 > 0 \tag{12-44}$$

系统稳定，此时可得：

$$\begin{cases} U_1 = \dfrac{m(e_5 + \lambda_5 e_5 + \ddot{X}_{5d} + \alpha_5(e_6 - \alpha_5 e_5 - \lambda_5 K_5) + g + \alpha_6 e_6) - \hat{D}_z}{\cos X_7 \cos X_9} \\ \dot{\hat{D}}_z = -\gamma_z e_6 \end{cases} \tag{12-45}$$

水平位置控制器分为 X 方向控制与 Y 方向控制，由于两者算法推导同 Z 方向相似，故这里只给出 X、Y 方向控制方法的推导结论：

$$\begin{cases} \dot{\hat{D}}_y = -\gamma_y(\eta_1 K_3 + \eta_2 e_3 + \eta_3 e_4) \\ u_y = \dfrac{m}{U_1}\left((1 + \lambda_3 - \alpha_3^2)e_3 + \ddot{X}_{3d} - \alpha_3 \lambda_3 K_3 + (\alpha_3 + \alpha_4)e_4 - \dfrac{\hat{D}_y}{m}\right) \end{cases} \tag{12-46}$$

$$\begin{cases} \dot{\hat{D}}_x = -\gamma_x(\eta_4 K_1 + \eta_5 e_1 + \eta_6 e_2) \\ u_x = \dfrac{m}{U_1}\left((1 + \lambda_1 - \alpha_1^2)e_1 + \ddot{X}_{1d} - \alpha_1 \lambda_1 K_1 + (\alpha_1 + \alpha_2)e_2 - \dfrac{\hat{D}_x}{m}\right) \end{cases} \tag{12-47}$$

其中

$$\begin{cases} e_1 = X_{1d} - X_1 \\ K_1 = \displaystyle\int_0^t e_1(\tau) \mathrm{d}\tau \\ e_2 = \dot{X}_{1d} + \lambda_1 e_1 + \alpha_1 e_1 - \dot{X}_1 \\ e_3 = X_{3d} - X_3 \\ K_3 = \displaystyle\int_0^t e_3(\tau) \mathrm{d}\tau \\ e_4 = \dot{X}_{3d} + \lambda_3 e_3 + \alpha_3 e_3 - \dot{X}_3 \end{cases}, \quad \begin{cases} \gamma_y, \lambda_3, \alpha_3, \alpha_4, \eta_1, \eta_2, \eta_3 > 0 \\ \gamma_x, \lambda_1, \alpha_1, \alpha_2, \eta_4, \eta_5, \eta_6 > 0 \end{cases}$$

最后，通过反解模块就可将俯仰角和横滚角的期望值求出，即

$$\begin{cases} \phi_d = \arcsin(u_x \sin\psi - u_y \cos\psi) \\ \theta_d = \arcsin\left(\dfrac{u_x - \sin\phi_d \sin\psi}{\cos\phi_d \cos\psi}\right) \end{cases} \tag{12-48}$$

其中，$u_x = \cos\phi \sin\theta \cos\psi + \sin\phi \sin\psi$，$u_y = \cos\phi \sin\theta \cos\psi - \sin\phi \sin\psi$。

内环的姿态控制中，我们采用同上一节的基于积分型的反步控制同样的控制方法。

12.2.2　仿真结果

本节实验仿真平台为 MATLAB，四轴无人飞行器的相关模型参数见表 11.1。为了验证本节控制算法的收敛性以及控制性能，我们设定了期望轨迹为

$$x = 2\sin\left(\frac{2\pi t}{5}\right),\ y = 2\cos\left(\frac{2\pi t}{5}\right),\ z = \frac{t}{2}(0 \le t \le 20) \tag{12-49}$$

其中，初始状态设定为 $X = [\mathbf{0}_{12\times 1}]$。

本节拟设定飞行器受到的外界阵风干扰为 $D = [D_x, D_y, D_z]^T = [20,20,20]^T$，即三个方向上的干扰力均为 20N 的较强阵风。

通过 12.2.1 节的控制器设计，在保证满足控制器稳定的前提下，经过反复调试，显示运用表 12.3 中的仿真参数可以使得控制器收敛更快，且稳定性更好。

表 12.3　仿真参数

符号	数值
$\alpha_i\,(i = 1,2,3,4)$	20
$\alpha_j\,(j = 5,6)$	15
$\alpha_n\,(n = 7,8,9,10,11,12)$	50
$\eta_i\,(i = 1,2,3,4,5,6)$	2
$\lambda_j\,(j = 1,3,5,7,9,11)$	2

仿真结果见图 12.12～图 12.24 所示。从图 12.12～图 12.19 可以看出，在飞行器受到外部阵风干扰时，采用 IB 控制算法时的速度、位置、姿态均存在一定的超调量和稳态误差，而自适应积分反步（adaptive integral backstepping，AIB）控制效果较为理想，无论是速度、位置还是姿态，跟踪的绝对误差极小，且保持在很小的范围内。图 12.20 给出飞行器的四个控制输入仿真图，可以清晰发现响应时间最慢为 1s。图 12.21 给出四旋翼无人飞行器的四个电机的旋转速度，于 0.4s 趋于稳定。图 12.22 为飞行器在受到外界阵风干扰时对阵风进行估计与阵风实际的绝对误差，可以看出 AIB 算法在短时间内即可估计出阵风干扰力，且偏差很小。

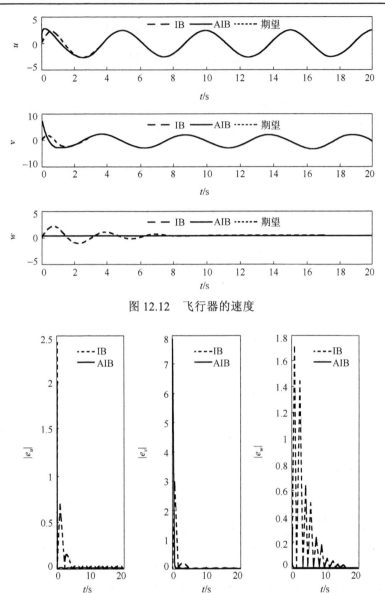

图 12.12　飞行器的速度

图 12.13　飞行器的速度绝对误差

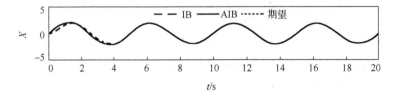

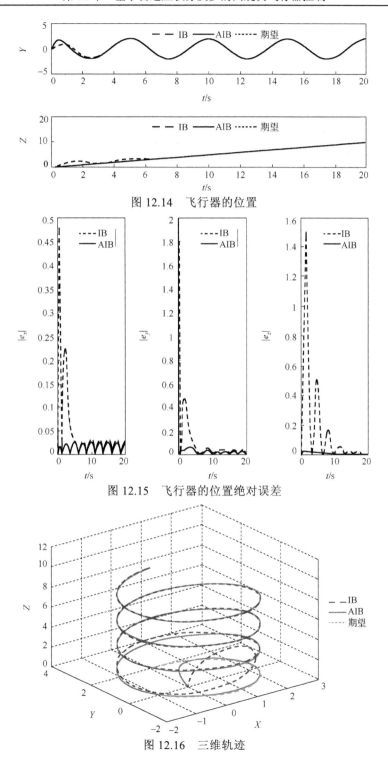

图 12.14　飞行器的位置

图 12.15　飞行器的位置绝对误差

图 12.16　三维轨迹

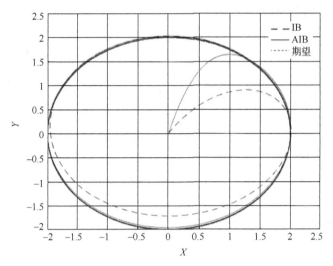

图 12.17　俯视轨迹

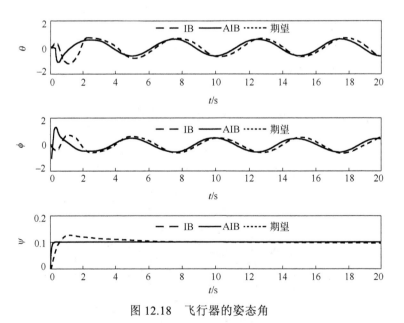

图 12.18　飞行器的姿态角

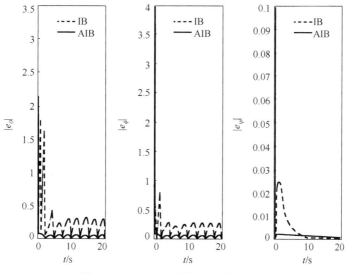

图 12.19　飞行器的姿态角绝对误差

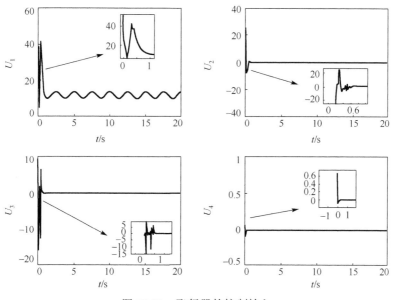

图 12.20　飞行器的控制输入

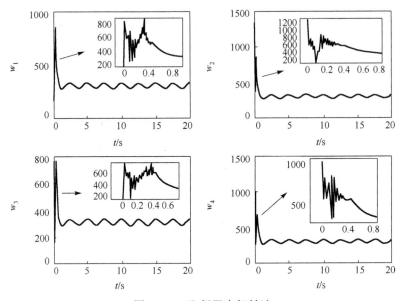

图 12.21　飞行器电机转速

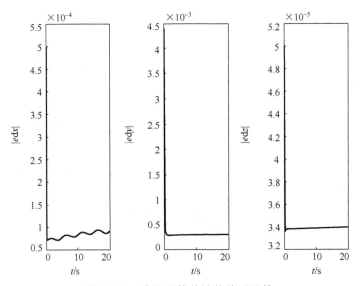

图 12.22　阵风干扰估计的绝对误差

本节拟定 ε_1、ε_2、ε_3 均是范围为 $0 \sim 0.1$ 的随机数,在飞行器受到外部阵风干扰且存在模型参数不确定的情况下,结果见图 12.23 和图 12.24。

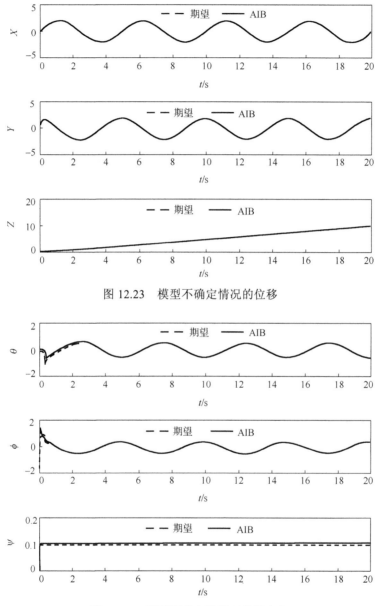

图 12.23　模型不确定情况的位移

图 12.24　模型不确定情况下的姿态角

　　仿真结果表明，本节设计的 AIB 控制算法在飞行器飞行环境受到干扰或模型存在不确定性时，飞行更加稳定、轨迹跟踪性更好、鲁棒性更强。在模型参数不确定且存在外界干扰的情况下，通过实验仿真，也可以验证本节设计的 AIB 控制算法的鲁棒性较强。

12.3　本章小结

本章 12.1 节设计的基于积分型的反步控制算法应用于多输入多输出（multiple input multiple output，MIMO）且呈非线性强耦合的四旋翼无人机飞行控制系统中，能有效减小稳态误差。通过与反步控制算法进行比较实验，充分证明系统收敛性好且稳定、稳态误差极小、控制效果较为理想、轨迹跟踪特性较强。

本章 12.2 节研究出的基于积分型的自适应反步的控制算法应用于 MIMO 且呈非线性强耦合的四旋翼无人机飞行控制系统中，不但能有效减小稳态误差，而且可以防止飞行器因外界较强的阵风干扰等不确定因素而偏移期望轨迹。通过与 IB 算法进行比较实验，充分证明系统收敛性好且稳定，稳态误差极小，控制效果较为理想，轨迹跟踪特性较强，具有较强的鲁棒性与抗阵风干扰性。通过引入模型参数不确定性，验证了本章设计的算法具有较强的鲁棒性。

第 13 章　四旋翼飞行器自适应收缩反步控制

收缩理论被用作最新的非线性系统收敛性分析方法，该分析方法是基于连续介质力学和微分几何，其核心增量稳定性分析不需要确定系统的平衡点，相对于李雅普诺夫稳定受扰动后平衡点位移的情况，基于微分分析的收缩理论依然可以对系统进行稳定性分析，给控制系统的设计带来了很大便利。文献[146]受收缩理论的启发，设计了一种动态解耦非线性系统的鲁棒分布式模型预测控制。对于收缩理论的研究，文献[147]使用收缩理论解决了一类同步动态系统网络的同步问题。文献[148]提出了一种基于收缩理论指数稳定性的自动列车执行器饱和自适应鲁棒控制方法。文献[149]利用收缩理论讨论了水下航行器的增量稳定性。文献[150]针对系统状态或未知量估计问题，使用收缩理论做了状态估计设计。文献[151]使用收缩分析对非线性随机系统观测器的增量稳定性进行了讨论。文献[152]提出了基于收缩分析的频率估计器的设计方法。本章将收缩理论应用于复杂四旋翼飞行器系统，提出了一种自适应收缩反步控制算法，分析了模型参数不确定情况下的跟踪误差收敛条件，并且仿真结果证明了所提方法的有效性。

13.1　收缩理论基本原理

考虑平滑非线性系统[153]：

$$\dot{\chi} = f(\chi, t) \tag{13-1}$$

其中，状态 χ 的轨迹随时间的指数收敛性可用虚拟位移进行分析，虚拟位移表示空间中同一时刻两个点之间的线性微小增量，记作 $\delta\chi$。在式(13-1)中引入虚拟位移，即

$$\delta\dot{\chi} = \delta f = \frac{\partial f}{\partial \chi}(\chi, t)\delta\chi \tag{13-2}$$

如果在式(13-2)中执行状态相关的坐标变换

$$\delta z = \Omega(\chi, t)\delta\chi \tag{13-3}$$

其中，$\Omega(\chi, t)$ 为一致逆方阵。定义表示黎曼空间的度量一致对称镇定矩阵 $P = \Omega^{\mathrm{T}}\Omega$，那么由微分几何知识可得变换后的轨迹平方距离为

$$\delta z^{\mathrm{T}}\delta z = \delta\chi^{\mathrm{T}}P\delta\chi \tag{13-4}$$

该距离随时间的变化率可写为

$$\frac{\mathrm{d}}{\mathrm{d}t}\delta z^{\mathrm{T}}\delta z = 2\delta z^{\mathrm{T}}F\delta z \tag{13-5}$$

其中，$F = \left(\dot{\Omega} + \Omega\dfrac{\partial f}{\partial x}\right)\Omega^{-1}$。进而可得 $\mathrm{d}(\delta z^{\mathrm{T}}\delta z)/\mathrm{d}t \leqslant 2\lambda_{\max}\delta z^{\mathrm{T}}\delta z$，这里 $\lambda_{\max}$ 表示矩阵 F 的最大特征值，计算可得：

$$\|\delta z\| \leqslant \|\delta z_0\| \left| e^{\int_0^t \lambda_{\max}\mathrm{d}t} \right| \tag{13-6}$$

其中，δz_0 表示初始状态的虚拟位移。如果 $\lambda_{\max}$ 是一致严格负定的，且存在某种矩阵测度 μ，$\alpha > 0$，使得 $\mu(F) \leqslant -\alpha$，那么 δz 指数收敛于 0，α 称作收缩率。

本章中判定系统收缩性的矩阵测度为

$$\mu(F) = \lambda_{\max}(F + F^{\mathrm{T}})/2$$

若式 (13-1) 受到有界扰动 $\varepsilon(x,t)$，即

$$\dot{\chi} = f(\chi,t) + \varepsilon(\chi,t) \tag{13-7}$$

定义距离 $R = \displaystyle\int_{P_1}^{P_2} \left\|\delta\chi^{\mathrm{T}}P\delta\chi\right\|\mathrm{d}t$，其中，$P_1$ 为满足式 (13-1) 的轨迹，P_2 为满足式 (13-7) 的轨迹。则可以证明[152]：

$$\dot{R} + |\lambda_{\max}|R \leqslant \|\Omega\varepsilon\| \tag{13-8}$$

在二阶闭环系统的收缩分析中，采用分层联接方式的虚拟位移可表示为式 (13-8)。当 J_{11}、J_{22} 负定，且 J_{12} 光滑有界时，整个系统是收缩的，即

$$\frac{\mathrm{d}}{\mathrm{d}t}\begin{bmatrix}\delta z_1 \\ \delta z_2\end{bmatrix} = \begin{bmatrix} J_{11} & J_{12} \\ 0 & J_{22} \end{bmatrix}\begin{bmatrix}\delta z_1 \\ \delta z_2\end{bmatrix} \tag{13-9}$$

13.2　四旋翼飞行器动力学模型

四旋翼飞行器可看作是一个具有六个自由度和四个输入项的欠驱动刚体，它的推力由四个螺旋桨产生，可通过指令控制四个螺旋桨使得无人机保持一定的姿态并跟随其所需的航路飞行。其动力学方程如下表示：

$$\begin{cases} \dot{x} = v_x \\ \dot{v}_x = (\cos\phi\sin\theta\cos\psi + \sin\phi\sin\psi) \cdot \dfrac{(\omega_1 + \omega_2 + \omega_3 + \omega_4)}{m} \\ \dot{y} = v_y \\ \dot{v}_y = (\cos\phi\sin\theta\cos\psi - \sin\phi\sin\psi) \cdot \dfrac{(\omega_1 + \omega_2 + \omega_3 + \omega_4)}{m} \end{cases}$$

$$
\begin{cases}
\dot{z} = v_z \\
\dot{v}_z = (\cos\phi\cos\theta)\cdot\dfrac{(\omega_1+\omega_2+\omega_3+\omega_4)}{m} - g \\
\dot{\phi} = v_\phi \\
\dot{v}_\phi = \dot{\theta}\dot{\psi}\left(\dfrac{I_y-I_z}{I_x}\right) + \dfrac{J_r}{I_x}\dot{\theta}(\omega_4+\omega_2-\omega_1-\omega_3) + \dfrac{bl}{I_x}(\omega_4^2-\omega_2^2) \\
\dot{\theta} = v_\phi \\
\dot{v}_\theta = \dot{\phi}\dot{\psi}\left(\dfrac{I_z-I_x}{I_y}\right) - \dfrac{J_r}{I_x}\dot{\phi}(\omega_4+\omega_2-\omega_1-\omega_3) + \dfrac{bl}{I_x}(\omega_3^2-\omega_1^2) \\
\dot{\psi} = v_\psi \\
\dot{v}_\psi = \dot{\phi}\dot{\theta}\left(\dfrac{I_x-I_y}{I_z}\right) + \dfrac{d}{I_z}(\omega_4^2+\omega_2^2-\omega_1^2-\omega_3^2)
\end{cases}
\tag{13-10}
$$

其中，I_x，I_y，I_z 为惯性矩阵，是飞行器空气动力中外力和扭矩重要参数；b 表示阻力系数；d 为升力系数；m 为无人机质量；g 为重力加速度；l 为机臂的长度；J_r 为转子惯量；ϕ 为滚转角，θ 为俯仰角，ψ 为偏航角；x、y 为固定 x-y 平面上的无人机质心坐标位置，z 为高度位置；$\omega_i(i=1,2,3,4)$ 为四旋翼无人机的四个电机运转速度，与对应的四个姿态控制器 U_i 关系可表示为

$$
U = \begin{bmatrix} U_1 \\ U_2 \\ U_3 \\ U_4 \end{bmatrix} = \begin{bmatrix} b(\omega_1+\omega_2+\omega_3+\omega_4) \\ b(\omega_4^2-\omega_2^2) \\ b(\omega_3^2-\omega_1^2) \\ b(\omega_4^2+\omega_2^2-\omega_1^2-\omega_3^2) \end{bmatrix}
\tag{13-11}
$$

13.3　自适应收缩反步控制

13.3.1　控制器设计

本章采用双环控制策略：外环位置真实值与期望值作差，解算出控制高度的输入项与水平位置输入项，反解出期望的姿态角后进入内环姿态控制，解算出控制姿态的输入项。该流程图由图 13.1 所示(注意 $x_d, y_d, z_d, \phi_d, \theta_d, \psi_d$ 表示为对应状态的期望值)。

首先给出基于收缩反步法的姿态控制器 U_2 的设计过程，U_1、U_3、U_4 的设计同理。考虑 ϕ 的二阶动力学方程：

$$
\begin{cases}
\dot{\phi} = v_\phi \\
\dot{v}_\phi = a\dot{\theta}\dot{\psi} + \eta\dot{\theta} + cU_2
\end{cases}
\tag{13-12}
$$

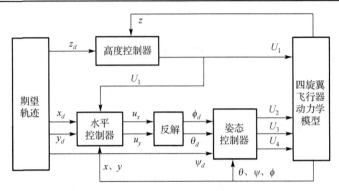

图 13.1 控制流程图

其中，$a = \left(\dfrac{I_y - I_z}{I_x} \right), \eta = \dfrac{J_r}{I_x}, c = \dfrac{l}{I_x}$。

定义跟踪误差 $e = \phi - \phi_d$ 与辅助变量 $z_s = v_\phi - \beta_1(\phi)$，其中 ϕ_d 光滑有界，$\beta_1(\phi)$ 是虚拟控制输入，使第一个子系统收缩到 ϕ。因此，其动力学方程可改写为

$$\begin{cases} \dot{\phi} = z_s + \beta_1(\phi) \\ \dot{v}_\phi = a\dot{\theta}\dot{\psi} + \eta\dot{\theta} + cU_2 \end{cases} \tag{13-13}$$

第一个子系统的虚拟位移可表示为

$$\delta\dot{\phi} = \delta z_s + J_{11}\delta\phi \tag{13-14}$$

其中，J_{11} 表示为

$$J_{11} = \frac{\partial}{\partial\phi}[\beta_1(\phi)] \tag{13-15}$$

为保证雅克比矩阵 J_{11} 一致负定，虚拟控制输入 $\beta_1(\phi)$ 可选择为

$$\begin{aligned} \beta_1(\phi) &= \dot{\phi}_d - k_7[\phi - \phi_d] \\ &= \dot{\phi}_d - k_7 e \end{aligned} \tag{13-16}$$

跟踪误差微分方程可写为

$$\begin{aligned} \dot{e} &= \dot{\phi} - \dot{\phi}_d = v_\phi - \dot{\phi}_d \\ &= -k_7 e + z_s \end{aligned} \tag{13-17}$$

对 z_s 求导后，将式(13-15)和式(13-16)代入可得

$$\begin{aligned} \dot{z}_s &= \dot{v}_\phi + k_7\dot{e} - \ddot{\phi}_d \\ &= a\dot{\theta}\dot{\psi} + \eta\dot{\theta} + cU_2 + k_7(\dot{\phi} - \dot{\phi}_d) - \ddot{\phi}_d \end{aligned} \tag{13-18}$$

为保证 z_s 能够收缩，控制器 U_2 选择为

$$U_2 = (-k_8 z_s - a\dot{\theta}\dot{\psi} - \eta\dot{\theta} - k_7(\dot{\phi} - \dot{\phi}_d) + \ddot{\phi}_d)/c \tag{13-19}$$

对式(13-11)，考虑包含不确定参数情况下的动力学模型

$$\begin{cases} \dot{\phi} = v_\phi \\ \dot{v}_\phi = a\dot{\theta}\dot{\psi} + \eta\dot{\theta} + \gamma_2 q_2 + c\hat{U}_2 \end{cases} \tag{13-20}$$

其中，γ_2 为不确定参数，q_2 为光滑有界函数。

在收缩反步法的基础上，重新设计自适应控制器 $\hat{U}_2$ 为

$$\hat{U}_2 = (-k_8 z_1 - a\dot{\theta}\dot{\psi} - \eta\dot{\theta} - k_7(\dot{\phi} - \dot{\phi}_d) + \ddot{\phi}_d - \hat{\gamma}_2 q_2)/c \tag{13-21}$$

其中，$\hat{\gamma}_2$ 为不确定参数估计值。

$\hat{\gamma}_2$ 的更新律可定义为

$$\dot{\hat{\gamma}}_2 = q_2^{\mathrm{T}}(z_1 - z_s) = q_2^{\mathrm{T}} z_1 \tag{13-22}$$

注意 z_s 被认为是值接近于 0 的误差参考值(13-18)，于是有式(13-22)成立。其中，z_1 为包含不确定参数的误差实际值表示为

$$\begin{aligned} \dot{z}_1 &= \dot{v}_\phi + k_7\dot{e} - \ddot{\phi}_d \\ &= a\dot{\theta}\dot{\psi} + \eta\dot{\theta} + c\hat{U}_2 + \gamma_2 q_2 + k_7(\dot{\phi} - \dot{\phi}_d) - \ddot{\phi}_d \end{aligned} \tag{13-23}$$

参考以上自适应收缩反步法的设计思路，可以推导出四旋翼飞行的高度自适应控制器 $\hat{U}_1$ 以及姿态自适应控制器 $\hat{U}_3$、$\hat{U}_4$：

$$\begin{cases} \hat{U}_1 = \left(\dfrac{m}{\cos\phi\cos\theta}\right)(g - k_1(\dot{z} - \dot{z}_d) + \ddot{z}_d - k_2(\dot{z} - (-k_1(z - z_d) + \dot{z}_d)) - \gamma_1 q_1) \\ \dot{\hat{\gamma}}_1 = q_1^{\mathrm{T}}(v_z - (\dot{z}_d - k_1(z - z_d))) \end{cases} \tag{13-24}$$

$$\begin{cases} \hat{U}_3 = \left(\dfrac{I_x}{l}\right)(-\dot{\phi}\dot{\psi}\left(\dfrac{I_z - I_x}{I_y}\right) - \dot{\phi}\left(-\dfrac{J_r}{I_x}w_d\right) + \ddot{\theta}_d - k_9(v_\theta - \theta_d) \\ \quad - k_{10}(\dot{\theta} - (-k_9(\theta - \theta_d) + \dot{\theta}_d)) - \gamma_3 q_3) \\ \dot{\hat{\gamma}}_3 = q_3^{\mathrm{T}}(v_\theta - (\dot{\theta}_d - k_7(\theta - \theta_d))) \end{cases} \tag{13-25}$$

$$\begin{cases} \hat{U}_4 = \left(\dfrac{I_z}{d}\right)\left(-\dot{\phi}\dot{\theta}\left(\dfrac{I_x - I_y}{I_z}\right) + \ddot{\psi}_d - k_{11}(v_\psi - \psi_d) \\ \quad - k_{12}(\dot{\psi} - (-k_{11}(\psi - \psi_d) + \dot{\psi}_d)) - \gamma_4 q_4\right) \\ \dot{\hat{\gamma}}_4 = q_4^{\mathrm{T}}(v_\psi - (\dot{\psi}_d - k_{11}(\psi - \psi_d))) \end{cases} \tag{13-26}$$

其中，z_d、ϕ_d、θ_d、ψ_d 为期望值(即需要跟踪的状态)，k_1、k_2、$k_9 \sim k_{12}$ 为控制增益。

接下来介绍反解模块，将通过水平控制器来推算四旋翼飞行器期望姿态角 ϕ_d，θ_d。令

$$\begin{cases} u_x = \cos\phi\sin\theta\cos\psi + \sin\phi\sin\psi \\ u_y = \cos\phi\sin\theta\cos\psi - \sin\phi\sin\psi \end{cases} \tag{13-27}$$

水平方向上的子系统可改写为

$$\begin{cases} \dot{x} = v_x \\ \dot{v}_x = u_x \dfrac{U_1}{m} + \gamma_5 q_5 \\ \dot{y} = v_y \\ \dot{v}_y = u_y \dfrac{U_1}{m} + \gamma_6 q_6 \end{cases} \tag{13-28}$$

这里，假设期望姿态角 ϕ_d 在任务前已知；u_x、u_y 作为待设计水平控制器，且为输出转移函数的解，那么

$$\begin{cases} \varphi_d = \arcsin(u_x \sin\psi - u_y \cos\psi) \\ \theta_d = \arcsin\left(\dfrac{u_x - \sin\phi_d \sin\psi}{\cos\phi_d \cos\psi} \right) \end{cases} \tag{13-29}$$

根据式(13-27)可推导出满足收缩条件的自适应控制器为

$$\begin{cases} u_x = \left(\dfrac{m}{U_1} \right)(-k_3(v_x - \dot{x}_d) + \ddot{x}_d - k_4(v_x - (-k_3(x - x_d) + \dot{x}_d)) - \gamma_5 q_5) \\ \dot{\hat{\gamma}}_5 = q^{\mathrm{T}}{}_5(v_x - (\dot{x}_d - k_3(x - x_d))) \end{cases} \tag{13-30}$$

$$\begin{cases} u_y = \left(\dfrac{m}{U_1} \right)(-k_5(v_y - \dot{y}_d) + \ddot{y}_d - k_6(v_y - (-k_5(y - y_d) + \dot{y}_d)) - \gamma_6 q_6) \\ \dot{\hat{\gamma}}_6 = q_6^{\mathrm{T}}(v_y - (\dot{y}_d - k_5(y - y_d))) \end{cases} \tag{13-31}$$

其中，$k_3 \sim k_6$ 为控制增益，最后通过式(13-11)反解并开方可得飞行器的四个电机的运转速度，即

$$\begin{cases} w_1 = \sqrt{\dfrac{U_1}{4b} - \dfrac{U_3}{2b} - \dfrac{U_4}{4d}} \\ w_2 = \sqrt{\dfrac{U_1}{4b} - \dfrac{U_2}{2b} - \dfrac{U_4}{4d}} \\ w_3 = \sqrt{\dfrac{U_1}{4b} + \dfrac{U_3}{2b} - \dfrac{U_4}{4d}} \\ w_4 = \sqrt{\dfrac{U_1}{4b} + \dfrac{U_2}{2b} + \dfrac{U_4}{4d}} \end{cases} \tag{13-32}$$

13.3.2　稳定性证明

对于收缩反步控制系统，式(13-18)和式(13-19)的虚拟位移状态空间形式可表示为

$$\begin{bmatrix} \delta \dot{e} \\ \delta \dot{z}_s \end{bmatrix} = \begin{bmatrix} J_{11} & J_{12} \\ J_{21} & J_{22} \end{bmatrix} \begin{bmatrix} \delta e \\ \delta z_s \end{bmatrix} \tag{13-33}$$

令雅克比矩阵 $J = \begin{bmatrix} J_{11} & J_{12} \\ J_{21} & J_{22} \end{bmatrix}$，需证明系统满足收缩判据 $\mu(J) \leq \alpha$，且能够形成分层

联接，则系统指数稳定。由 13.3.1 节中的推论可知：

$$J_{11} = \frac{\partial(-k_7 e + z_s)}{\partial e}, \quad J_{12} = \frac{\partial(-k_7 e + z_s)}{\partial z_s}, \quad J_{21} = \frac{\partial(-k_8 z_s)}{\partial e}$$

$$J_{22} = \frac{\partial(-k_7^2 e + a\dot{\theta}\dot{\psi} + \eta\dot{\theta} + k_7 z_1 - \ddot{\phi}_d + cU_2)}{\partial z_1}$$

$$\mu(J) = (\lambda_1 + 2k_7)(\lambda_2 + 2k_8)/2 - 0.5$$

通过调节参数使得最大特征值 λ_{max} 负定，且 $\mu(J) \leq -\alpha$，因此式 (13-33) 是增量稳定的，系统 (13-11) 收缩至期望轨迹。

对于自适应收缩反步控制，定义一个解包含式 (13-18) 与式 (13-19) 的虚拟系统

$$\begin{cases} \dot{z}_\sigma = f(z_\sigma, t) + (\gamma_\sigma - \gamma_2)q_2 \\ \dot{\tilde{\gamma}}_\sigma = (\dot{\gamma}_\sigma - \dot{\tilde{\gamma}}_2) = q_2^{\mathrm{T}}(z_\sigma - z_s) \end{cases} \tag{13-34}$$

显然，$(\gamma_\sigma, z_\sigma) = (\gamma_2, z_s)$ 为系统的一个特解。

将不确定参数 γ_σ 与参考值 z_s 设定为有界常数，对式 (13-34) 取虚拟位移可得：

$$\begin{bmatrix} \delta \dot{z}_\sigma \\ \delta \dot{\tilde{\gamma}}_\sigma \end{bmatrix} = \begin{bmatrix} \partial f(z_\sigma, t)/\partial z_\sigma & q_2 \\ -q_2^{\mathrm{T}} & 0 \end{bmatrix} \begin{bmatrix} \delta z_\sigma \\ \delta \tilde{\gamma}_\sigma \end{bmatrix} \tag{13-35}$$

引理 13.1[154] 对于系统 (13-34) 与 (13-35)，若 z_s 与 γ_2 具有上限，f 是收缩的，则 z_1 指数收敛到 z_s，$\hat{\gamma}_2 - \gamma_2$ 有界，可表示如图 13.2 所示。

由于系统 (13-35) 是半收缩系统，增量 δz_σ 与 $\delta \gamma_\sigma$ 被限定在一定的区域内，所以系统解 $(\hat{\gamma}_2, z_1)$ 随时间指数收敛至特解 (γ_2, z_s) 为中心的极小收缩域内，尽管 $\|\gamma_2 - \hat{\gamma}_2\|$ 只是在一定区域内，但是并没有相互渐近收敛。设 $z_s = 0$，可构造如下自适应系统：

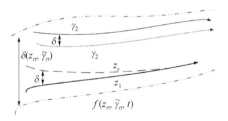

图 13.2 自适应收缩示意图

$$\begin{bmatrix} \delta \dot{z}_1 \\ \delta \dot{\tilde{\gamma}}_2 \end{bmatrix} = \begin{bmatrix} \partial f(z_1, t)/\partial z_1 & q_2 \\ -q_2^{\mathrm{T}} & 0 \end{bmatrix} \begin{bmatrix} \delta z_1 \\ \delta \tilde{\gamma}_2 \end{bmatrix} \tag{13-36}$$

显然可通过调节参数使 $\dfrac{\partial f(z_1, t)}{\partial z_1} = -k_8$ 收缩，γ_2 有界。由引理 13.1 可知，z_1 指数收敛至 0，且 $\hat{\gamma}_2$ 有界。

13.4　仿真结果

本章实验仿真平台为 MATLAB，选取仿真步长 $\tau = 0.01$，各状态初始值为 0，设定的期望轨迹如下：

$$\begin{cases} x_d = 2\sin(2\pi t / 5) \\ y_d = 2\cos(2\pi t / 5) \\ z_d = t / 2 \\ \psi_d = 0.1 \end{cases}$$

设平滑函数 $q_i(i = 1 \sim 6)$ 为所在方程中的状态变量，即 $q = [v_z, v_\phi, v_\theta, v_\psi, v_x, v_y]$，四旋翼无人机参数见表 13.1，各控制器的相关参数由表 13.2 给出，不确定项参数 $\gamma_i(i = 1 \sim 6)$ 为 0~3 的随机值。

表 13.1　四旋翼飞行器物理参数

符号	数值	物理意义
m	1.0	飞行器质量/kg
g	9.8	重力加速度/(m/s^2)
I_y	0.005	Y 方向的转动惯量/$(kg \cdot m^2)$
I_x	0.005	X 方向的转动惯量/$(kg \cdot m^2)$
I_z	0.01	Z 方向的转动惯量/$(kg \cdot m^2)$
l	0.2	机臂的长度/m
J_r	0.00002	转子转动惯量/$(kg \cdot m^2)$
b	0.00003	阻力系数
d	0.00000006	升力系数

表 13.2　控制器参数

控制器参数符号	数值
$k_i(i = 1, 3, 5)$	4
$k_j(j = 2, 4, 6)$	10
$k_i(i = 7, 9, 11)$	8
$k_j(j = 8, 10, 12)$	30
$\gamma_i(i = 1 \sim 6)$	0~3

图 13.3~图 13.7 分别给出了飞行器的位置绝对误差、姿态角误差、姿态角、位置及三维轨迹。从其仿真结果可以看出，在飞行器模型参数不确定的情况下，采用 ACB 控制算法时飞行器能够跟踪期望的状态，且变化保持在很小的范围内，而 IB（见文献[155]）控制效果较差，状态误差波动较大稳定性欠佳，在三维轨迹图中表现尤为明显。图 13.8 给出了不确定参数估计值，对比表 13.2 中的实际值，可以看出 $\|\gamma_i - \hat{\gamma}_i\|$ 有界，但并不是估计出实际值，这也验证了引理 1 中的结论。图 13.9 为飞行器的控

制输入部分，说明了本方法针对飞行器模型参数不确定情况进行控制的有效性。

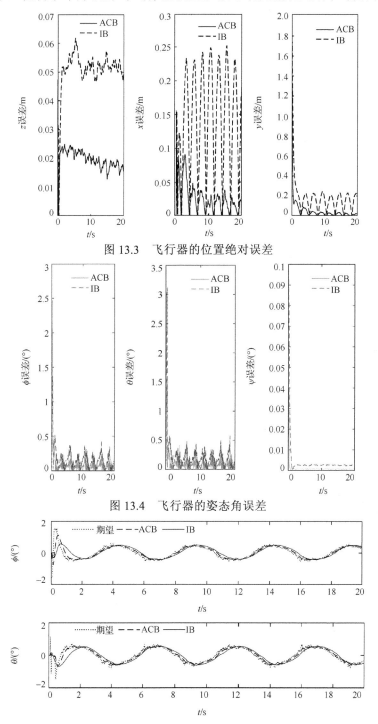

图 13.3　飞行器的位置绝对误差

图 13.4　飞行器的姿态角误差

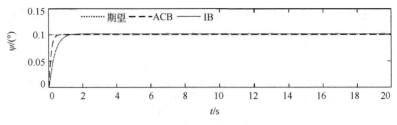

图 13.5 飞行器的姿态角

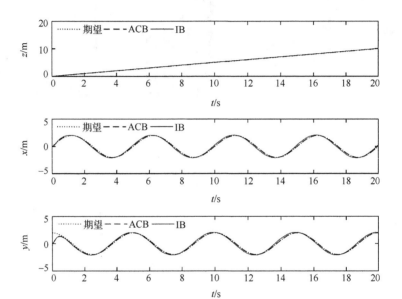

图 13.6 飞行器的位置

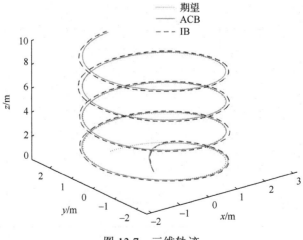

图 13.7 三维轨迹

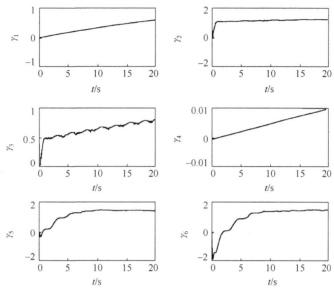

图 13.8　姿态子系统不确定参数估计值

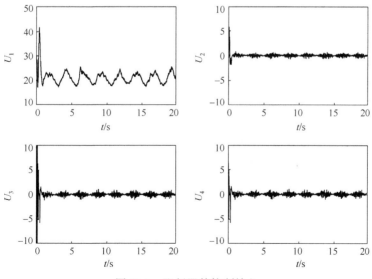

图 13.9　飞行器的控制输入

13.5　本　章　小　结

本章以四旋翼飞行器不确定参数模型为对象、收缩理论为核心设计出自适应控制器，并且将不确定参数的实际值与估计值误差限定在满足收缩特性区域内。与平衡点分析方法设计出的积分反步控制对比实验表明，基于收缩理论的增量稳定分析使得控制系统摆脱了对平衡点的依赖性，同时验证了模型参数不确定情况下的鲁棒性，为系统分析与设计提供了思路。

第14章 基于收缩理论的多无人机姿态自适应同步控制

在实际的任务中，飞行器将面临各种不确定因素，如模型参数不确定、遭受未知干扰、通信交互延时等。文献[156]研究了当在轨卫星存在模型参数不确定和未知扰动力矩时，在无速度信息情况下，采用局部信息交互的卫星编队的姿态协同控制问题。文献[157]提出了一种自适应律，对无人机质量、外界扰动的上界等未知参数进行估计，并通过动态补偿实现了无人机的稳定控制。文献[158]针对无人机群编队控制问题，提出了一种适用于时变通信延迟的鲁棒自适应编队控制策略。文献[159]研究了在轨服务航天器逼近与捕获失控目标过程中姿态同步的控制问题，考虑未知干扰和控制力矩受限的因素，以相对姿态四元数的二阶形式描述相对姿态动力学，利用反馈线性化原理和自适应算法的思想，设计姿态同步的非线性反馈控制律。文献[160]针对现阶段分组一致性协议应用的局限性，提出了模糊 C 均值聚类算法和考虑子编队之间信息交互的分组一致性控制协议。文献[161]针对无人机编队飞行过程中领航无人机在 3 维空间机动飞行时的编队队形保持问题，构建了无人机 3 维编队队形保持控制系统，在考虑闭环系统存在时变外界干扰的情况下，设计了无人机编队保持的自适应控制器。文献[162]针对四旋翼无人机编队重构协同控制问题，考虑编队重构过程中可能出现的通信可靠性问题，提出了通信拓扑切换条件，结合积分滑模控制理论对切换通信拓扑条件下的协同控制器进行设计。

在上述文献中，对编队系统控制器的设计大多使用李亚普诺夫方法，对于隶属于模型之外的状态，需要精确估计，通过补偿达到稳定控制，考虑到平衡点位移的情况，以及能量函数构造存在的复杂性，而收缩分析无须求解系统平衡点，对内外干扰具有一定抗性，给控制器的设计带来很大便利。文献[163]研究了通用动力系统收敛到子空间的充分条件，为基于收缩分析的动态网络系统协同控制提供了理论基础。文献[164]研究了拉格朗日动态网络系统的同步问题，提出了一个基于收缩理论的同步框架，可以将任意数量的机器人状态收敛于共同轨迹。文献[165]在文献[164]的基础上进一步研究，提出了一种基于振荡器相位同步的分散式平移跟踪控制律，从而实现了卫星飞行的状态同步。

本章将收缩理论应用于垂直起降无人机，考虑模型参数不确定与外部干扰情况，设计了基于收缩理论的姿态同步控制器。在收缩域内，外部干扰不会对稳定特性产生影响，自适应控制律将不确定参数误差保持有界，从而实现分散式姿态同步与轨迹跟踪控制。

14.1　垂直起降无人机拉格朗日模型

垂直起降无人机可看作是具有 6 个自由度的欠驱动刚体，包括 3 个质心移动产生的位移度量与 3 个绕质心旋转的角度度量，通过改变主旋翼盘的倾斜度及主旋翼与尾旋翼产生的推力(尾旋翼推力主要用于抵消主旋翼旋转导致的反作用力)，可实现空间中的飞行动作，其结构示意图如图 14.1 所示。

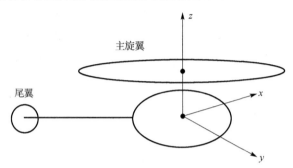

图 14.1　垂直起降无人机结构

本章采用的垂直起降无人机拉格朗日模型是一种理想模型，忽略了旋翼叶片材料与空气动力学扰动的影响，描述机体从惯性坐标系到机体坐标系的旋转矩阵(旋转矩阵为一种姿态表示方法，用于描述两坐标轴的相对方向)为

$$R = \begin{pmatrix} c_\theta c_\phi & s_\psi s_\theta c_\phi - c_\psi s_\phi & c_\psi s_\theta c_\phi + s_\psi s_\phi \\ c_\theta s_\phi & s_\psi s_\theta s_\phi + c_\psi c_\phi & c_\psi s_\theta s_\phi - s_\psi c_\phi \\ -s_\theta & s_\psi c_\theta & c_\psi c_\theta \end{pmatrix} \tag{14-1}$$

欧拉广义姿态角集合 $\eta = (\phi, \theta, \psi)$ 分别代表滚转、俯仰和偏航角，无人机动能方程为

$$T = \frac{m}{2}\langle \dot{\xi}, \dot{\xi} \rangle + \frac{1}{2}\langle \Omega, I\Omega \rangle \tag{14-2}$$

其中，m 为无人机质量，集合 $\xi = (x, y, z)$ 为无人机质心在空间中的位置，I 为惯性力矩，Ω 为惯性坐标中角速度，将角速度转化为欧拉广义坐标为

$$\Omega = \begin{pmatrix} -s_\theta & 0 & 1 \\ c_\theta s_\psi & c_\psi & 0 \\ c_\theta c_\psi & -s_\psi & 0 \end{pmatrix} \begin{pmatrix} \dot{\phi} \\ \dot{\theta} \\ \dot{\psi} \end{pmatrix} = W\dot{\eta} \tag{14-3}$$

设 $N = N(\eta) = W^{\mathrm{T}} IW$，$I = \mathrm{diag}(I_1, I_2, I_3)$ 为惯性矩阵，式(14-2)可转化为

$$T = \frac{m}{2}\langle \dot{\xi}, \dot{\xi} \rangle + \frac{1}{2}\langle \dot{\eta}, N\dot{\eta} \rangle \tag{14-4}$$

已知存在的势能 $V = mgz$，则拉格朗日函数为

$$L = T - V = \frac{m}{2}\langle \dot{\xi}, \dot{\xi}\rangle + \frac{1}{2}\langle \dot{\eta}, N\dot{\eta}\rangle - mgz \tag{14-5}$$

将无人机扭矩转化为广义欧拉坐标 (ϕ, θ, ψ) 上的力：

$$\tau = \begin{pmatrix} \tau_\phi \\ \tau_\theta \\ \tau_\psi \end{pmatrix} = W^{-1}\begin{pmatrix} r\omega_1 \\ r\omega_2 \\ l\omega_3 \end{pmatrix} \tag{14-6}$$

其中，ω_1 与 ω_2 为主旋翼升力的分量，ω_3 为尾翼推力。

完整的垂直起降无人机拉格朗日动力学方程可表示为

$$m\ddot{\xi} = R\begin{pmatrix} -\omega_2 \\ \omega_1 - \omega_3 \\ -u \end{pmatrix} + \begin{pmatrix} 0 \\ 0 \\ mg \end{pmatrix} \tag{14-7}$$

$$N\ddot{\eta} = -C(\eta, \dot{\eta})\dot{\eta} + \tau \tag{14-8}$$

其中

$$N(\eta) = W^{\mathrm{T}}IW = \begin{pmatrix} c_\theta^2(c_\psi^2(I_2 - I_3) + I_1 - I_2) + I_1 & (I_2 - I_3)c_\theta s_\psi c_\psi & -I_1 s_\theta \\ (I_2 - I_3)c_\theta s_\psi c_\psi & I_2(1 + s_\psi^2) - I_2 s_\psi^2 & 0 \\ -I_1 s_\theta & 0 & I_1 \end{pmatrix} \tag{14-9}$$

$$C(\eta, \dot{\eta}) = \frac{I_1 c_\theta}{2}C_1 + \frac{(I_1 - I_2)}{2}C_2 + \frac{(I_2 - I_3)}{2}C_3 \tag{14-10}$$

$$C_1 = \begin{pmatrix} 0 & -\dot{\psi} & -\dot{\theta} \\ \dot{\psi} & 0 & \dot{\phi} \\ -\dot{\theta} & -\dot{\phi} & 0 \end{pmatrix}, \quad C_2 = \begin{pmatrix} -\dot{\theta}s_{2\psi} & -\dot{\phi}s_{2\theta} & 0 \\ \dot{\phi}s_{2\theta} & 0 & 0 \\ 0 & 0 & 0 \end{pmatrix}$$

$$C_3 = \begin{pmatrix} -\dot{\theta}s_{2\psi}c_\psi^2 - \dot{\psi} - c_\theta^2 s_{2\psi} & -\dot{\phi}s_{2\theta}c_\psi^2 - \dot{\theta}s_{2\psi}s_\theta - \dot{\psi}c_\theta^2 s_{2\psi} & -\dot{\phi}c_\theta^2 s_{2\psi} + \dot{\theta}c_\theta c_{2\psi} \\ \dot{\phi}c_\psi^2 s_{2\theta} + \dot{\psi}c_\theta c_{2\psi} & \dot{\phi}s_{2\psi}s_\theta + \dot{\psi}s_{2\psi} & \dot{\phi}c_{2\psi}c_\theta \\ \dot{\phi}c_\theta^2 s_{2\psi} - \dot{\theta}c_\theta c_{2\psi} & -\dot{\phi}c_\theta c_{2\psi} & 0 \end{pmatrix}$$

根据偏微斜对称矩阵的性质，有 $\dfrac{\mathrm{d}}{\mathrm{d}t}N - 2C = 0$。

14.2　多无人机姿态同步控制器

多无人机姿态模型可改写为

$$N_i(\eta_i)\ddot{\eta}_i + C_i(\eta_i, \dot{\eta}_i)\dot{\eta}_i = \tau_i \tag{14-11}$$

利用无人机之间的通信信息，各无人机的控制律设计为

$$\tau_i = N_i(\eta_i)\ddot{\eta}_{r,i} + C_i(\eta_i, \dot{\eta}_i)\dot{\eta}_{r,i} - K_1(\dot{\eta}_i - \dot{\eta}_{r,i}) + \sum_{j \in N_i} K_2(\eta_i - \dot{\eta}_{r,j}) \tag{14-12}$$

其中，$\eta_{r,i} = \dot{\eta}_d - \Lambda\tilde{\eta}_i = \dot{\eta}_d - \Lambda(\eta_i - \eta_d)$，$\Lambda$ 为正定矩阵；N_i 表示为向节点 i 发送信息的节点集合；K_1 为无人机 i 的反馈增益，K_2 为 $j \in N_i$ 无人机的耦合增益，K_1, K_2 均为正定矩阵。

该控制律要求节点间双向通信，其通信拓扑图为星型，如图 14.2 所示。其拓扑特征可转换为连接矩阵：

$$\left[L_{A,B}^P\right] = \begin{bmatrix} A & B & B & \cdots & \cdots & 0 \\ B & A & 0 & \cdots & \cdots & 0 \\ B & 0 & A_{i=3} & B & \cdots & 0 \\ \vdots & \vdots & B & \vdots & 0 & \vdots \\ \vdots & \vdots & \vdots & 0 & A_{i=k} & B \\ 0 & 0 & 0 & \cdots & B & A \end{bmatrix}$$

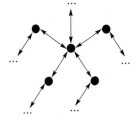

图 14.2　无人机通信拓扑

其中，$A = K_1$，$B = -K_2$。

将式 (14-11) 与式 (14-12) 结合，产生的任意一个无人机 i 的姿态闭环动力学系统为

$$N_i(\eta_i)\dot{e}_i + C_i(\eta_i, \dot{\eta}_i)e_i + K_1 e_i - \sum_{j \in N_i} K_2 e_j = 0 \tag{14-13}$$

其中，e_i 为复合变量 $e_i = \dot{\eta}_i - \dot{\eta}_{r,i}$，由状态误差 $\tilde{\eta}_i = \eta_i - \eta_d$ 与其一阶微分误差 $\dot{\tilde{\eta}}_i = \dot{\eta}_i - \dot{\eta}_d$ 组合而成，e_j 同理。

整个动力学系统可表示为

$$[N]\dot{s} + [C]s + [L_{K_1, -K_2}^P]s = 0 \tag{14-14}$$

其中

$$[N] = \begin{bmatrix} N_1(\eta_1) & \cdots & 0 \\ \vdots & & \vdots \\ 0 & \cdots & N_n(\eta_n) \end{bmatrix}, \quad s = \begin{bmatrix} e_1 \\ \vdots \\ e_n \end{bmatrix}$$

$$[C] = \begin{bmatrix} C_1(\eta_1, \dot{\eta}_1) & \cdots & 0 \\ \vdots & & \vdots \\ 0 & \cdots & C_n(\eta_n, \dot{\eta}_n) \end{bmatrix}$$

不失一般性，重新考虑多无人机姿态模型不确定的情况：

$$\Delta N_i(\eta_i)\ddot{\eta}_i + \Delta C_i(\eta_i,\dot{\eta}_i)\dot{\eta}_i = \tau_i \tag{14-15}$$

自适应控制律改写为

$$
\begin{aligned}
\tau_i &= Y_i\hat{\kappa}_i - K_1(\dot{\eta}_i - \dot{\eta}_{r,i}) + \sum_{j\in N_i} K_2(\dot{\eta}_j - \dot{\eta}_{r,j}) \\
&= \hat{N}_i(\eta_i)\ddot{\eta}_{r,i} + \hat{C}_i(\eta_i,\dot{\eta}_i)\dot{\eta}_{r,i} - K_1(\dot{\eta}_i - \dot{\eta}_{r,i}) + \sum_{j\in N_i} K_2(\dot{\eta}_j - \dot{\eta}_{r,j})
\end{aligned}
\tag{14-16}
$$

其中，$\Delta N_i(\eta_i), \Delta C_i(\eta_i,\dot{\eta}_i)$ 与 $\hat{N}_i(\eta_i), \hat{C}_i(\eta_i,\dot{\eta}_i)$ 分别表示不确定模型参数与其估计值；$\hat{\kappa}_i = [\hat{N}_i^{\mathrm{T}}(\eta_i), \hat{C}_i^{\mathrm{T}}(\eta_i,\dot{\eta}_i)]^{\mathrm{T}}$；$Y_i = [\ddot{\eta}_{r,i}^{\mathrm{T}}, \dot{\eta}_{r,i}^{\mathrm{T}}]$。

自适应估计值更新律选择为

$$\dot{\hat{\kappa}}_i = -\Gamma_i Y_i^{\mathrm{T}} e_i \tag{14-17}$$

其中，Γ_i 为对称镇定矩阵。定义估计误差 $\tilde{\kappa}_i = \hat{\kappa}_i - \kappa_i$，可得 $\dot{\tilde{\kappa}}_i = \dot{\hat{\kappa}}_i$。

因此，含不确定参数无人机姿态模型闭环回路可写为

$$
\begin{bmatrix} \hat{N}_i(\eta_i) & 0 \\ 0 & \Gamma^{-1} \end{bmatrix}
\begin{pmatrix} \dot{e}_i \\ \dot{\tilde{\kappa}}_i \end{pmatrix}
+
\begin{bmatrix} \hat{C}_i(\eta_i,\dot{\eta}_i) + K_1 & -Y_i \\ Y_i^{\mathrm{T}} & 0 \end{bmatrix}
\begin{pmatrix} e_i \\ \tilde{\kappa}_i \end{pmatrix}
=
\begin{pmatrix} u_i(t) \\ 0 \end{pmatrix}
\tag{14-18}
$$

其中，$u_i(t) = \sum_{j\in N_i} K_2(\dot{\eta}_j - \dot{\eta}_{r,j})$。

14.3   稳定性分析

定理 14.1   考虑系统 (14-14) 的广义形式：

$$[N]\dot{s} = f_{\{\}}(s,t) - [L_{K_1,-K_2}^P]s \tag{14-19}$$

其雅可比矩阵 $J = G_{\{\}} - L$，其中

$$
G_{\{\}} = \begin{pmatrix}
\dfrac{\partial f(s_1,t)}{\partial s_1} & 0 & 0 \\
0 & \vdots & 0 \\
0 & 0 & \dfrac{\partial f(s_n,t)}{\partial s_n}
\end{pmatrix}
\tag{14-20}
$$

设 $(e_1,\cdots,e_p)$ 为雅可比矩阵 J 的部分正交基，令 $M = \mathrm{span}\{e_1,\cdots,e_p\}$（$\mathrm{span}\{e_1,\cdots,e_p\}$ 表示向量 $e_1,\cdots,e_p$ 张成的线性空间，且 $e_1,\cdots,e_p$ 互不相关）为流不变子空间，当且仅当 $s_1 = \cdots = s_n$ 时，有 $s \in M$。

证明：若 M 是流不变的，有 $f(s,t) + [L_{K_1,-K_2}^P]s \in M$，由 $s \in M \Rightarrow [L_{K_1,-K_2}^P]s \in M$，令 $\dim(M) = 1$（$\dim(M)$ 表示 M 的维度），则：

$$f(s,t)+[L^P_{K_1,-K_2}]s=\begin{pmatrix}f(s_1,t)\\ \vdots\\ f(s_n=s_1,t)\end{pmatrix}\in M \tag{14.21}$$

对于多无人机姿态动力学系统，首先验证各姿态全局指数收敛至期望轨迹。

对式(14-14)取虚拟位移的平方长度：

$$\begin{aligned}\frac{\mathrm{d}}{\mathrm{d}t}(\delta s^{\mathrm{T}}[N]\delta s)&=\delta s^{\mathrm{T}}\left([\dot N]+\left(\frac{\partial s}{\partial e}\right)^{\mathrm{T}}[N]+[N]\left(\frac{\partial s}{\partial e}\right)\right)\delta s\\ &=\delta s^{\mathrm{T}}[\dot N]\delta s-2\delta s^{\mathrm{T}}([C]+[L^P_{K_1,K_2}])\delta s\\ &=-2\delta s^{\mathrm{T}}([L^P_{K_1,K_2}])\delta s\end{aligned} \tag{14-22}$$

由偏微斜对称矩阵的性质$\frac{\mathrm{d}}{\mathrm{d}t}N-2C=0$，又因为$N$对称正定，必定能找到$K_1$、$K_2$，使式(14-14)满足收缩条件$-2[L^P_{K_1,K_2}]\leqslant-2\lambda M$。若$\lambda_{\min}[L^P_{K_1,K_2}]>0$，那么$\eta_{i=1,2,\cdots,n}\to\eta_d$。接下来利用$[L^P_{K_1,K_2}]$的对称性质，结合谱分解分析系统的同步条件。

重新考虑系统(14-14)，对$[L^P_{K_1,-K_2}]$进行谱分解得：

$$[L^P_{K_1,-K_2}]=VDV^{\mathrm{T}},\ V^{\mathrm{T}}[L^P_{K_1,-K_2}]V=D \tag{14-23}$$

其中，V和D分别表示为$[L^P_{K_1,-K_2}]$的标准正交基与块对称矩阵。

将式(14-14)左乘V^{T}且令$s=VV^{\mathrm{T}}s$，有：

$$(V^{\mathrm{T}}[N]V)V^{\mathrm{T}}\dot s+(V^{\mathrm{T}}[C]V)V^{\mathrm{T}}s+(V^{\mathrm{T}}[L^P_{K_1,-K_2}]V)V^{\mathrm{T}}s=0 \tag{14-24}$$

令$V^{\mathrm{T}}s=z$，式(14-24)可改写为

$$(V^{\mathrm{T}}[N]V)\dot z+(V^{\mathrm{T}}[C]V)z+(V^{\mathrm{T}}[L^P_{K_1,-K_2}]V)z=0 \tag{14-25}$$

对系统(14-25)进行收缩分析：

$$\frac{\mathrm{d}}{\mathrm{d}t}(V^{\mathrm{T}}\delta s^{\mathrm{T}}[N]V\delta s)=-2\delta s^{\mathrm{T}}D\delta s \tag{14-26}$$

显然，存在D使$z\to0$，满足$V\in M^\perp$，$Vx=0$，由收敛与流不变子空间理论[163]，$s_1,\cdots,s_n$趋向于同一轨迹。通过上述分析，由$D=\mathrm{diag}(g_1(k_1,k_2),\cdots,g_n(k_1,k_2))$可以看出，拓扑矩阵$[L^P_{K_1,-K_2}]$特征值并不完全等同，总有$D\geqslant\lambda_{\min}[L^P_{K_1,K_2}]$，这决定了状态同步时间快于收敛至期望轨迹，其表现形式如图14.3所示。

将式(14-15)扩展为多架无人机的自适应闭环系统：

$$\begin{bmatrix}\hat N(\eta)&0\\0&\Gamma^{-1}\end{bmatrix}\begin{pmatrix}\dot e\\\dot{\tilde\kappa}\end{pmatrix}+\begin{bmatrix}\hat C(\eta,\dot\eta)+K&-Y\\Y&0\end{bmatrix}\begin{pmatrix}e\\\tilde\kappa\end{pmatrix}=\begin{pmatrix}u(t)\\0\end{pmatrix} \tag{14-27}$$

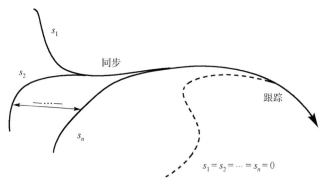

图 14.3　状态同步与收敛至期望轨迹示意图

求取式(14-27)的虚拟位移平方长度:

$$\dot{V} = d\begin{pmatrix}e\\ \tilde{\kappa}\end{pmatrix}^{\mathrm{T}}\begin{bmatrix}\hat{N}(\eta) & 0\\ 0 & \Gamma^{-1}\end{bmatrix}\frac{\begin{pmatrix}e\\ \tilde{\kappa}\end{pmatrix}}{dt}$$

$$= 2\delta\begin{pmatrix}e\\ \tilde{\kappa}\end{pmatrix}^{\mathrm{T}}\begin{bmatrix}[N] & 0\\ 0 & [\Gamma^{-1}]\end{bmatrix}\delta\begin{pmatrix}\dot{e}\\ \dot{\tilde{\kappa}}\end{pmatrix} + \delta\begin{pmatrix}e\\ \tilde{\kappa}\end{pmatrix}^{\mathrm{T}}\begin{bmatrix}[\dot{\hat{N}}] & 0\\ 0 & [\dot{\Gamma}^{-1}]\end{bmatrix}\delta\begin{pmatrix}e\\ \tilde{\kappa}\end{pmatrix}$$

$$= \delta\begin{pmatrix}e\\ \tilde{\kappa}\end{pmatrix}^{\mathrm{T}}\begin{bmatrix}-2[\hat{C}]-2[L_{K_1,K_2}^P]+[\dot{\hat{N}}] & 2Y\\ -2Y^{\mathrm{T}} & [\dot{\Gamma}^{-1}]\end{bmatrix}\delta\begin{pmatrix}e\\ \tilde{\kappa}\end{pmatrix}$$

$$= -2\delta\begin{pmatrix}e\\ \tilde{\kappa}\end{pmatrix}^{\mathrm{T}}\begin{bmatrix}[L_{K_1,K_2}^P] & -Y\\ Y^{\mathrm{T}} & 0\end{bmatrix}\delta\begin{pmatrix}e\\ \tilde{\kappa}\end{pmatrix} \tag{14-28}$$

　　根据半收缩系统(14-28)可知, $\dot{V}$ 存在且有界, 有 $\lim\int_0^t \delta\begin{pmatrix}e\\ \tilde{\kappa}\end{pmatrix}^{\mathrm{T}}\begin{bmatrix}[L_{K_1,K_2}^P] & -Y\\ Y^{\mathrm{T}} & 0\end{bmatrix}\cdot$

$\delta\begin{pmatrix}e\\ \tilde{\kappa}\end{pmatrix}dt < \infty$ 。根据 Barbalat 引理, 可反推 $\dot{V} \to 0$, 即有 $\delta e \to 0$ 。

14.4　仿　真　结　果

　　本章实验仿真平台为 Matlab, 仿真步长 $\tau = 0.01$ 。考虑无人机编队在一种理想环境中飞行, 通信拓扑如图 14.4 所示。设各无人机 $(i = 1 \sim 6)$ 均遭受上限为 5 的随机干扰,

即 $N_i(\eta_i)\ddot{\eta}_i + C_i(\eta_i,\dot{\eta}_i)\dot{\eta}_i + w_i = \tau_i$, 控制器增益为 $\begin{cases}K_1 = 30I\\ K_2 = 10I\\ \Lambda = 3I\end{cases}$, 期望轨迹为 $\begin{cases}\phi_{id} = 2\cos(t)\\ \theta_{id} = \sin(t)\\ \psi_{id} = 10e^{-t}\end{cases}$ 。

设定初始姿态速度均为 0，初始姿态为

$$\begin{cases} [\phi,\theta,\psi]_1^T=[3,3,3]^T, & [\phi,\theta,\psi]_2^T=[3.5,3.5,3.5]^T \\ [\phi,\theta,\psi]_3^T=[4,4,4]^T, & [\phi,\theta,\psi]_4^T=[5,5,5]^T \\ [\phi,\theta,\psi]_5^T=[6,6,6]^T, & [\phi,\theta,\psi]_6^T=[7,7,7]^T \end{cases}$$

不确定参数 $\Delta N_i(\eta_i)=(I+\Delta a)N_i(\eta_i)$，$\Delta C_i(\eta_i,\dot{\eta}_i)=(I+\Delta b)C_i(\eta_i,\dot{\eta}_i)$，其中 $\Delta a=3I$，Δb 设定为最大值为 5 的随机矩阵。

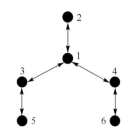

图 14.4　多无人机通信拓扑

在以上参数条件下，应用收缩同步控制方法与自适应收缩同步控制方法进行仿真实验，仿真结果见图 14.5～图 14.13，其中实线所示为自适应收缩同步控制方法的结果，虚线所示为收缩同步控制方法的结果。多无人机姿态平均误差与姿态速度平均误差如图 14.5 和图 14.6 所示。从图 14.5 和图 14.6 可以看出，在不确定模型与外部干扰影响下，多无人机状态误差递减，但运用自适应收缩同步控制方法的姿态速度误差与姿态误差波动更小，具有较好的稳定能力。

多无人机姿态同步情况如图 14.7～图 14.9 所示，姿态速度同步情况如图 14.10～图 14.12 所示。从图 14.7～图 14.10 可以看出，使用自适应控制律的收缩同步控制方法，跟踪曲线更加平缓，额外波动较少。从图 14.11～图 14.12 可以看出，在同步与跟踪任

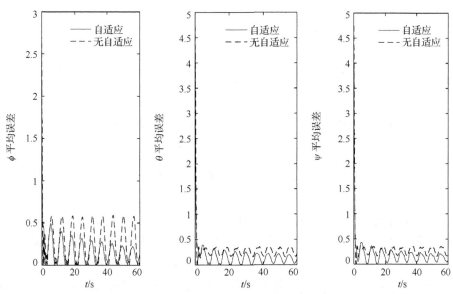

图 14.5　多无人机姿态平均误差

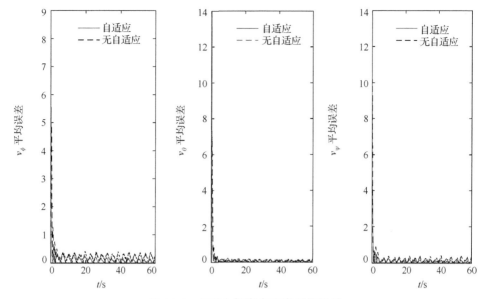

图 14.6　多无人机姿态速度平均误差

务的响应时间上,运用自适应收缩同步控制方法在 0.5s 内能够趋于稳定,而收缩同步控制方法需要 1s。另外,无人机姿态同步与无人机姿态速度同步总是快于轨迹跟踪的速度,这是由于对 $[L_{K_1,-K_2}^P]$ 进行谱分解得到的矩阵 $D = \mathrm{diag}(10,20,30,30,40,50)$ 引起的收缩特性。

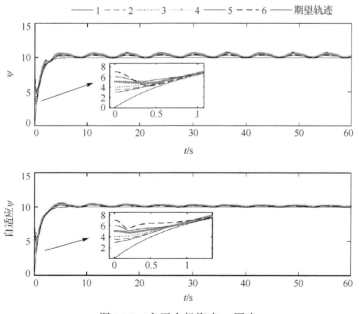

图 14.7　多无人机姿态 ψ 同步

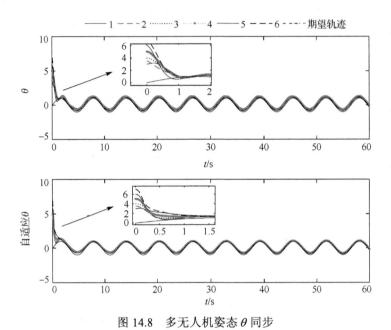

图 14.8　多无人机姿态 θ 同步

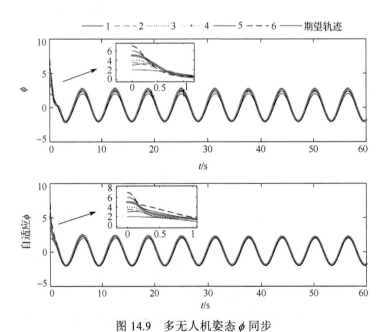

图 14.9　多无人机姿态 ϕ 同步

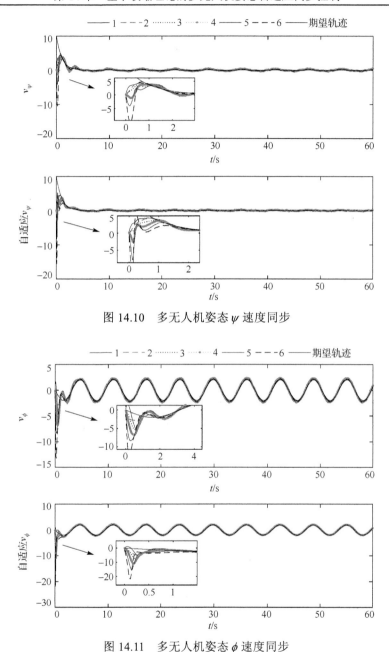

图 14.10　多无人机姿态 ψ 速度同步

图 14.11　多无人机姿态 ϕ 速度同步

多无人机控制输入信号如图 14.13 所示。从图 14.13 可以看出，随着通信节点的增加，位于尾部的无人机控制输入虽然有较高的波动，但能够快速稳定，说明了本方法的有效性。

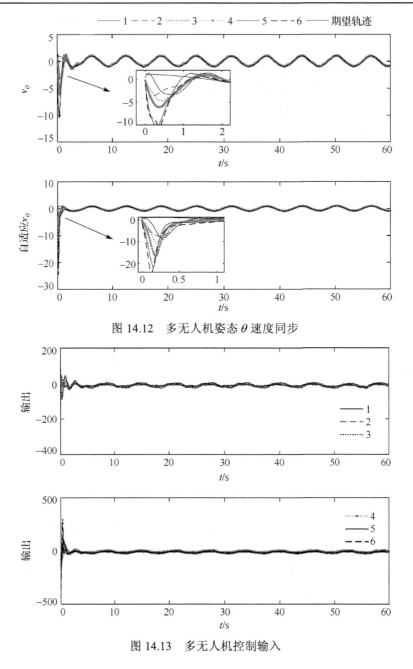

图 14.12 多无人机姿态 θ 速度同步

图 14.13 多无人机控制输入

14.5 本 章 小 结

本章通过对收缩理论的研究，对于垂直起降无人机拉格朗日模型，完成了姿态自适应同步收缩控制系统的设计，并使用对称拓扑结构进行通信的多无人机编队。应用本章提出的控制方法能将期望轨迹跟踪与状态同步统一于固定框架，使控制系统具有鲁棒性强、收敛速度快、稳态误差小的特点。另外由于是在理想环境中通信，并未考虑通信交互中的干扰影响，若考虑这一因素，本章提出的控制器性能则会受到限制，后续的研究将讨论抗干扰同步控制器的设计方法。

第15章 具有通信时延和拓扑时变的多无人机姿态同步控制

多机姿态同步是多无人机协同控制中的基础也是难点之一。在多机飞行的过程中,编队成员必然需要无人机之间进行信息交互,然而无人机之间的通信常常会受到外界或内部不可控因素的干扰而造成通信延时,甚至造成通信链路中断[166];除此之外,在多机执行任务的过程中,也可能会因地理位置或敌人攻击等外在因素而需要改变编队模式[4]。因此,研究多无人机在通信时延和拓扑时变情况下的姿态同步很有必要。

本章基于一致性算法,研究了在无向通信拓扑结构下的多无人机姿态同步控制问题;考虑了编队成员间存在时变通信时延与随机切换通信拓扑的影响,并设计了相应的分布式姿态控制器,通过数值仿真验证了该控制算法的有效性和鲁棒性。

15.1 问 题 描 述

15.1.1 姿态跟踪误差

假定在为多无人机系统中每架无人机指定期望姿态的情况下,定义姿态跟踪误差 $\tilde{Q}$ 来描述当前姿态 Q 与目标姿态 Q_d 之间的误差。其中,单位四元数 $Q_d = (q_d^{\mathrm{T}}, \eta_d)^{\mathrm{T}}$ 表示目标姿态,并且满足如下关系:

$$\dot{Q}_d = \frac{1}{2} T(Q_d) \omega_d \tag{15-1}$$

其中, $T(Q_d)$ 由式(2-10)给出, ω_d 表示目标角速度。

定义单位四元数 $\tilde{Q}_i = (\tilde{q}_i^{\mathrm{T}}, \tilde{\eta}_i)^{\mathrm{T}}$ 表示第 i 架无人机的姿态跟踪误差,可表示为

$$\tilde{Q}_i = Q_d^{-1} \odot Q_i \tag{15-2}$$

因此,各架无人机的姿态跟踪误差动力学方程可描述为如下形式:

$$\begin{cases} \dot{\tilde{Q}}_i = \frac{1}{2} T(\tilde{Q}_i) \tilde{\omega}_i \\ T(\tilde{Q}_i) = \begin{pmatrix} \tilde{\eta}_i I_3 + S(\tilde{q}_i) \\ -\tilde{q}_i^{\mathrm{T}} \end{pmatrix} \end{cases} \tag{15-3}$$

此外，角速度误差 $\tilde{w}_i$ 的计算方法如下：

$$\tilde{w}_i = w_i - R(\tilde{Q}_i)w_d \tag{15-4}$$

其中，$\tilde{w}_i$ 表示第 i 架无人机当前的角速度，w_d 表示其期望的角速度，$R(\tilde{Q}_i)$ 是关于姿态 $\tilde{Q}_i$ 的旋转矩阵。

引理 15.1[116]　考虑由 n 架无人机组成的编队，编队成员之间的连通情况由无向加权图 G 表示。针对如下方程：

$$k_i^p \tilde{q}_i + \sum_{j=1}^{n} k_{ij} q_{ij} = 0, \quad i \in N \tag{15-5}$$

其中，k_i^p 是一个严格的正标量。如果对于任意 $i \in N$，存在 $k_i^p > 2\sum_{j=1}^{n} k_{ij}$，那么 $\tilde{q}_i = 0$ 将是上述方程的唯一解；此外，如果 $\tilde{\eta}_i$（单位四元数 $\tilde{Q}_i$ 的标量部分）对于 $i \in N$ 是严格正的，则上述结果对增益没有任何限制条件。

15.1.2　相对姿态误差

第 i 架无人机与第 j 架无人机之间的相对姿态用单位四元数 $Q_{ij} = (q_{ij}^{\mathrm{T}}, \eta_{ij})^{\mathrm{T}}$ 来表示，其计算形式如下：

$$Q_{ij} = Q_j^{-1} \odot Q_i \tag{15-6}$$

与姿态跟踪误差类似，相对姿态跟踪误差的动力学方程可描述为如下形式：

$$\begin{cases} \dot{Q}_{ij} = \dfrac{1}{2}T(Q_{ij})\omega_{ij} \\ T(Q_{ij}) = \begin{pmatrix} \eta_{ij}I_3 + S(q_{ij}) \\ -q_{ij}^{\mathrm{T}} \end{pmatrix} \end{cases} \tag{15-7}$$

其中，ω_{ij} 为第 i 架无人机在机体坐标系 B_i 下相对于第 j 架无人机在机体坐标系 B_j 下的角速度，可表示为

$$\omega_{ij} = \omega_i - R(Q_{ij})w_j \tag{15-8}$$

其中，$R(Q_{ij})$ 表示坐标系 B_j 到坐标系 B_i 的旋转，可由下式计算：

$$R(Q_{ij}) = R(Q_i)R(Q_j)^{\mathrm{T}} \tag{15-9}$$

利用式(15-6)和式(15-9)，可得到如下关系式：

$$R(Q_{ij})^{\mathrm{T}} = R(Q_{ij}) \tag{15-10}$$

$$q_{ji} = -q_{ij} = -R(Q_{ji})q_{ij} \tag{15-11}$$

　　类似地，在存在通信时延的情况下，用单位四元数 $\bar{Q}_{ij} = (\bar{q}_{ij}^{\mathrm{T}}, \bar{\eta}_{ij})^{\mathrm{T}}$ 表示任意两架无人机的相对姿态，其定义如下：

$$\bar{Q}_{ij} = Q_j^{-1}(t - d_{ij}) \odot Q_i \tag{15-12}$$

其中，Q_i 表示第 i 架无人机姿态的单位四元数，$Q_j^{-1}(t - d_{ij})$ 为第 j 架无人机接收到的绝对姿态，d_{ij} 为第 i 架无人机与第 j 架无人机之间存在的时变通信时延。

　　引理 15.2[7]　考虑一组由 n 架无人机组成的编队，编队的各个成员根据加权无向图 G 互连。针对如下方程：

$$\sum_{j=1}^{n} k_{ij} q_{ij} = 0, \quad i \in N \tag{15-13}$$

其中，k_{ij} 是图 G 的加权邻接矩阵 K 中位于第 i 行第 j 列的元素；q_{ij} 是单位四元数 Q_{ij} 的矢量部分。如果通信图是一棵树，那么 $q_{ij} = 0$ 是上述方程的唯一解。此外，如果对于任意 $i \in N$，都存在 η_i 是严格为正（或严格为负），那么对于任何无向通信图 G 而言，$q_{ij} = 0$ 都是上述方程的唯一解。

　　引理 15.3[167]　考虑式(3-6)和式(3-12)中定义的相对姿态，那么下式将对任意严格正整数 ε 均成立：

$$(\bar{q}_{ij} - q_{ij})^{\mathrm{T}} w_i \leqslant \varepsilon \dot{Q}_i^{\mathrm{T}} \dot{Q}_i + \frac{d_{ij}}{\varepsilon} \int_{t-d_{ij}}^{t} \dot{Q}_j^{\mathrm{T}} \dot{Q}_j \mathrm{d}s \tag{15-14}$$

其中，w_i 为第 i 架无人机的角速度；d_{ij} 为第 i 架无人机与第 j 架无人机之间存在的时变通信时延。

15.2　姿态协同控制器

　　设计第 i 架无人机的控制扭矩为

$$\tau_i = -k_i^w w_i - \sum_{j=1}^{n} k_{ij} \bar{q}_{ij} \tag{15-15}$$

其中，k_i^w 是严格正的标量增益，w_i 是第 i 架无人机的角速度，$\bar{q}_{ij}$ 是单位四元数 $\bar{Q}_{ij}$ 的向量部分，$k_{ij} \geqslant 0$ 是无向图 G 的邻接矩阵 K 中位于第 i 行第 j 列的元素。

　　定理 15.1　针对多无人机旋转子系统模型(2-23)与控制输入(15-15)，在假定通信时延 d_{ij} 有界的情况下，对于所有 $(i, j) \in N$ 有 $d_{ij} \geqslant d$，其中 d 是一个正常数。如果常数 $\varepsilon > 0$，并且控制器增益 k_i^z 满足：

$$k_i^z = k_i^w - \sum_{j=1}^{n} \frac{k_{ij}}{4} \left(\varepsilon + \frac{d^2}{\varepsilon} \right) > 0 \tag{15-16}$$

可使得所有信号全局有界。也就是说，存在一个时刻 t_0，在当 $t \geqslant t_0$ 时使得 $\left\| \overline{q}_{ij}(t) \right\| \to 0$，$i, j, \in N$，即在编队系统中所有成员间的相对姿态误差趋近于零。

证明：根据多无人机的标称旋转运动学方程式 (2-23) 与姿态协同控制律 (15-15)，可将旋转运动学方程改写为如下形式：

$$J_i \dot{w}_i = -S(w_i)J_i w_i - k_i^w w_i - \sum_{j=1}^{n} k_{ij} \overline{q}_{ij} \tag{15-17}$$

考虑如下类 Lyapunov-Krasovskii 泛函：

$$V = \sum_{i=1}^{n} \left(\frac{1}{2} w_i^{\mathrm{T}} J_i w_i + \sum_{j=1}^{n} k_{ij}(1 - \eta_{ij}) \right) + \sum_{i=1}^{n} \sum_{j=1}^{n} \frac{k_{ij}d}{\varepsilon} \int_{-d}^{0} \int_{t+s}^{t} \dot{Q}_j^{\mathrm{T}}(\rho) \dot{Q}_j(\rho) \mathrm{d}\rho \mathrm{d}s \tag{15-18}$$

其中，$\varepsilon > 0$，d, ρ 均为正常数，η_{ij} 为 Q_{ij} 中的标量部分。

根据单位四元数的归一化约束，可得到如下关系式：

$$2(1 - \eta_{ij}) = q_{ij}^{\mathrm{T}} q_{ij} + (1 - \eta_{ij})^2 \tag{15-19}$$

再根据多无人机的姿态运动学方程式 (2-9)，可计算出 V 关于时间 t 的导数：

$$\dot{V} = \sum_{i=1}^{n} \left(-k_i^w w_i - \sum_{j=1}^{n} k_{ij} \overline{q}_{ij} \right) + \sum_{i=1}^{n} \sum_{j=1}^{n} k_{ij} \left(\frac{1}{2} q_{ij}^{\mathrm{T}} w_{ij} + \frac{d}{\varepsilon}(d\dot{Q}_j^{\mathrm{T}} \dot{Q}_j - \int_{t-d}^{t} \dot{Q}_j^{\mathrm{T}} \dot{Q}_j \mathrm{d}s) \right) \tag{15-20}$$

利用无向图的对称性，即 $k_{ij} = k_{ji}$，可得到：

$$\frac{1}{2} \sum_{i=1}^{n} \sum_{j=1}^{n} k_{ij} w_{ij}^{\mathrm{T}} q_{ij} = \sum_{i=1}^{n} \sum_{j=1}^{n} k_{ij} w_i^{\mathrm{T}} q_{ij} \tag{15-21}$$

再根据 Barbalat 引理，可得：

$$\dot{V} \leqslant \sum_{i=1}^{n} \sum_{j=1}^{n} k_{ij} (\varepsilon \dot{Q}_i^{\mathrm{T}} \dot{Q}_i + \frac{d_{ij}}{\varepsilon} \int_{t-d_{ij}}^{t} \dot{Q}_j^{\mathrm{T}} \dot{Q}_j \mathrm{d}s)$$
$$+ \sum_{i=1}^{n} \sum_{j=1}^{n} \frac{k_{ij}d}{\varepsilon}(d\dot{Q}_j^{\mathrm{T}} \dot{Q}_j - \int_{t-d}^{t} \dot{Q}_j^{\mathrm{T}} \dot{Q}_j \mathrm{d}s) - \sum_{i=1}^{n} w_i^{\mathrm{T}} k_i^w w_i \tag{15-22}$$

同理，可以证明得到：

$$\dot{Q}_i^{\mathrm{T}} \dot{Q}_i = \frac{1}{4} w_i^{\mathrm{T}} T(Q_i)^{\mathrm{T}} T(Q_i) w_i = \frac{1}{4} w_i^{\mathrm{T}} w_i \tag{15-23}$$

并且满足 $d_{ij} \int_{t-d_{ij}}^{t} \dot{Q}_j^{\mathrm{T}} \dot{Q}_j \mathrm{d}s \leqslant d \int_{t-d}^{t} \dot{Q}_j^{\mathrm{T}} \dot{Q}_j \mathrm{d}s$。

再次利用无向通信图的对称性，可得：

$$\dot{V} \leqslant -\sum_{i=1}^{n} k_i^z w_i^{\mathrm{T}} w_i \leqslant 0 \tag{15-24}$$

由扩展 Barbalat 引理[168]，可推导出 $w_i \to 0$，$i \in N$。

因此，式(15-17)可重写为如下形式：

$$J_i \dot{w}_i = -S(w_i)J_i w_i - k_i^w w_i - \sum_{j=1}^{n} k_{ij} q_{ij} - \sum_{j=1}^{n} k_{ij} T^{\mathrm{T}}(Q_i) \int_{t-d_{ij}}^{t} \dot{Q}_j \mathrm{d}s \qquad (15\text{-}25)$$

因为 $w_i \to 0$，由式(15-23)可得 $\dot{Q}_i \to 0$；又因为通信时延 d_{ij} 有界，那么可以推导出 $\int_{t-d_{ij}}^{t} \dot{Q}_j \mathrm{d}s \to 0$。由扩展 Barbalat 引理[96]，可以推导出 $\dot{w}_i \to 0$。结合上述结论，可得到 $\sum_{j=1}^{n} k_{ij} q_{ij} \to 0, i \in N$，并且 $q_{ij} \to 0$，$w_{ij} \to 0$。从而解决了多无人机系统在存在通信时延和拓扑时变下姿态同步的问题，证明完毕。 □

15.3　仿　真　结　果

为验证本章所提出的多无人机协同姿态协同控制算法在通信时变时延和拓扑时变情况下的有效性，考虑一组由四架异构无人机组成的编队系统，在 MATLAB 软件下对其进行相应的数值仿真，并且将实验仿真步长设定为 0.001s；此外，四架无人机的初始姿态、初始角速度以及惯性参数如表 15.1 中所示。值得注意的是，由于采用四元数表示姿态，因此没有度量单位，但可以将表示姿态的单位四元数转换成欧拉角用角度来作为度量单位。

表 15.1　各无人机初始状态及参数

无人机编号	初始姿态	初始角速度	惯性矩阵
1	$[0,0,\sin(-\pi/4),\cos(-\pi/4)]^{\mathrm{T}}$	$[-0.1,0.09,0.1]^{\mathrm{T}}$	$\mathrm{diag}(20,20,30)$
2	$[1,0,0,0]^{\mathrm{T}}$	$[0.2,-0.05,0.1]^{\mathrm{T}}$	$\mathrm{diag}(10,5,15)$
3	$[0,1,0,0]^{\mathrm{T}}$	$[-0.2,0.1,-0.05]^{\mathrm{T}}$	$\mathrm{diag}(10,3,8)$
4	$[0,0,1,0]^{\mathrm{T}}$	$[0.1,0.1,-0.25]^{\mathrm{T}}$	$\mathrm{diag}(5,8,15)$

此外，假定四架无人机之间的通信拓扑结构在图 15.1 中的拓扑图中随机切换，并且四架无人机之间的通信时延关系如下：

$$d_{ij} = \bar{d}_{ij} |\sin(0.2t)| s$$

其中，d_{ij} 表示第 i 架无人机与第 j 架无人机之间存在的通信时延真实值，而 $\bar{d}_{ij}$ 表示第 i 架无人机与第 j 架无人机之间存在的通信时延上界值。设定 $\bar{d}_{1i}=0.1s$，$\bar{d}_{2i}=0.15s$，$\bar{d}_{3i}=\bar{d}_{4i}=0.2s$；$\bar{d}_{1i}=0.1s$ 表示第一架无人机与第 i 架无人机之间的通信时延上界为 0.1s，$\bar{d}_{2i}=0.15s$ 表示第二架无人机与第 i 架无人机之间的通信时延上界为 0.15s，其余类似。

同时，为评估该姿态协同控制算法在实现无人机机动的同时，能保持一定的编队构型，引入了如下的姿态保持性能指标[169]：

$$
\begin{aligned}
\delta_1 = &\left|\,\|q_1 - q_2\| - \|q_1 - q_4\|\,\right| + \left|\,\|q_1 - q_2\| - \|q_2 - q_3\|\,\right| \\
&+ \left|\,\|q_2 - q_3\| - \|q_3 - q_4\|\,\right| + \left|\,\|q_1 - q_3\| - \|q_2 - q_4\|\,\right|
\end{aligned}
\tag{15-26}
$$

其中，q_1，q_2，q_3 以及 q_4 分别代表四架无人机姿态的矢量部分。由编队系统中四架无人机之间的初始姿态信息可知，在暂态过程中参数 δ_1 的值越小说明无人机的姿态保持性能越好。

同样的，可引入相对姿态保持即姿态一致性性能指标 δ_2 来评估多无人机之间相对姿态的保持性能：

$$
\delta_2 = \frac{1}{n(n-1)} \sum_{i=1}^{n} \sum_{j=1, j \neq i}^{n} \sqrt{(\eta_{ij} - 1)^2 + q_{ij}^{\mathrm{T}} q_{ij}}
\tag{15-27}
$$

其中，n 表示编队系统中无人机的总数量，q_{ij} 表示第 i 架无人机与第 j 架无人机之间相对姿态的矢量部分，η_{ij} 表示相对姿态的标量部分。在暂态过程中，参数 δ_2 的值越小，表明多无人机之间相对姿态保持即姿态一致性性能保持越好。

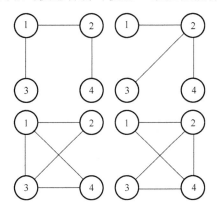

图 15.1　多无人机通信拓扑随机切换图

在图 15.2 中展示了不同时间段下多无人机的通信拓扑结构类型 $\sigma(t)$。当 $\sigma(t) = 1$ 时，表示当前多无人机通信拓扑图为 G_1 类型；类似的，当 $\sigma(t) = 2,3,4$ 时，分别表示当前多无人机通信拓扑图为 G_2, G_3, G_4 类型。因此，可根据图 15.2 中 $\sigma(t)$ 的数值确定出某个时刻下多无人机具体的通信拓扑结构图。同时，在图 15.3 中还展示了四架无人机在不同时刻下的控制扭矩输入情况，其中，τ_x，τ_y 和 τ_z 分别表示控制扭矩在 x，y 以及 z 轴的分量。随着时间的推移，四架无人机的控制输入分量均达到了同步的状态，从局部放大图中更可以观测到四架无人机的控制输入分量在 20~25s 时间段内保持在极小的差别范围内，这说明四架无人机的姿态已经趋于一致并保持良好的同步关系。

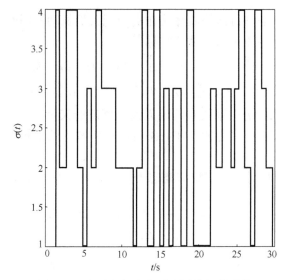

图 15.2　多无人机在某时刻通信拓扑结构

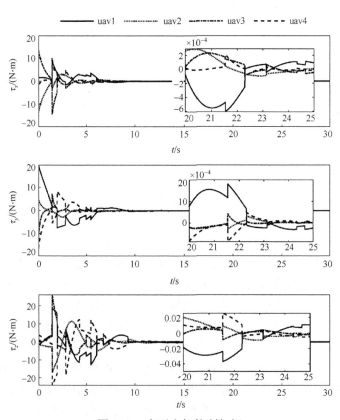

图 15.3　多无人机控制扭矩

　　图 15.4 中展示了四架无人机的姿态演化曲线，其中姿态四元数分量均收敛至一致，并且其误差均保持在较小的范围内。图 15.5 中展示的是四架无人机的角速度分量也在有限时间内趋近于一致并维持在较小的误差范围以内。通过图 15.4 与图 15.5 可以观察到四架无人机的姿态和角速度分量均在 10s 左右趋近于一致，即使在切换通信拓扑结构和受通信时延干扰的情况下，四架无人机的姿态和角速度分量仍能保持高度一致，表明了该算法具有较强的鲁棒性。

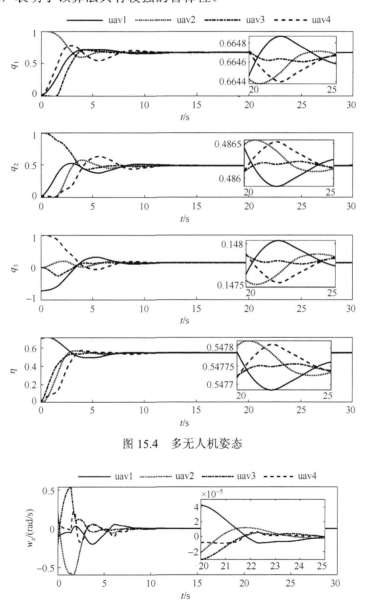

图 15.4　多无人机姿态

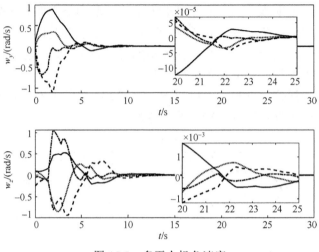

图 15.5　多无人机角速度

图 15.6 和图 15.7 分别展示了姿态保持性能 δ_1 和相对姿态保持性能 δ_2 曲线。图 15.6 中，在经过 15s 后 σ_1 趋近于零点附近，这表明了在动态响应过程中姿态的一致性在一定程度上得到了保持；图 15.7 中的相对姿态保持性能 δ_2 在各无人机姿态同步后，σ_2 的值也快速收敛至零点附近，这表明了编队系统中各架无人机之间的相对姿态保持较好。初始状态的差别与受切换通信拓扑以及通信时延的影响，导致 σ_1, σ_2 在前 15s 内的值较大，但是在多无人机系统达到稳定后其评估参数均表现良好。

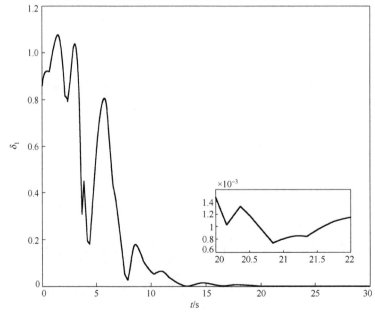

图 15.6　姿态保持性能曲线

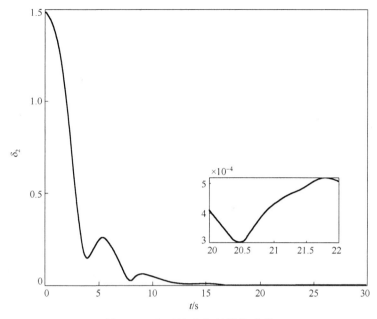

图 15.7　相对姿态保持性能曲线

　　由仿真结果可以看出在通信网络不理想的情况下，四架无人机仍能保持姿态同步，并且在姿态同步后保持稳定多机的姿态、角速度、控制扭矩等状态在极小的范围内波动，有的甚至达到了 $10^{-3} \sim 10^{-5}$ 量级。上述结果验证了该协同控制算法具有较强的鲁棒性。

15.4　本 章 小 结

　　基于代数图论和一致性算法，本章研究了具有通信时延和通信拓扑结构时变的多无人机姿态同步的控制问题。通过二阶系统的一致性算法设计了相应的姿态协同控制器，并在理论上利用 Lyapunov 稳定性理论证明了该系统的稳定性。与其他协同控制算法相比较，该算法不仅能在具有通信时延和通信拓扑结构时变的场景下实现多无人机姿态同步控制，而且不需要满足实时的全局通信。最后，数值仿真结果表明：该协同控制算法能在实现姿态同步以后继续保持良好的控制效果，并将偏差总体维持在较小的范围内，从而进一步表明了该控制算法的有效性。

参 考 文 献

[1] Tan Y H, Lai S, Wang K, et al. Cooperative control of multiple unmanned aerial systems for heavy duty carrying[J]. Annual Reviews in Control, 2018, 46: 44-57.

[2] 韩旭, 盛怀洁. 多无人机协同搜索研究综述[J]. 飞航导弹, 2018, (3): 40-45.

[3] Erdelj M, Król M, Natalizio E. Wireless sensor networks and multi-UAV systems for natural disaster management[J]. Computer Networks, 2017, 124: 72-86.

[4] 沈林成, 牛轶峰, 朱华勇. 多无人机自主协同控制理论与方法[M]. 北京: 国防工业出版社, 2013.

[5] 韩亮, 任章, 董希旺, 等. 多无人机协同控制方法及应用研究[J]. 导航定位与授时, 2018, 5(4): 1-7.

[6] Guerrero J A, Lozano R. 飞行编队控制[M]. 李静, 左斌, 晋玉强译. 北京: 国防工业出版社, 2014.

[7] Abdessameud A, Tayebi A. 垂直起降无人机的运动协调: 姿态同步与编队控制[M]. 都基焱, 王金根, 张震, 等译. 北京: 国防工业出版社, 2013.

[8] Ren W, Beard Randal W. 多航行体协同控制中的分布式一致性: 理论与应用[M]. 吴晓峰译. 北京: 电子工业出版社, 2014.

[9] Wang P K C. Coordination and control of multiple microspacecraft moving in formation[J]. Journal of the Astronautical Sciences, 1996, 44(3): 315-355.

[10] Sorensen N, Ren W. A unified formation control scheme with a single or multiple leaders[C]. American Control Conference, 2007: 5412-5418.

[11] Wu Y, Wang Z, Ding S, et al. Leader–follower consensus of multi-agent systems in directed networks with actuator faults[J]. Neurocomputing, 2018, 275: 1177-1185.

[12] Qin Q, Li T S, Liu C, et al. Virtual structure formation control via sliding mode control and neural networks[J]. Springer International Publishing AG, 2017: 101-108.

[13] 王品, 姚佩阳. 多无人机系统分布式编队控制[J]. 计算机工程与应用, 2016, 52(16): 1-6.

[14] 吕永申, 刘力嘉, 杨雪榕, 等. 人工势场与虚拟结构相结合的无人机集群编队控制[J]. 飞行力学, 2019: 1-5.

[15] Ren W, Beard R. Decentralized scheme for spacecraft formation flying via the virtual structure approach[J]. Journal of Guidance, Control, and Dynamics, 2004, 27(1): 73-82.

[16] Pan W W, Jiang D P, Pang Y J, et al. A multi-AUV formation algorithm combining artificial potential field and virtual structure[J]. Acta Armamentarii, 2017, 38(2): 326-334.

[17] Ren W, Sorensen N. Distributed coordination architecture for multi-robot formation control[J]. Robotics and Autonomous Systems, 2008, 56(4): 324-333.

[18] Lawton J, Beard R, Hadaegh F. Elementary attitude formation maneuvers via leader-following and behavior-based control[C]. AIAA Guidance, Navigation, and Control Conference and Exhibit, 2000: 4442-4453.

[19] Liang H, Wang J, Sun Z. Robust decentralized coordinated attitude control of spacecraft formation[J]. Acta Astronautica, 2011, 69(5): 280-288.

[20] 施孟佶. 复杂环境下多智能体一致性控制及其在协同飞行中的应用[D]. 成都: 电子科技大学, 2017.

[21] Moreau L. Stability of multiagent systems with time-dependent communication links[J]. IEEE Transactions on Automatic Control, 2005, 50(2): 169-182.

[22] Popov A, Werner H. Robust stability of a multi-agent system under arbitrary and time-varying communication topologies and communication delays[J]. IEEE Transactions on Automatic Control, 2012, 57(9): 2343-2347.

[23] 朱旭, 张逊逊, 尤谨语, 等. 基于信息一致性的无人机紧密编队集结控制[J]. 航空学报, 2015, 36(12): 3919-3929.

[24] 秦文静, 林勇, 戚国庆. 基于一致性的无人机编队形成与防碰撞研究[J]. 电子设计工程, 2018, 26(9): 89-96.

[25] 张佳龙, 闫建国, 张普, 等. 基于一致性算法的无人机协同编队避障研究[J]. 西安交通大学学报, 2018, 52(9): 173-179.

[26] Mobayen S, Tchier F, Ragoub L. Design of an adaptive tracker for n-link rigid robotic manipulators based on super-twisting global nonlinear sliding mode control[J]. International Journal of Systems Science, 2017, 48(5): 1-13.

[27] Mobayen S, Tchier F. A novel robust adaptive second-order sliding mode tracking control technique for uncertain dynamical systems with matched and unmatched disturbances[J]. International Journal of Control Automation & Systems, 2017, 15(3): 1-10.

[28] Song Z, Sun K, Ling S. Stabilization and synchronization for a mechanical system via adaptive sliding mode control[J]. ISA Transactions, 2017, 68: 353-366.

[29] 周映江, 蒋国平, 周帆, 等. 基于滑模方法的分布式多无人机编队控制[J]. 信息与控制, 2018, 47(3): 306-313.

[30] 冯恺鹏, 贾云飞, 柴金宝, 等. 四旋翼无人机模糊自适应滑模控制[J]. 飞行力学, 2018, 36(6): 49-53.

[31] 陶彦隐, 王炜毅, 邱亚峰, 等. 基于自适应滑模控制的四旋翼无人机轨迹追踪控制[J]. 信息与控制, 2018, 47(3): 276-282.

[32] Bayat F, Mobayen S, Javadi S. Finite-time tracking control of nth-order chained-form

non-holonomic systems in the presence of disturbances[J]. ISA Transactions, 2016, 63: 78-83.

[33] 张居乾, 师玉茹, 任朝晖, 等. 基于扩张观测器的四旋翼无人机轨迹鲁棒滑模控制[J]. 中国惯性技术学报, 2018, 26(2): 247-254.

[34] Mobayen S. Design of LMI-based sliding mode controller with an exponential policy for a class of underactuated systems[J]. Complexity, 2016, 21(5): 117-124.

[35] 张建扬, 于春梅, 叶剑晓. 基于扩张状态观测器和反步滑模法的四旋翼无人机轨迹跟踪控制[J]. 计算机应用, 2018, 38(9): 2742-2746.

[36] Wu B, Wang D, Poh E K. Decentralized sliding-mode control for attitude synchronization in spacecraft formation[J]. International Journal of Robust & Nonlinear Control, 2013, 23(11): 1183-1197.

[37] He X, Wang Q, Yu W. Finite-time distributed cooperative attitude tracking control for multiple rigid spacecraft[J]. Applied Mathematics & Computation, 2015, 256: 724-734.

[38] 刘凯悦, 冷建伟. 基于滑模控制的四旋翼无人机的轨迹跟踪控制[J]. 天津理工大学学报, 2017, 33(2): 60-64.

[39] Mofid O, Mobayen S. Adaptive sliding mode control for finite-time stability of quad-rotor UAVs with parametric uncertainties[J]. ISA Transactions, 2018, 72: 1-14.

[40] Lee T. Robust adaptive attitude tracking on SO(3) with an application to a quadrotor UAV[J]. IEEE Transactions on Control Systems Technology, 2013, 21(5): 1924-1930.

[41] Mu B, Pei Y, Yang S. Integral sliding mode control for a quadrotor in the presence of model uncertainties and external disturbances[C]. American Control Conference, 2017: 5818-5823.

[42] 邢小军, 陈潇然, 黄龙亮, 等. 面向执行机构故障的四旋翼无人机主动容错飞行控制方法研究[J]. 西北工业大学学报, 2018, 36(4): 748-753.

[43] 杨杰, 席建祥, 王成, 等. 多无人机协同巡视任务规划方法综述[J]. 飞行力学, 2018, 36(5): 1-6.

[44] Zhang K, Demetriou M A. Adaptation and optimization of the synchronization gains in the adaptive spacecraft attitude synchronization[J]. Aerospace Science & Technology, 2015, 46: 116-123.

[45] Babaei A, Malekzadeh M, Madhkhan D. Adaptive super-twisting sliding mode control of 6-DOF nonlinear and uncertain air vehicle[J]. Aerospace Science and Technology, 2019, 84: 361-374.

[46] Xiang X, Liu C, Su H, et al. On decentralized adaptive full-order sliding mode control of multiple UAVs[J]. ISA Transactions, 2017, 71: 196-205.

[47] Rong X, özgüner Ü. Sliding mode control of a class of underactuated systems[J]. Automatica, 2008, 44(1): 233-241.

[48] 郏丽媛, 刘智, 蒋余成. 基于模糊神经网络的电力巡线无人机避障技术研究[J]. 长春理工大学学报(自然科学版), 2017, 40(3): 98-102.

[49] 牧彬, 米征, 盛凯, 等. BP 神经网络 PID 控制器在无人机编队飞行中的应用[J]. 测控技术, 2017, 36(4): 66-69.

[50] 苏沛华, 毛奇. 基于神经网络补偿的高超声速飞行器滑模控制[J]. 传感器与微系统, 2018, 37(8): 76-78, 81.

[51] 孙瑞华, 郑重, 幸家正, 等. 基于 RBF 神经网络优化的四旋翼 PID 控制系统设计[J]. 自动化应用, 2018, (5): 3-4, 6.

[52] Cibiraj N, Varatharajan M. Chattering reduction in sliding mode control of quadcopters using neural networks[J]. Energy Procedia, 2017, 117: 885-892.

[53] Narendra K S, Parthasarathy K. Identification and control of dynamical systems using neural networks[J]. IEEE Transactions on Neural Networks, 1990, 1(1): 4-27.

[54] Zou A M, Kumar K D. Neural network-based distributed attitude coordination control for spacecraft formation flying with input saturation[J]. IEEE Transactions on Neural Networks & Learning Systems, 2012, 23(7): 1155-1162.

[55] Hu Q. Neural network-based adaptive attitude tracking control for flexible spacecraft with unknown high-frequency gain[J]. International Journal of Adaptive Control & Signal Processing, 2010, 24(6): 477-489.

[56] Zou A M, Kumar K D. Adaptive output feedback control of spacecraft formation flying using Chebyshev neural networks[J]. Journal of Aerospace Engineering, 2010, 24(3): 361-372.

[57] 李华东, 袁锁中, 安帅. 基于自适应神经网络 Backstepping 空中加油编队飞行控制[J]. 兵工自动化, 2018, 37(11): 1-4.

[58] Zou Y. Attitude tracking control for spacecraft with robust adaptive RBFNN augmenting sliding mode control[J]. Aerospace Science & Technology, 2016, 56: 197-204.

[59] Lu X, Zhang X, Zhang G, et al. Neural network adaptive sliding mode control for omnidirectional vehicle with uncertainties[J]. ISA Transactions, 2019, 86: 201-214.

[60] Thunberg J, Song W, Montijano E, et al. Distributed attitude synchronization control of multi-agent systems with switching topologies[J]. Automatica, 2014, 50(3): 832-840.

[61] Wang Y W, Wang H O, Xiao J W, et al. Synchronization of complex dynamical networks under recoverable attacks[J]. Automatica, 2010, 46(1): 197-203.

[62] Dong X, Zhou Y, Ren Z, et al. Time-varying formation control for unmanned aerial vehicles with switching interaction topologies[J]. Control Engineering Practice, 2016, 46: 26-36.

[63] 何勇灵, 陈彦民, 周岷峰. 四旋翼飞行器在风场扰动下的建模与控制[J]. 中国惯性技术学报, 2013, 21(5): 624-630.

[64] Cui W, Lei X. Modeling and simulation of atmospheric synthetic wind field in flight simulation[C]. 2015 5th International Conference on Electronics Information and Emergency Communication, 2015: 357-363.

[65] 王鹤, 李智斌. 大气紊流下飞艇动力学建模与姿态控制[J]. 空间控制技术与应用, 2017, 43(2): 43-49.

[66] Shi D, Wu Z, Chou W. Super-twisting extended state observer and sliding mode controller for quadrotor UAV attitude system in presence of wind gust and actuator faults[J]. Electronics, 2018, 7: 128-149.

[67] Shao X, Meng Q, Liu J, et al. RISE and disturbance compensation based trajectory tracking control for a quadrotor UAV without velocity measurements[J]. Aerospace Science and Technology, 2018, 74: 145-159.

[68] 王丹丹, 宗群, 张博渊, 等. 多无人机完全分布式有限时间编队控制[J]. 控制与决策, 2018: 1-5.

[69] Kuo C W, Tsai C C. Quaternion-based adaptive backstepping RFWNN control of quadrotors subject to model uncertainties and disturbances[J]. International Journal of Fuzzy Systems, 2018, 20(6): 1745-1755.

[70] Du B, Lam J, Shu Z. Stabilization for state/input delay systems via static and integral output feedback[J]. Automatica, 2010, 46(12): 2000-2007.

[71] Obuz S, Klotz J R, Kamalapurkar R, et al. Unknown time-varying input delay compensation for uncertain nonlinear systems[J]. Automatica, 2017, 76: 222-229.

[72] Zhang H P, Park J H, Yue D, et al. Finite-horizon optimal consensus control for unknown multiagent state-delay systems[J]. IEEE Transactions on Cybernetics, 2020, 50(2): 402-413.

[73] Li Y, Yang G. Adaptive integral sliding mode control fault tolerant control for a class of uncertain nonlinear systems[J]. IET Control Theory & Applications, 2018, 12(13): 1864-1872.

[74] 刘晓东, 钟麦英, 柳海. 基于 EKF 的无人机飞行控制系统故障检测[J]. 上海交通大学学报, 2015, 49(6): 884-888.

[75] 周扬, 陈勇, 董新民, 等. 基于可控度的操纵面故障重构控制分配方法[J]. 飞行力学, 2018, 36(5): 34-38.

[76] 唐余, 刘永春, 曹立佳, 等. 控制器故障下固定翼无人机的姿态控制[J]. 兵器装备工程学报, 2019, 40(7): 138-143.

[77] Kalman R E. A new approach to linear filtering and prediction problems[J]. Journal of Basic Engineering, 1960, 82(1): 35-45.

[78] 秦永元. 卡尔曼滤波与组合导航原理[M]. 西安: 西北工业大学出版社, 1998.

[79] Yun X, Lizarraga M, Bachmann E R, et al. An improved quaternion-based Kalman filter for real-time tracking of rigid body orientation[C]. 2003 IEEE/RSJ International Conference on Intelligent Robots and Systems, 2003, 2: 1074-1079.

[80] Xiong J J, Zheng E H. Optimal Kalman filter for state estimation of a quadrotor UAV[J]. Optik-International Journal for Light and Electron Optics, 2015, 126(21): 2862-2868.

[81] Bellantoni J F, Dodge K W. A square root formulation of the Kalman-Schmidt filter[J]. AIAA Journal, 1967, 5(7): 1309-1314.

[82] Zhang T, Liao Y. Attitude measure system based on extended Kalman filter for multi-rotors[J]. Computers and Electronics in Agriculture, 2017, 134: 19-26.

[83] Li X, Chen M, Zhang L. Quaternion-based robust extended Kalman filter for attitude estimation of micro quadrotors using low-cost MEMS[C]. 2016 35th Chinese Control Conference, 2016: 10712-10717.

[84] Julier S J, Uhlmann J K. New extension of the Kalman filter to nonlinear systems[C]. Signal Processing, Sensor Fusion, and Target Recognition VI. International Society for Optics and Photonics, 1997, 3068: 182-193.

[85] Wiener N. I Am A Mathematician. Massachusetts: MIT Press, 1956.

[86] Mahony R, Hamel T, Pflimlin J M. Nonlinear complementary filters on the special orthogonal group[J]. IEEE Transactions on Automatic Control, 2008, 53(5): 1203-1218.

[87] Madgwick S O H, Harrison A J L, Vaidyanathan R. Estimation of IMU and MARG orientation using a gradient descent algorithm[C]. IEEE International Conference on Rehabilitation Robotics, 2011: 1-7.

[88] Edwan E, Zhang J, Zhou J, et al. Reduced DCM based attitude estimation using low-cost IMU and magnetometer triad[C]. 2011 the 8th Workshop on Positioning Navigation and Communication, 2011: 1-6.

[89] Ailneni S, Kashyap S K, Kumar N S. Real time sensor fusion for micro aerial vehicles using low cost systems[C]. 2016 IEEE Indian Control Conference, 2016: 292-297.

[90] Sasaoka T, Kimoto I, Kishimoto Y, et al. Multi-robot SLAM via information fusion extended Kalman filters[J]. IFAC-Papers OnLine, 2016, 49(22): 303-308.

[91] Valiente D, Jadidi M G, Miró J V, et al. Information-based view initialization in visual SLAM with a single omnidirectional camera[J]. Robotics and Autonomous Systems, 2015, 72: 93-104.

[92] Cao L, Yang W, Li H, et al. Robust double gain unscented Kalman filter for small satellite attitude estimation[J]. Advances in Space Research, 2017, 60(3): 499-512.

[93] Huang W, Xie H, Shen C, et al. Arobust strong tracking cubature Kalman filter for spacecraft attitude estimation with quaternion constraint[J]. Acta Astronautica, 2016, 121: 153-163.

[94] Kottath R, Narkhede P, Kumar V, et al. Multiple model adaptive complementary filter for attitude estimation[J]. Aerospace Science and Technology, 2017, 69: 574-581.

[95] Bo G, Xin L, Hui Z, et al. Quadrotor helicopter attitude control using cascade PID[C]. 2016 Chinese Control and Decision Conference, 2016: 5158-5163.

[96] Yiqun D, Jun F, Bin Y, et al. Position and heading angle control of an unmanned quadrotor helicopter using LQR method[C]. 2015 34th Chinese Control Conference, 2015: 5566-5571.

[97] Gonzalez I, Salazar S, Lozano R, et al. Real-time altitude robust controller for a quad-rotor aircraft using sliding-mode control technique[C]. 2013 International Conference on Unmanned Aircraft Systems, 2013: 650-659.

[98] Zhang R, Quan Q, Cai K Y. Attitude control of a quadrotor aircraft subject to a class of time-varying disturbances[J]. IET Control Theory & Applications, 2011, 5(9): 1140-1146.

[99] Dong Z, Fan H, Wang Y, et al. Adaptive backstepping controller design for quadrotor aircraft with unknown disturbance[C]. 2016 14th International Conference on Control, Automation, Robotics and Vision, 2016: 1-5.

[100] Fang Z, Gao W. Adaptive backstepping control of an indoor micro-quadrotor[J]. Research Journal of Applied Sciences, Engineering and Technology, 2012, 4(21): 4216-4226.

[101] Yacef F, Bouhali O, Hamerlain M. Adaptive fuzzy tracking control of unmanned quadrotor via backstepping[C]. 2014 IEEE 23rd International Symposium on Industrial Electronics, 2014: 40-45.

[102] Rich M, Elia N, Jones P. Design and implementation of an H_∞ controller for a quadrotor helicopter[C]. 2013 21st Mediterranean Conference on Control & Automation, 2013: 1189-1198.

[103] McFarlane D, Glover K. A loop-shaping design procedure using H_∞ synthesis[J]. IEEE Transactions on Automatic Control, 1992, 37(6): 759-769.

[104] Ortiz J P, Minchala L I, Reinoso M J. Nonlinear robust H-infinity PID controller for the multivariable system quadrotor[J]. IEEE Latin America Transactions, 2016, 14(3): 1176-1183.

[105] Matouk D, Gherouat O, Abdessemed F, et al. Quadrotor position and attitude control via backstepping approach[C]. 2016 8th International Conference on Modelling, Identification and Control, 2016: 73-79.

[106] 王宏健, 陈子印, 贾鹤鸣, 等. 基于滤波反步法的欠驱动 AUV 三维路径跟踪控制[J]. 自动化学报, 2015, 41(3): 631-645.

[107] Lu H, Liu C, Coombes M, et al. Online optimisation-based backstepping control design with application to quadrotor[J]. IET Control Theory & Applications, 2016, 10(14): 1601-1611.

[108] Tan C K, Wang J, Paw Y C, et al. Tracking of a moving ground target by a quadrotor using a backstepping approach based on a full state cascade dynamics[J]. Applied Soft Computing, 2016, 4(7): 47-62.

[109] Kim S, Lee D, Kim H J. Image based visual servoing for an autonomous quadrotor with adaptive backstepping control[C]. 2011 11th International Conference on Control, Automation and Systems, 2011: 532-537.

[110] 董晓光, 曹喜滨, 张锦绣, 等. 卫星编队飞行的鲁棒自适应控制方法[J]. 自动化学报, 2013, 39(2): 132-141.

[111] Tian C, Wang J, Yin Z, et al. Integral backstepping based nonlinear control for quadrotor[C].

2016 35th Chinese Control Conference, 2016: 10581-10585.

[112]Tan L, Lu L, Jin G. Attitude stabilization control of a quadrotor helicopter using integral backstepping[C]. International Conference on Automatic Control and Artificial Intelligence, 2012: 573-577.

[113]Jia Z, Yu J, Mei Y, et al. Integral backstepping sliding mode control for quadrotor helicopter under external uncertain disturbances[J]. Aerospace Science and Technology, 2017, 5(22): 299-307.

[114]Jungnickel D. Graphs, Networks and Algorithms[M]. 3rd ed. Berlin: Springer, 2007.

[115]Olfati-Saber R, Fax J A, Murray R M. Consensus and cooperation in networked multi-agent systems[J]. Proceedings of the IEEE, 2007, 95(1): 215-233.

[116]Ren W, Beard R W. Distributed consensus in multi-vehicle cooperative control[J]. Communications & Control Engineering, 2008, 27(2): 71-82.

[117]Horn R A, Johnson C R. Matrix Analysis[M]. New York: Cambridge University Press, 1986.

[118]Graham A. Kronecker Products and Matrix Calculus with Applications[M]. Chichester: Ellis Horwood, 1981.

[119]Wen T Y, Kreutz-Delgado K. The attitude control problem[J]. IEEE Transactions on Automatic Control, 1991, 36(10): 1148-1162.

[120]李立涛, 荣思远, 崔乃刚. 航天器姿态动力学与控制[M]. 哈尔滨: 哈尔滨工业大学出版社, 2019.

[121]方振平, 陈万春, 张曙光. 航空飞行器飞行动力学[M]. 北京: 北京航空航天大学出版社, 2005.

[122]Ducard G J J. Fault-Tolerant Flight Control and Guidance Systems for A Small Unmanned Aerial Vehicle[D]. Swiss Federal Institute of Technology Zurich, 2009.

[123]Ren W, Beard R W, Atkins E M. Information consensus in multivehicle cooperative control[J]. IEEE Control Systems, 2007, 27(2): 71-82.

[124]Yang Y, Wu J, Zheng W. Variable structure attitude control for an UAV with parameter uncertainty and external disturbance[J]. Procedia Engineering, 2011, 15: 408-415.

[125]Zhang D, Xu Z, Wang Q, et al. Leader-follower H_∞ consensus of linear multi-agent systems with aperiodic sampling and switching connected topologies[J]. ISA Transactions, 2017, 68(Supplement C): 150-159.

[126]Liu Y, Min H, Wang S, et al. Distributed adaptive consensus for multiple mechanical systems with switching topologies and time-varying delay[J]. Systems & Control Letters, 2014, 64: 119-126.

[127]Yan J, Guan X P, Luo X Y, et al. Consensus and trajectory planning with input constraints for multi-agent systems[J]. Acta Automatica Sinica, 2012, 38(7): 1074-1082.

[128]Beal T R. Digital simulation of atmospheric turbulence for Dryden and von Karman models[J]. Journal of Guidance Control Dynamics, 1993, 16(1): 132-138.

[129]金长江, 肖业伦. 大气扰动中的飞行原理[M]. 北京: 国防工业出版社, 1993.

[130]Ren W, Beard R. Decentralized scheme for spacecraft formation flying via the virtual structure approach[J]. Journal of Guidance, Control, and Dynamics, 2004, 27(1): 73-82.

[131]Das A, Lewis F L. Cooperative adaptive control for synchronization of second-order systems with unknown nonlinearities[J]. International Journal of Robust & Nonlinear Control, 2011, 21(13): 1509-1524.

[132]刘金琨. 机器人控制系统的设计与 MATLAB 仿真[M]. 北京: 清华大学出版社, 2008.

[133]冯勇, 鲍晟, 余星火. 非奇异终端滑模控制系统的设计方法[J]. 控制与决策, 2002, 17(2): 194-198.

[134]Qian C, Lin W. A continuous feedback approach to global strong stabilization of nonlinear systems[J]. IEEE Transactions on Automatic Control, 2001, 46(7): 1061-1079.

[135]Olfati-Saber R, Murray R M. Consensus problems in networks of agents with switching topology and time-delays[J]. IEEE Transactions on Automatic Control, 2004, 49(9): 1520-1533.

[136]Bhat S P, Bernstein D S. Finite-time stability of continuous autonomous systems[J]. SIAM Journal on Control and Optimization, 2000, 38(3): 751-766.

[137]Hardy G H, Littlewood J E, Pólya G, et al. Inequalities[M]. New York: Cambridge University Press, 1952.

[138]Emam M, Fakharian A. Attitude tracking of quadrotor UAV via mixed H_2/H_∞ controller: an LMI based approach[C]. 2016 24th Mediterranean Conference on Control and Automation, 2016: 390-395.

[139]薛安克. 鲁棒最优控制理论与应用[M]. 北京: 科学出版社, 2008.

[140]Zames G. Feedback and optimal sensitivity: model reference transformations, multiplicative seminorms, and approximate inverses[J]. IEEE Transactions on Automatic Control, 1981, 26(2): 301-320.

[141]章卫国, 刘小雄, 李爱军, 等. 鲁棒飞行控制系统设计[M]. 北京: 国防工业出版社, 2012.

[142]代冀阳, 毛剑琴. 基于 LMI 的飞行控制系统 H_2/H_∞ 状态反馈综合[J]. 南昌航空工业学院学报, 2000, 14(2): 29-32.

[143]Bernstein D S, Haddad W M. LQG control with an H_∞ performance bound: a Riccati equation approach[J]. IEEE Transactions on Automatic Control, 1989, 34(3): 293-305.

[144]Zhang Q, Sijun Y, Yan L, et al. An enhanced LMI approach for mixed H_2/H_∞ flight tracking control[J]. Chinese Journal of Aeronautics, 2011, 24(3): 324-328.

[145]俞立. 鲁棒控制: 线性矩阵不等式处理方法[M]. 北京: 清华大学出版社, 2002.

[146]Liu X, Shi Y, Constantinescu D . Robust distributed model predictive control of constrained

dynamically decoupled nonlinear systems: a contraction theory perspective[J]. Systems & Control Letters, 2017, 105: 84-91.

[147] Delellis P, Mario di B, Russo G. Adaptation and contraction theory for the synchronization of complex neural networks[M]//Rao A R. Cecchi G A. The Relevance of the Time Domain to Neural Network Models. Boston: Springer, 2012: 9-32.

[148] Li Y. Automatic train control with actuator saturation using contraction theory[C]. International Conference on Electrical and Information Technologies for Rail Transportation, 2017: 989-998.

[149] Mohamed M, Su R. Contraction based tracking control of autonomous underwater vehicle[J]. IFAC-Papers OnLine, 2017, 50: 2665-2670.

[150] Young D S. Tolerance: an R package for estimating tolerance intervals[J]. Journal of Statistical Software, 2010, 36(5): 31-32.

[151] Dani A P, Chung S J, Hutchinson S. Observer design for stochastic nonlinear systems using contraction analysis[C]. 2012 51st IEEE Conference on Decision and Control, 2012: 6028-6035.

[152] Sharma B B, Kar I N. Design of asymptotically convergent frequency estimator using contraction theory[J]. IEEE Transactions on Automatic Control, 2008, 53(8): 1932-1937.

[153] Lohmiller W, Slotine J J E . On contraction analysis for non-linear systems[J]. Automatica, 1998, 34(6): 683-696.

[154] 胡超芳, 张志鹏. 基于收缩理论的一类非线性系统自适应动态面控制[J]. 控制与决策, 2016, 31(5): 769-775.

[155] Jouffroy J, Slotine J J E. Methodological remarks on contraction theory[C]. 2004 43rd IEEE Conference on Decision and Control, 2004, 3: 2537-2543.

[156] 李贵明, 刘良栋. 编队卫星姿态的自适应协同控制[J]. 宇航学报, 2011, 32(10): 2125-2132.

[157] 郑重, 熊朝华, 党宏涛, 等. 时变通信延迟下的无人机编队鲁棒自适应控制[J]. 中国惯性技术学报, 2016, 24(1): 108-113.

[158] Ren W . Distributed attitude alignment in spacecraft formation flying[J]. International Journal of Adaptive Control & Signal Processing, 2010, 21(2-3): 95-113.

[159] 耿云海, 卢伟, 陈雪芹. 在轨服务航天器对失控目标的姿态同步控制[J]. 哈尔滨工业大学学报, 2012, 44(1): 1-6.

[160] 李聪, 王勇, 周欢, 等. 多无人机编队分组决策与一致性[J]. 电光与控制, 2017, 24(10): 12-16.

[161] 魏扬, 徐浩军, 薛源. 无人机三维编队保持的自适应抗扰控制器设计[J]. 系统工程与电子技术, 2018, 40(12): 2758-2765.

[162] 马思迁, 董朝阳, 马鸣宇, 等. 基于自适应通信拓扑四旋翼无人机编队重构控制[J]. 北京航空航天大学学报, 2018, 44(4): 841-850.

[163] Pham Q C, Slotine J J . Stable concurrent synchronization in dynamic system networks[J]. Neural

Networks, 2007, 20 (1): 62-77.

[164]Chung S J, Ahsun U, Slotine J J E . Application of synchronization to formation flying spacecraft: Lagrangian approach[J]. Journal of Guidance Control & Dynamics, 2009, 32 (2): 512-526.

[165]Chung S J, Slotine J J E . Cooperative robot control and concurrent synchronization of Lagrangian systems[J]. IEEE Transactions on Robotics, 2009, 25 (3): 686-700.

[166]符小卫, 李建, 高晓光. 带通信约束的多无人机协同搜索中的目标分配[J]. 航空学报, 2014, 35 (5): 1347-1356.

[167]Ren W. Second-order consensus algorithm with extensions to switching topologies and reference models[C]. 2007 American Control Conference, 2007: 1431-1436.

[168]Isidori A. Nonlinear Control Systems[M]. Capri: Springer, 2013.

[169]张保群, 宋申民, 陈兴林. 带时延和拓扑切换的编队卫星鲁棒协同控制[J]. 宇航学报, 2012, 33 (7): 910-919.